高等学校地图学与地理信息系统系列教材

# SuperMap iDesktop 10i
# 地理信息系统教程

主编　周国清　陆妍玲

WUHAN UNIVERSITY PRESS

武汉大学出版社

**图书在版编目(CIP)数据**

SuperMap iDesktop 10i 地理信息系统教程/周国清,陆妍玲主编 . —武汉:武汉大学出版社,2022.8

高等学校地图学与地理信息系统系列教材

ISBN 978-7-307-23113-9

Ⅰ.S…　Ⅱ.①周…　②陆…　Ⅲ.地理信息系统—高等学校—教材　Ⅳ.P208.2

中国版本图书馆 CIP 数据核字(2022)第 088618 号

责任编辑:杨晓露　　　责任校对:李孟潇　　　版式设计:马　佳

出版发行:**武汉大学出版社**　　(430072　武昌　珞珈山)

(电子邮箱:cbs22@whu.edu.cn 网址:www.wdp.com.cn)

印刷:武汉市宏达盛印务有限公司

开本:787×1092　1/16　印张:24.75　字数:539 千字

版次:2022 年 8 月第 1 版　　2022 年 8 月第 1 次印刷

ISBN 978-7-307-23113-9　　定价:49.00 元

# 前　　言

地理信息系统（Geographic Information System，GIS），是采集、存储、管理、分析、描述和应用与整个或部分地球表面空间和地理分布有关的计算机系统。它由硬件、软件、数据和用户有机结合组成，主要功能是实现地理空间数据的采集、编辑、管理、分析、统计、制图。经过多年发展，GIS 软件产业已逐渐成熟。目前在国内处于领先地位的超图 GIS 软件，能实现在统一的地理空间框架下，整合多要素、多时相和多区域的基础地理空间数据和生态环境专题数据；基于大数据、人工智能等新一代信息技术深入挖掘数据信息，提升数据价值，聚焦生态环境问题和管理难点，构建决策管理系统，形成技术驱动、带图决策的创新管理模式；最终向各业务部门提供统一的共享服务，形成互联互通、数据共享、业务协同的新局面，助力生态环境保护工作迈上新台阶、提升新水平、开创新局面。本书介绍的超图公司 GIS 软件 SuperMap iDesktop 10i，具备二维三维一体化的数据管理与处理、编辑、制图、分析、二维三维标绘等功能，支持海图，支持在线地图服务访问及云端资源协同共享，提供可视化建模，可用于空间数据的生产、加工、分析和行业应用系统的快速定制开发，能满足用户的不同需求。

本书详细介绍了 SuperMap iDesktop 10i 的软件操作和使用技巧，涵盖 4 个部分，共 13 章。主要内容包括：数据管理，完善 UDBX 文件型引擎支持 PostGIS、Oracle、MongoDB 数据库引擎；数据处理，支持 10 种坐标系转换模型以及 200 多种数据处理功能；地图制图，支持地图分幅、地图网格、标准图幅图框等制图工具；AI 配图，智能提取图片颜色，将图片风格迁移到地图；空间分析，提供缓冲区分析、叠加分析、插值分析、水文分析等分析功能；空间统计分析，支持中心要素、平均中心、中位数中心、方向分布等度量地理分析；统计图表，支持柱状图、散点图、面积图等 11 种图表形式；地图排版，向导式创建布局，提供不同类型的预定义模板；可视化建模，完善工具箱，支持搜索定位工具；海图，支持海陆一体化显示、海图真三维显示和发布；三维，支持海量、多源、异构数据的高性能加载与显示等。

本书强调实用性、技巧性和实战性，不仅可以作为高校地理信息科学、测绘工程、遥感科学与技术、城市规划、土地资源管理、市政工程、地质工程等相关专业的实践教学指导书，也可为相关国土部门的研究人员、管理人员在国土空间规划方面提供决策参考。

本书的编写获得了广西高等教育本科教学改革工程项目（2019JGZ123）、教育部高等教育司 2021 年产学合作协同育人项目（测绘专业虚拟仿真实践教学教师能力提升培训）和广西地理科学教学指导委员会的资助。本书编写过程中的文字和图表整理工作得到了周俊芬、高二涛与北京超图工作人员等的帮助，在此表示感谢。由于笔者的能力有限，本书难免存在不足之处，望广大读者不吝赐教。

编　者

2021 年 10 月

# 目　　录

1

## 第3部分　空间分析篇

第4部分　应用篇

# 第 1 部分　基础篇

# 第1章  SuperMap iDesktop 10i 概述

## 1.1  SuperMap iDesktop 10i 总览

SuperMap 是一款企业级插件式桌面 GIS 软件，它可以快速搭建自己的桌面 GIS 应用平台，从而能高效地进行各种 GIS 数据处理、分析、二维三维制图及发布等操作。SuperMap iDesktop 是通过 SuperMap iObjects .NET 10i、桌面核心库和 .NET Framework 4.0 构建的插件式 GIS 应用，能够满足用户的不同需求。SuperMap iDesktop 分为 64 位和 32 位两个产品，分别提供了绿色包和安装包。

SuperMap iDesktop 具备二维三维一体化的数据管理与处理、编辑、制图、分析、二维三维标绘等功能，支持海图，支持在线地图服务访问及云端资源协同共享，可用于空间数据的生产、加工、分析和行业应用系统的快速定制开发，如图 1.1 所示。

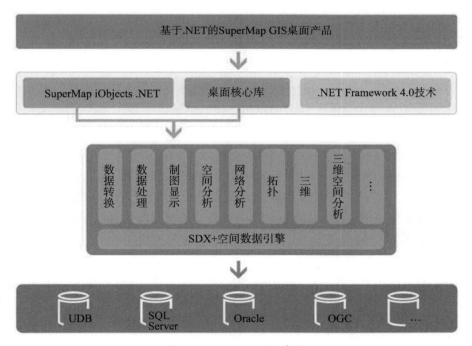

图 1.1  SuperMap GIS 产品

3

## 1.2　SuperMap iDesktop 10i 架构

SuperMap iDesktop 10i 包含了云 GIS 服务器、边缘 GIS 服务器、PC 端 GIS 以及 Web 端 GIS 平台的多种软件产品，全面融入人工智能技术，其架构如图 1.2 所示。

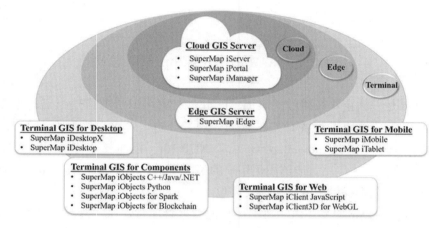

图 1.2　SuperMap iDesktop 10i 的架构

### 1. 云 GIS 服务器

1）SuperMap iServer

基于高性能跨平台 GIS 内核的云 GIS 应用服务器，具有二维三维一体化的服务发布、管理与聚合功能，并提供多层次的扩展开发能力。

提供强大的空间大数据存储、空间大数据分析、流数据实时处理、机器学习和空间数据处理学等 Web 服务，支持海量的矢量、栅格数据"免切片"发布。

深度融合微服务、容器化等，提供 PC 端、Web 端和移动端等多种 SDK，可快速构建基于云原生架构的大数据、AI 与三维 GIS 应用系统。

2）SuperMap iPortal

SuperMap iPortal 是集 GIS 资源整合、搜索、共享和管理于一体的 GIS 门户平台，具备零代码可视化界面定制、多源异构服务注册、系统监控仪表盘等能力。

提供丰富的 Web 端应用，可以进行专题图制作、三维可视化、分布式空间分析、大屏展示和模板式应用创建等操作。

作为云端一体化 GIS 平台的用户中心、资源中心、应用中心，可快速构建 GIS 云门户站点。

3）SuperMap iManager

SuperMap iManager 是全面的 GIS 运维管理中心，可用于应用服务管理、基础设施管理、大数据管理。提供基于容器技术的 Kubernetes 解决方案，可一键创建基于云原生

GIS 技术的大数据、AI 与三维 GIS。

可监控多个 GIS 数据存储、计算与服务节点或其他 Web 站点，监控硬件资源占用、地图访问热点、节点健康状态等指标，实现 GIS 的一体化运维管理。

可管理运维 GIS 云原生系统，实现细粒度的动态伸缩和灵活部署。

2. 边缘 GIS 服务器

边缘 GIS 服务器部署在靠近客户端或数据源一侧，实现就近服务发布与实时分析计算，可降低响应延时和带宽消耗，减轻云 GIS 中心压力。提供高效的服务发布能力，支持海量矢量数据快速发布。

可作为 GIS 云和应用终端间的边缘节点，通过服务代理聚合与缓存加速技术，有效提升云 GIS 的终端访问体验，并提供内容分发和边缘分析计算能力，助力搭建更高效智能的"云边端" GIS 应用系统。

3. PC 端 GIS

1) SuperMap iObjects Java

大型全组件式 GIS 开发平台，提供跨平台、二维三维一体化和大数据 GIS 能力，适用于 Java 开发环境。

2) SuperMap iObjects C++

大型全组件式 GIS 开发平台，提供跨平台和二维三维一体化能力，适用于 C++ 开发环境。

3) SuperMap iObjects .NET

大型全组件式 GIS 开发平台，提供二维三维一体化能力，适用于 .NET 开发环境。

4) SuperMap iObjects Python

开箱即用的 GIS 脚本语言包，提供空间数据组织、转换、处理与分析能力，适用于 Python 开发环境。

5) SuperMap iObjects for Spark

基于分布式技术的大数据 GIS 基础组件，提供丰富的大数据分布式管理与分析功能，适用于 Spark 架构的计算和开发环境。

6) SuperMap iDesktop

桌面 GIS 应用与开发软件，具备二维三维一体化的数据管理与处理、编辑、制图、分析、二维三维标绘等功能，支持海图，支持在线地图服务访问及云端资源协同共享，可用于空间数据的生产、加工、分析和行业应用系统的快速定制开发。

7) SuperMap iDesktopX

跨平台全功能桌面 GIS 软件，支持 Windows、Linux 等主流操作系统，支持国产化软硬件环境，突破了专业桌面 GIS 软件只能运行于 Windows 的困境。

提供空间数据生产及加工、分布式数据管理与分析、地图制图、服务发布、地理处理建模等功能，用于数据生产、加工、处理、分析及制图。

4. Web 端 GIS

1）SuperMap iClient JavaScript

云 GIS 网络客户端开发平台，基于现代 Web 技术栈全新构建，是 SuperMap 云 GIS 和在线 GIS 平台系列产品的统一 JavaScript 客户端。

集成了领先的开源地图开发库、可视化开发库，且核心代码以 Apache License 2.0 协议完全开源，连接了 SuperMap 与开源社区。

提供了全新的大数据可视化功能，通过本产品可快速实现浏览器和移动端上美观、流畅的地图呈现与空间分析。

2）SuperMap iClient3D for WebGL

基于 WebGL 技术实现的三维客户端开发平台，可用于构建无插件、跨操作系统、跨浏览器的三维 GIS 应用程序。

5. 移动端 GIS

1）SuperMap iMobile for Android / iOS

全功能移动 GIS SDK，支持通用数据格式，提供多种数据可视化效果，支持二维和三维应用开发，支持在线/离线应用。

2）SuperMap iMobile Lite for Android / iOS

专为在线应用打造的轻量级移动 GIS SDK。

3）SuperMap iTablet for Android / iOS

全功能移动 GIS App，基于 SuperMap iMobile 开发，支持指划制图、模板化数据采集、数据分析、三维数据展示，同时也具备室内外一体化导航、目标识别检测等能力，支持扩展开发，可用于行业应用系统快速定制开发。

6. 在线 GIS 平台

超图在线 GIS 平台（www.supermapol.com）帮助用户实现 GIS 数据的安全上云，并提供丰富的工具对数据进行在线展示和分析，同时提供多种类型的 SDK 以访问使用 GIS 数据，快捷开发业务系统。

# 1.3　SuperMap iDesktop 10i 功能

1. 数据管理

● 支持 UDB、UDBX 文件型引擎。

● 支持 PostGIS、DM、Oracle、SQL Server、PostgreSQL、BeyonDB、MongoDB 数据库引擎。

● 支持阿里 PolarDB、华为 GaussDB 数据库。

● 直接打开 OGC 服务、REST 服务、谷歌地图、百度地图、超图云服务、天地图服务、OpenStreetMap 等 Web 地图。

● 采用镶嵌数据集的方式，对海量影像数据进行管理与显示。

● 提供多种起始页、目录管理、功能搜索等工具，数据管理更轻松。

2. 数据处理

多种投影和地理坐标系统，可以将来源不同的数据集成到共同的框架中。提供全面的数据编辑功能；提供 30 种以上矢量数据、栅格数据处理方法，综合解决数据缺失、数据冗余等问题，修改问题数据，帮助用户生产出具有专业品质的地图；也提供了多种方法对栅格、影像数据进行处理，处理后的数据可以用来作为地图底图，或者参与分析，包括：

- 支持坐标系反算转换模型参数值，支持 10 种坐标系转换模型。
- 提供拓扑检查，对有拓扑错误的数据进行检查；使用拓扑处理，对有拓扑错误的地方直接进行处理。
- 支持二维三维缓存存储到 MongoDB、GeoPackage，提高海量数据的浏览效率。
- 提供 200 多种数据处理功能，例如融合、追加、抽稀、聚类、采样、光滑等。

3. 制图与可视化

提供综合的地图显示、渲染、编辑以及出图等功能。丰富的可视化效果，简单易用的制图工具，无须复杂设计就可以生产出高质量的地图。包括：

- 内置 7 种色板，200 多个色带，1000 个以上的点、线、面符号。
- 支持地图生成地图瓦片、更新/追加瓦片、检查瓦片、发布瓦片全流程的地图瓦片技术。实现简单快捷地通过缓存机制提升地图服务的效率。
- 支持多机生成 MapBox MVT 规范的矢量瓦片，可节约瓦片的生产时间，极大地提升生产效率。
- 提供地图分幅、地图网格、标准图幅图框等制图工具。
- 提供制作各种专题图的功能，支持单值、分段、标签、统计、点密度、自定义、栅格单值、栅格分段等多种专题图的创建和修改。
- 支持自动化制图，行业标准数据向导式自动制图，根据国家公共地理框架电子地图数据和规范的电子地图符号库，自动生成符合规范的电子地图。

4. 智能配图

- 支持根据图片风格，智能提取图片颜色，将图片风格迁移到地图。
- 一键设置地图颜色模式为黑白、灰度或黑白反色。
- 支持地图风格的撤销与重做。

5. 空间分析

提供多种分析功能，其中既包含基础的矢量、栅格分析功能，也支持高级的分析功能，协助解决实际分析问题。

- 支持缓冲区分析、叠加分析、插值分析、水文分析、动态分段等分析功能。
- 提供等值线、等值面提取，坡度、坡向、填挖方、三维晕渲等表面分析功能。
- 提供最佳路径分析、旅行商分析、公交分析、路径分析、导航分析等交通分析功能。
- 提供关键要素分析、两点连通性、单要素追踪、通达要素、爆管分析等设施网络分析功能。

6. 空间统计分析

- 支持中心要素、平均中心、中位数中心、方向分布等度量地理分析。
- 提供空间自相关、高低值聚类、平均最近邻分析等分析模式功能。
- 支持热点分析、聚类和异常值分析等聚类分布功能。
- 实现地理加权回归分析，通过建立模型进行科学的统计预测。

7. 统计图表

- 支持将数据集属性信息图形化，可通过直方图、时序图、柱状图、散点图等11种形式，直观地展示和挖掘数据的关系、结构和趋势等。
- 支持图表与地图间的联动显示，便于用户分析数据在地理上的分布特征。
- 支持图表与专题图之间的直接转换，可快速地通过不同的方式展示数据信息。
- 支持将统计图表输出为图片，可应用于 Word、PPT 等其他文档工具中。

8. 三维

- 支持海量、多源、异构数据的高性能加载与显示。
- 支持基于三维体对象的三维空间运算和三维空间关系判定。
- 支持对三维体模型进行拓扑检查，以及对拓扑错误的三角网（如地质体）进行拓扑校正。
- 支持三维空间分析及分析结果输出。
- 提供针对倾斜摄影模型、TIN 地形的空间运算。
- 点云生成缓存追加模式，支持设置分类信息、分组信息生成缓存。
- 支持点数据集生成缓存外挂模型。
- 支持生成 WebP 压缩格式的影像缓存。
- 提供针对 BIM 数据的轻量化处理能力。
- 基于规则的快速建模。
- 支持直接读取 Revit 的 RVT、CATIA 的 3DXML、SketchUp 的 SKP、IFC 等 BIM格式。

9. 海图

涉及海洋测绘领域的 GIS 应用，实现对海图数据的存储、显示和发布。

- 提供基于最新 IHO S-57 数字海道测量数据传输标准的海图数据转换功能。
- 支持对 S-57 海图数据的导入、海图一体化存储和导出。
- 实现基于最新 IHO S-52 电子海图内容和显示规范的标准化显示。
- 支持海图物标要素显示控制，可以对物标要素的显示状态进行控制；支持海图物标属性信息编辑功能，可以方便地增加或者修改物标要素的属性信息。

10. 云端协同

- 直接访问 WMS、WFS、WMTS、SuperMap REST、"天地图"等标准在线地图服务。

- 一键发布地图、瓦片、三维场景为 iServer 服务。
- 管理 SuperMap Online 或 SuperMap iPortal 中的在线数据与服务。
- 支持对接 HDFS 和 SuperMap iServer 目录服务中的地理数据进行空间分析。

11. 地图排版
- 向导式创建布局，提供不同类型的预定义模板。
- 完善布局要素，支持在布局中添加三北指北针、动态文本、表格、图表等要素。
- 支持生成图幅尺寸、比例尺、整饰效果等一致的一组地图，并输出为 PDF 文件。

12. 可视化建模
- 提供工具箱，支持搜索定位工具。
- 提供矢量分析、栅格分析、地图制图等 6 类工具集。
- 支持导入和导出模型模板。

13. 定制开发
- 提供多种 VS 项目模板，同时在 IDE 中集成了 iDesktop 工具箱、iDesktop 快速引用，方便用户开发使用。
- 支持界面的定制功能，可通过工作环境设计器对已有的界面元素进行重新组织。
- 支持插件的加载定制，可开发新插件，扩展桌面功能，同时提供插件的下载、加载、共享、卸载等功能。

## 1.4　SuperMap iDesktop 10i 特性

1. GIS 功能齐全

SuperMap iDesktop 10i 提供了丰富的 GIS 功能，包括多种格式的数据管理，矢量、栅格数据处理，地图、海图数据编辑，空间分析，二维三维地图制图，数据云端共享，扩展开发等功能，可满足用户的不同需求。

2. 二维三维一体化

二维三维数据、显示、查询和分析一体化，实现用户的二维数据在三维场景中的应用。可在场景中对二维数据进行制作专题图、快速建模、属性查询等操作，同时，也支持对三维数据进行浏览、编辑、分析等操作。二维三维数据显示如图 1.3 所示。

3. 功能易用

沿用 Office 2010 的 Ribbon 风格界面，将功能按类别放在不同的选项卡面板中，方便用户查找，如图 1.4 所示。同时，流程化动态分段和水文分析的操作方式，降低了学习成本和使用门槛，减少了由于操作流程不对导致结果错误的概率，操作流程化如图 1.5 所示。

4. 扩展开发

提供多种 VS 项目模板和示范程序，用户可以更快速地入门，如图 1.6 所示；同

图 1.3 二维三维数据显示

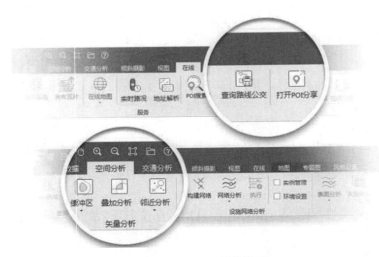

图 1.4 Ribbon 风格界面

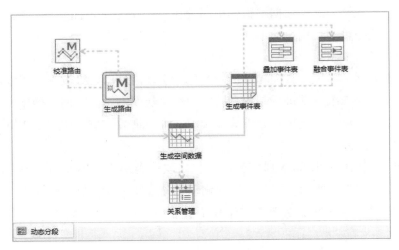

图 1.5 操作流程化

时，在 IDE 中集成了 Desktop 工具箱、Desktop 快速引用，用户可以开发新插件，从而满足用户对界面和功能的定制要求。

图 1.6 多种 VS 项目模板和示范程序

5. 云共享

SuperMap iDesktop 10i 提供了发布地图和发布 iServer 服务的功能，如图 1.7 所示。可将地图一键发布到 SuperMap 在线商店中，用户可通过 iMapReader 直接读取浏览地图数据资源，实现二维三维地图的云端共享。提供的 iServer 发布功能，可以工作空间形式发布本地或者远程 iServer 服务，并支持不同类型的服务形式，如 REST 服务、OGC 服务等类型。同时，支持在线安装和在线更新方式安装或更新程序。

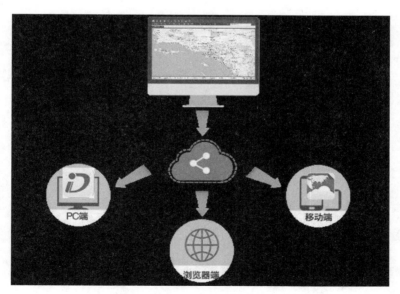

图 1.7 地图和发布 iServer 服务的功能

6. 海图编辑

SuperMap iDesktop 10i 已涉足海洋测绘领域的 GIS 应用，实现了对海图数据的存储、显示和编辑。海图模块支持 IHO S-57、IHO S-52 和 IHO S-58 国际标准，以及提供了海图数据转换、显示、查询、编辑和数据验核等功能。海图编辑功能可对已有的海图数据进行修改，也可生产一幅新的海图数据。同时，支持海图数据和陆地数据的整合，真正实现海陆一体化，如图 1.8 所示。

图 1.8　海陆一体化

# 第 2 章　SuperMap iDesktop 10i 入门

## 2.1　SuperMap iDesktop 10i 安装常见问题与解决

1. 产品安装和配置常见问题

（1）在 Windows Vista 或 Windows 7 操作系统下配置许可时，有什么要求？

在 Windows Vista 或 Windows 7 操作系统下配置许可，需要右键点击"以管理员身份运行"许可配置应用程序或者把用户控制（UAC）关闭，否则许可配置和检查将不可用。

（2）为什么在 Microsoft Visual Studio 中进行二次开发时，没有看到 SuperMap 提供的插件模板呢？

此种情况可能为未进行模板注册造成，用户可以通过运行安装目录 \ Tools \ 目录下的模板注册程序（RegisterTemplate. exe），重新进行模板注册，并且注册时必须关闭 Microsoft Visual Studio 程序，注册成功后，当再次打开 Microsoft Visual Studio 时就可以看到插件模板。插件模板是在安装 SuperMap iDesktop 时自动进行注册的，并且 SuperMap iDesktop 提供了该模板注册程序。

（3）在卡巴斯基杀毒软件开启（运行）时，为什么 SuperMap iDesktop 桌面产品不能正确安装？

这是由于卡巴斯基出于安全考虑，在安装程序首次运行时，会阻止其安装。解决的方法就是先将安装程序添加到信任区域，然后再运行安装程序，即可成功安装应用程序。将 SuperMap iDesktop 桌面产品添加到信任区域的操作方法如下：

①进入卡巴斯基主界面，点击右上角的"设置"；

②在设置界面上，先点击左侧的"威胁和排除"，再点击右侧的"排除对象"项下的"设置"按钮；

③在打开的信任区域界面上点击"信任程序"标签，再点击"添加"按钮，通过"浏览"按钮找到 SuperMap 安装程序文件，将其添加；

④在"排除的应用程序"界面上，将"排除对象"的四个选项都勾选上，点击"确定"；

⑤在"信任区域"界面上，点击"确定"，便可将 SuperMap 安装程序添加到卡巴斯基的信任区域。

（4）出现安装包不能卸载，也不能安装新安装包时，该怎么解决？

这种情况是由于卸载/安装应用程序时操作不当，导致注册表异常。可以通过以下方法解决：

①单击操作系统的开始按钮，输入"regedit"命令运行注册表编辑器。

②在 HKEY_CLASSES_ROOT 文件夹下，找到 Installer 子文件夹。

③选中 Installer 文件夹，单击右键，在弹出的右键菜单中选择"查找"命令，查找"SuperMap iDesktop"。

④定位到搜索项后，在右侧区域删除"ProductName"的值，重新执行卸载或者安装操作即可。

（5）为什么桌面在安装的过程中提示许可配置成功，但是启动桌面时，却提示许可不可用？

由于许可中心需以管理员身份运行才能正确配置，若遇到许可配置失败的情况，用户可尝试以管理员身份运行许可安装工具进行重新配置：

在"安装路径 \ SuperMap \ SuperMap iDesktop \ Tools"文件夹下，右键单击"SuperMap. Desktop. LicenseInstaller. exe"，选择"以管理员身份运行"，即可自动配置许可。

配置完成后，可双击"安装路径 \ SuperMap \ SuperMap iDesktop \ Tools \ SuperMapLicenseCenter"下的"SuperMap. LicenseCenter. exe"，打开许可中心，查看许可配置是否成功。

建议用户在安装软件时，右键单击 setup. exe，选择"以管理员身份运行"，安装完成后，会自动配置许可。

（6）在卡巴斯基杀毒软件开启时，为什么 SuperMap iDesktop 桌面产品默认安装后不能显示图标，帮助文档也不能使用？

这是由于有些版本的卡巴斯基杀毒软件，在安装程序的过程中，阻止安装路径下的 Resources 和 WebHelp 文件夹的解压。解决方法是在安装路径下手动解压这些文件夹。这两个文件夹的路径为："安装盘：\ Program Files \ SuperMap \ SuperMap iDesktop \ "目录下的 Resources 压缩文件和"安装盘：\ Program Files \ SuperMap \ SuperMap iDesktop \ Help \ "目录下的 WebHelp 压缩文件。

（7）SuperMap iDesktop 所需的动态库及依赖库有哪些？

.NET 组件依赖 .NET Framework 4.0 及其以上版本。

VC++2008 的一些运行库，安装系统提供的 vcredist90_x86. exe（位于安装目录 Support 文件夹内）即可完成所需动态库的安装，建议安装 9.0.30729 版本及以上；.NET 组件支持 1.5 及以上版本的 OpenGL；.NET 组件三维功能主要依赖的库文件有 opengl32. dll 和 glu32. dll。

（8）Bin 目录下的 .xml 文件可以删除吗？

不可以删除，因为 Bin 目录下的 .xml 文件是 UGC 的资源和配置文件，包括

SuperMap. xml、EPSFont. xml、PrjConfig. xml 等文件，这些文件一旦删除，会导致软件无法启动。

（9）选择硬件加密时，需要注意什么问题？

如果在虚拟机上使用硬件锁，需要通过虚拟机软件的相关设置将硬件锁设备连接到虚拟机上；硬件锁安装后需要启动一个系统服务，服务名称为：hasplms。

（10）对操作系统的"显示"属性的颜色质量有什么要求？

要求是 32 位或 24 位颜色。注意在 Windows 2000 Server 自带的远程登录方式下，系统是 256 色的，可以用 PCAnywhere 等软件来进行远程登录，能把颜色质量设置为 32 位。

（11）Supermap. xml 配置文件中的相对路径，具体是指什么？

Supermap. xml 配置文件中的相对路径，是相对于可执行文件所在目录的相对路径。

（12）在官网下载的 SuperMap iDesktop 绿色包，解压后为什么程序无法启动？

此时单击压缩包右键，查看压缩包属性，在属性面板中解除压缩包锁定，并重新解压，即可正常启动应用程序。

（13）在同一机器上覆盖安装不同的桌面版本，版本卸载后，会有很多残留文件，再次覆盖安装就会不成功，也会出现两个版本混乱的问题，有什么解决办法吗？

卸载后，手动删除所有残留文件，保持默认安装文件夹干净；或者在安装时，选择一个全新的目标文件夹进行安装，避免安装的版本引用到残留文件。

（14）Windows XP 系统中安装 SuperMap iDesktop 版本后，启动不了，提示需要字体库。

将"微软雅黑"等 XP 系统中没有的字体库，安装到 XP 系统中即可。

（15）Windows 系统中只有 Framework 4.5 时，桌面启动崩溃。

桌面产品是基于 Framework 4.0 开发的，建议重新安装 Framework 4.0。

（16）桌面突然启动不了，会有哪些可能的原因？其对应的解决办法是什么？

桌面启动不了的原因总结：

①计算机上可能存在多个许可文件，导致桌面启动不了。解决方案：查看"C：\ Program Files \ Common Files \ SuperMap \ License"文件夹下的许可文件数目，建议只留一个可用的许可。

②8.1.0 以及之前的版本，部分操作系统上与用户体验计划相关的 Userinfo. xml 文件生成失败，会导致桌面版本启动不了。解决方案：从可以正常启动的机器上拷贝一个 Userinfo. xml。Userinfo. xml 的存放目录：操作系统的隐藏目录"C：\ Users \ 当前用户名称 \ AppData \ Roaming"中。

（17）当用户在启动桌面时，提示"请以管理员身份运行该程序"。无法启动桌面是为什么？

由于 Windows 操作系统对文件夹的读写权限控制，当用户将产品包放到操作系统中系统盘的 Program File、Program File（x86）、User 等目录中时，会弹出该提示。

解决办法是以管理员权限启动桌面，有两种方案：

方案 1：选中 SuperMap iDesktop. exe 文件，右键选择"以管理员身份运行"即可。该设置只对此次启动生效，若想永久更改运行权限，请按照方案 2 处理。

方案 2：选中 SuperMap iDesktop. exe 文件，右键选择"属性"，在属性对话框"兼容性"面板，勾选"以管理员身份运行此程序"。该设置为永久更改启动文件的权限。

（18）当用户在 Windows XP 系统中使用桌面时，出现桌面崩溃是什么原因？

当用户使用 10.0.0 以上版本的桌面在 Windows XP 系统运行时，例如查看栅格或影像数据集等操作时，桌面卡死，是由于 10.0.0 以上桌面版本不再支持 Windows XP 系统。

## 2.2　SuperMap iDesktop 10i 界面介绍

### 2.2.1　界面介绍

#### 2.2.1.1　文件菜单

1. 打开

1）使用说明

文件菜单的"打开"项提供了打开工作空间、数据源、路径的操作，同时分别提供了最近使用的文件列表，方便快速地打开最近使用过的文件。

- 打开工作空间支持打开文件型、Oracle、SQL Server 工作空间。
- 打开数据源支持打开文件型、数据库型、Web 型数据源。
- 打开路径是指打开最近使用文件所在的文件夹。

2）操作步骤

- 打开工作空间

用户可以单击"文件型…""Oracle…""SQL Server…"按钮，打开不同类型的工作空间文件。

还可在"最近使用的工作空间"列表中，单击某项记录打开对应的工作空间。

- 打开数据源

用户可以单击"文件型…""数据库型…""Web 型…"按钮，打开不同类型的数据源文件。

还可在"最近使用的数据源"列表中，单击某项记录打开对应的数据源。

- 打开路径

单击"路径"选项，可查看最近使用文件所在的文件夹路径，单击某条记录即可打开文件夹并定位到该路径。

- 最近打开的文件

在程序安装路径下的 SuperMap. Desktop. RecentFile. xml 文件中记录了最近打开的

工作空间和数据源。可以打开该文件查看最近使用的文件名称及其路径。SuperMap.
Desktop. RecentFile.xml 的位置：安装目录 \ Configuration \ SuperMap. Desktop. RecentFile.
xml。

2. 新建

1）使用说明

文件菜单的"新建"项主要提供了新建不同类型的数据源的功能。应用程序支持新建文件型数据源、数据库型数据源和内存数据源，其中数据库型数据源包括：SQL Plus、Oracle Plus、PostgreSQL、DB2、KingBase、MySQL 等数据源。

注意：内存数据为临时数据源，新建后不支持保存，但在内存数据源中进行数据处理效率较高。

2）操作步骤

新建数据源的具体操作方式请参见：新建数据源。

3. 保存/另存

1）保存

文件菜单的"保存"项用来保存当前的工作空间。

2）另存

文件菜单的"另存"项主要用来将当前打开的工作空间另存为一个新的工作空间。可以对新工作空间的名称、保存路径、访问密码以及工作空间版本信息等内容进行设置。

"另存"项用来将当前工作空间另存为新的工作空间。可以将原来的工作空间保存成文件型、Oracle 数据库型或 SQL Server 数据库型三种不同的形式。

3）相关主题

关于利用"工作空间另存"对话框保存当前打开的工作空间的操作同"保存工作空间"界面中的"文件型工作空间""Oracle 工作空间""SQL Server 工作空间"话题。

4. 示范数据

文件菜单的"示范数据"项提供了打开产品安装包中不同类型的示范数据。示范数据包括地图数据、海图数据、场景数据、布局、动态标绘等数据。

● 地图数据：包括京津、重庆地区的数据，中国 1∶100 万数据，DEM、DLG、DOM、DRG 地图，以及人口、降水量、$PM_{2.5}$、土地利用等多种类型专题图数据。

● 海图数据：上海地区的海图数据。

● 场景数据：提供了城市模型、倾斜摄影、樱花雨、地下管线、深圳市手机流量示意图五种示范场景数据。

● 布局：提供了三种布局模板，用户可根据需要调整布局中的要素。

● 动态标绘：提供了二维、三维动态标绘的示范数据，模拟军事作战和旅游图的应用场景。

单击该模块中的任意一项，即可打开安装程序所在目录的 SampleData 文件夹，方便用户查看示范数据。如果本地 SampleData 文件中存在该数据，优先调取本地数据。若应用程序为绿色包，不存在 SampleData 文件，则在计算机网络连通的情况下程序将调取 SuperMap Online 中的在线数据，以此打开示例地图。

5. 打印

1）使用说明

文件菜单的"打印"项主要提供对布局页面的打印输出功能，包括打印、快速打印和打印预览等内容。

2）操作步骤

单击"打印..."、"快速打印"或者"打印预览"按钮，用户可以进入打印参数设置，快速打印布局窗口或者预览打印效果的页面。

6. 选项

文件菜单中的"选项"按钮提供了对应用程序默认设置进行修改的功能。

用户可以定制个性化的桌面选项配置。可以对常用、环境、保存等参数进行设置。

"选项"按钮包含以下几个选项卡："常用""环境""保存"。

7. 许可

文件菜单的"许可"项可查看用户所使用的许可信息，查看到的许可信息分为：基础许可信息和扩展许可信息两大类。

基础许可信息列表可区分当前许可授权的 SuperMap iDesktop 是基础版、标准版、专业版还是高级版。扩展许可信息列表可查看单独购买的许可模块。

可查看的许可信息包括：许可模块、是否授权、许可类型、剩余时间等几项，详细说明如下：

- 许可模块：显示了 SuperMap iDesktop 的所有许可模块，包括版本类型模块和支持单独购买的许可模块。
- 是否授权：标识当前许可模块是否授权，若已授权则表示可使用该许可模块对应的相关功能。
- 许可类型：显示当前许可的类型，有本地正式许可、试用许可、云许可几种类型。
- 剩余时间：显示了当前许可可用的剩余时间，试用许可的时间期限为 90 天，正式许可为长期有效。
- 许可设置：提供对本地许可和云许可的配置和管理，并对购买许可提供链接。
- 配置本地许可：通过 SuperMap 许可中心对本地许可进行配置。
- 使用云许可：通过登录 SuperMap Online 使用云许可。

8. 服务

"服务"选项卡用来设置桌面产品中在线功能用到的云服务地址，可设置 SuperMap Online 和 SuperMap iPortal 的地址，既可直接访问到云服务中的数据，也可将本地数据分享上传。

- SuperMap Online：提供的云服务地址为 http：//www.supermapol.com，地址为只读，不支持修改。
- SuperMap iPortal：支持添加多个服务地址，并对服务地址进行修改及删除等操作。

9. 帮助

在文件菜单中的"帮助"项中，用户可以快速访问帮助文档，并可更改获取帮助信息的方式。

1）支持与帮助

浏览产品帮助文档：单击该按钮，将弹出产品的在线帮助文档，可以查看桌面的帮助系统。

浏览产品 What's New：单击该按钮，将弹出该版本的新特性页面，可以查看该版本的新增功能和增强功能等。

2）帮助内容载入方式

用户可以选择帮助内容的载入方式。应用程序提供了四种载入帮助内容的方式。

- 选择"先联机尝试，然后再在本地尝试"，表示会优先使用联机帮助文档。如果网络无连接，应用程序会尝试搜索本地的帮助文档。但是如果用户安装程序时，没有安装帮助文档，则帮助内容载入不会成功。
- 选择"先在本地尝试，然后再联机尝试"，表示会优先使用本地的帮助文档，如果用户未安装帮助文档，程序会尝试搜索联机帮助；如果网络无连接，则可能载入帮助不成功。
- 选择"仅在本地尝试，而不联机尝试"，表示只尝试载入本地的帮助文档，不会尝试搜索联机帮助。如果用户未安装帮助文档，则无法在应用程序中查看本地帮助文档。
- 选择"仅联机尝试，而不在本地尝试"，表示只会尝试载入联机帮助，不会尝试载入本地帮助文档。如果网络无连接，则用户可能无法获取帮助文档。

应用程序的本地帮助文档保存在安装目录 \ Help 目录下。应用程序默认载入方式为先在本地尝试，然后再联机尝试。用户可以根据需要更改帮助内容的载入方式。

应用程序的帮助文档默认在线地址为：http：//support.supermap.com.cn/DataWarehouse/WebDocHelp/iDesktop/SuperMap_iDesktop_10i.htm。

在线地址支持用户定制帮助文档。用户可以将定制的帮助文档进行发布，将在线地址设置为已发布的帮助文档的地址，即可在线获取和查阅。

2.2.1.2 起始页

启动 SuperMap iDesktop 后，应用程序默认打开起始页界面，起始页界面中的内容可以引导用户快速了解和使用产品，起始页中的内容包括：特性、数据源、在线地图、插件中心、示例地图、示例场景、产品视频等，下面将对这部分内容进行详细介绍。

1. 特性

该区域为版本重点新特性的推送，使用户更直接、更便捷地了解产品新功能。点击特性中"获取更多信息"可查看特性详细说明页面。

2．工作空间

"工作空间"面板中提供了打开和新建工作空间的快捷入口，用户单击界面上的按钮，即可执行相应的工作空间操作。

3．数据源

"数据源"面板中提供了快速打开和新建数据源的入口，同时提供了基于模板创建数据源和批量追加数据集到数据源的功能，单击界面中的功能选项，即可执行相应的操作。

4．在线地图

"在线"面板提供了打开 Web 数据的入口，例如百度地图、谷歌地图、天地图，单击右侧"更多"按钮，可打开更多 Web 型数据源。用户可以打开 Web 数据中的地图作为配图的底图，既可以使地图美观丰富，又减少了工作的时间成本。

5．插件中心

"插件中心"板块中提供了在线插件，便于本地插件的管理，用户下载插件后可导入安装。单击该模块中的任意插件即可打开"插件管理"对话框，单击对话框右上角"SuperMap 插件管理器"图标，可打开 SuperMap 在线商店，用户登录后即可下载插件进行导入安装。

6．示例地图

"示例地图"模块列举了程序提供的一些示范地图数据，单击该模块中的任意一项，即可打开程序所在目录的 SampleData 文件夹，方便用户查看示范数据提供的地图。如果本地 SampleData 文件中存在该数据，优先调取本地数据；若本地示例数据不存在，在计算机网络连通的情况下程序将调取 SuperMap Online 中的在线数据，以此打开示例地图。

7．示例场景

"示例场景"模块列举了程序提供的一些示范场景数据，单击该模块中的任意一项，即可打开程序所在目录的 SampleData 文件夹，方便用户查看示范数据提供的地图。如果本地 SampleData 文件中存在该数据，优先调取本地数据；若本地示例数据不存在，在计算机网络连通的情况下程序将调取 SuperMap Online 中的在线数据，以此打开示例地图。

8．产品视频

"产品视频"列表中放置了 SuperMap iDesktop 整体介绍和地图制作两个视频，单击列表中的任意一项，即可链接至优酷播放该视频。单击"更多"可在优酷中查看 SuperMap iDesktop 相关的视频列表，用户可根据需要选择相应的基本操作视频进行观看。

9．产品材料

"产品材料"模块提供了产品介绍、联机帮助、培训资源的快速入口，便于用户快速找到需要的资料。

### 2.2.1.3 Ribbon 功能区

应用程序界面风格采用 Ribbon 模式，即 Microsoft Office 2016 风格的界面，这种界面风格取代了利用菜单和工具条组织各个功能项和命令的传统模式，将各种具有一定功能的 Ribbon 控件放置在 Ribbon 功能区上，直观地呈现在用户面前，便于功能的使用与查找。

为了便于后续描述各个功能和命令所在的位置，下面简单介绍这种 Ribbon 风格界面对于功能和命令的组织形式。

在 Ribbon 风格界面中，各个功能和命令都相应地与一个 Ribbon 控件进行绑定，Ribbon 控件是指能够放置在功能区上的控件，例如按钮、下拉按钮、文本框、复选框，等等。Ribbon 功能区则是承载这些控件的区域，如图 2.1 所示，红色矩形框所示的区域即为应用程序的功能区，所有控件都组织在这个区域。

为了便于功能的分类，Ribbon 功能区还提供了其他组织形式，包括选项卡和组。Ribbon 功能区的每一个选项卡围绕功能针对的特定对象或方案来组织控件，选项卡中的组又将控件进行细化，将功能类似的控件放置到一个组中。

图 2.1　Ribbon 功能区的选项卡和组

图示说明：

- 图中虚线矩形框所示的区域为功能区（Ribbon），所有的功能和命令都组织在这个区域。

- 图中细实线矩形框所示的区域为一个当前选中的选项卡页，即"开始"选项卡，功能区此时所显示的绑定一定功能的控件即为组织在该选项卡中的控件。

- 功能区最顶部所显示的名称，如"开始""数据""视图"等，为相应的选项卡的名称，通过点击选项卡的名称，即可进入相应的选项卡页。

- 图中粗实线矩形框所示的组织为组，组的最底部所显示的名称为该组的名称，组的名称同时体现了包含在该组中的控件所绑定的功能，例如"数据源"组所包含的功能为与数据源有关操作相关的功能。

- 有些组会绑定对话框，当某个组绑定了对话框时，该组的最右下角会出现一个特殊的小按钮，称为弹出组对话框按钮，如图中的"工作空间"组的最右下角按钮，点击该按钮会弹出对话框，用以辅助相关功能的设置。

2.2.1.4　上下文选项卡

上下文选项卡，是指将选项卡与某对象进行绑定，当此对象在程序中被激活时，该选项卡才会出现在功能区上，例如，"地图"选项卡是上下文选项卡，与地图窗口绑定，只有当应用程序中当前活动的窗口为地图窗口时，该选项卡才会出现在功能区上。这种上下文选项卡的模式，可以将暂时不需要的功能隐藏起来，待需要时才出现。

应用程序中的上下文选项卡主要分为四类，一类是与地图窗口绑定的选项卡；一类是与场景窗口绑定的选项卡；一类是与布局窗口绑定的选项卡；一类是与属性表窗口绑定的选项卡。

1. 与地图窗口绑定的上下文选项卡

与地图窗口绑定的选项卡，只有当应用程序中有地图窗口出现时，并且有任意一个地图窗口被激活时，这些选项卡才会出现在功能区上，如图2.2所示，应用程序当前活动的窗口为一个名为"世界地图_Day"的地图窗口，此时，与地图窗口绑定的选项卡将出现在功能区上，与地图窗口绑定的选项卡包括"地图"选项卡、"专题图"选项卡、"风格设置"选项卡、"AI配图"选项卡、"对象操作"选项卡和"二维标绘"选项卡。

图2.2　与地图窗口绑定的上下文选项卡

2. 与场景窗口绑定的上下文选项卡

与场景窗口绑定的选项卡，只有当应用程序中有场景窗口出现时，并且该场景窗口被激活时，这些选项卡才会出现在功能区上，如图2.3所示，应用程序当前活动的窗口为场景窗口，此时，与场景窗口绑定的选项卡将出现在功能区上，与场景窗口绑定的选项卡包括"场景"选项卡、"风格设置"选项卡、"飞行管理"选项卡、"对象绘制"选项卡和"三维分析"选项卡。

图2.3　与场景窗口绑定的上下文选项卡

3. 与布局窗口绑定的上下文选项卡

与布局窗口绑定的选项卡，只有当应用程序中有布局窗口出现时，并且有任意一个布局窗口被激活时，这些选项卡才会出现在功能区上，如图2.4所示，应用程序当前活动的窗口为一个布局窗口，此时，与布局窗口绑定的选项卡将出现在功能区上，与布局窗口绑定的选项卡包括"布局"选项卡、"风格设置"选项卡和"对象绘制"选项卡。

图2.4　与布局窗口绑定的上下文选项卡

4. 与属性表窗口绑定的上下文选项卡

与属性表窗口绑定的选项卡，只有当应用程序中有属性表窗口出现时，并且有任意一个属性表窗口被激活时，这些选项卡才会出现在功能区上，如图2.5所示，应用程序当前活动的窗口为一个属性表窗口，此时，与属性表窗口绑定的选项卡将出现在功能区上，与属性表窗口绑定的选项卡包括"属性表"选项卡。

图2.5　与属性表窗口绑定的上下文选项卡

2.2.1.5　Ribbon 控件

功能区上所承载的各类控件为 Ribbon 控件，Ribbon 风格界面的功能区上只能放置 Ribbon 控件，并且 Ribbon 控件只能放置在功能区上，下面详细介绍应用程序中所使用的所有 Ribbon 控件。

1. 下拉按钮控件（ButtonDropDown）

如图2.6所示为一个下拉按钮控件，下拉按钮分为两个部分：一是按钮部分，点击该部分可以直接执行相应的功能；二是下拉按钮部分，点击该部分将弹出下拉菜单，通过选择下拉菜单中的项来进一步实现相应的功能。下拉按钮的按钮部分显示了下拉按钮的图标，下拉按钮的下拉按钮部分显示了下拉按钮的显示名称。

2. 按钮控件（Button）

如图2.7所示为应用程序中的按钮控件，按钮上的显示内容分为两个部分，按钮上的图片为按钮的显示图标，而按钮上的文字内容为按钮的显示名称。通过点击按钮即可实现与该按钮绑定的功能。

### 3. 文本框控件（TextBox）

如图 2.8 所示为文本框控件，文本框分为可编辑的文本框和不可编辑的文本框，可编辑的文本框允许用户在其中输入内容，用来与应用程序进行交互，而不可编辑的文本框主要用来显示相关信息。

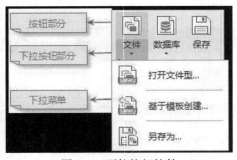

图 2.6　下拉按钮控件

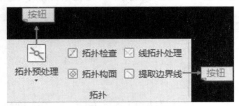

图 2.7　按钮控件

### 4. 标签控件（Label）

如图 2.9 所示为标签控件，标签控件主要用来显示界面上的说明和描述信息。

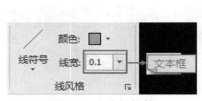

图 2.8　文本框控件

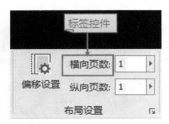

图 2.9　标签控件

### 5. 复选框控件（CheckBox）

如图 2.10 所示为复选框控件，复选框控件上的文字内容为复选框控件的显示名称，用户通过选中和不选中复选框控件来与应用程序进行交互，应用程序通过判断复选框是否被选中来进行相应操作的处理。

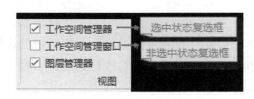

图 2.10　复选框控件

6. ButtonGallery 控件 （ButtonGallery）

ButtonGallery 控件只能放置在功能区中名为 Gallery 的容器控件中，如图 2.11 所示。ButtonGallery 控件上的显示内容分为两个部分，控件上的图片为显示图标，而控件上的文字内容为控件的显示名称。ButtonGallery 控件类似于按钮控件，通过点击ButtonGallery 控件即可实现与该控件绑定的功能。

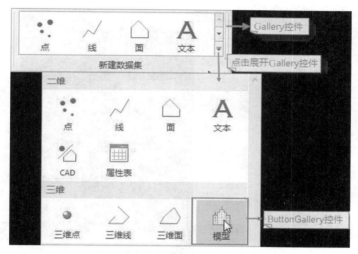

图 2.11　ButtonGallery 控件

7. 组合框控件 （ComboBox）

如图 2.12 所示为一个组合框控件，组合框控件由一个文本框和一个下拉列表组成，下拉列表中包含一系列子项，通常情况下，用户可以在文本框部分输入内容，也可以在下拉列表中选择某个项，应用程序会根据组合框中文本框里显示的内容来处理相应的操作。（图中下拉列表为鼠标移动到该项上面时的状态）

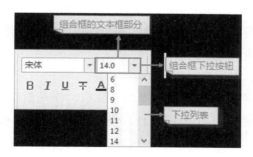

图 2.12　组合框控件

8. 颜色按钮控件 （ColorButton）

如图 2.13 所示为颜色按钮控件，颜色按钮上显示的颜色为颜色按钮当前的颜色，即用户选择的颜色，点击颜色按钮右侧下拉按钮可以弹出颜色面板，用户可以从中选择需要的颜色，如果颜色列表中的颜色块不足以满足用户的需要，可以点击颜色面板最下方的"颜色库"按钮，通过弹出的颜色对话框可获得更多的颜色，用户选择颜色后，颜色按钮当前的颜色会变化为用户选择的颜色，应用程序获取的颜色按钮的颜色即为颜色按钮当前的颜色。

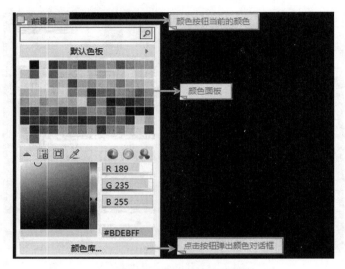

图 2.13　颜色按钮控件

9. 数字显示框控件（IntegerUpDown）

如图 2.14 所示为一个数字显示框控件。数字显示框控件有两种显示风格：水平风格和垂直风格。水平风格的数字显示框控件，既可以在数字显示框中输入数值，也可以点击数字显示框右侧的箭头，使用弹出的滑块来调整数值；垂直风格的数字显示框控件，既可以在数字显示框中输入数值，也可以点击数字显示框中的微调按钮，来调整数值。

通过调整和输入数字显示框中的数值实现与程序的交互操作，当数字显示框中的数值发生变化后，将执行相应的操作。

2.2.1.6　应用程序中的子窗口

应用程序中的窗口主要包括应用程序的主窗口、浮动窗口以及地图窗口、布局窗口、场景窗口、浏览属性数据的属性表窗口，还有在功能操作过程中出现的对话框等，其中，地图窗口、布局窗口、场景窗口、属性表窗口称为应用程序的子窗口。

1. 地图窗口

地图窗口用来可视化显示地理空间数据的场所，同时也是进行空间数据编辑的场所，地图窗口主要用来显示二维数据，所有的具有空间信息的二维数据集都可以添加到地图窗口中进行可视化显示和可视化编辑（属性数据是在属性窗口中显示和编辑的），

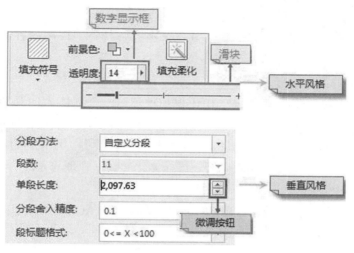

图 2.14　数字显示框控件

可以同时添加多个数据集到地图窗口中显示，地图窗口中显示的所有内容为一个地图。另外，在地图窗口中还可以进行二维空间分析。

地图窗口顶部显示的名称为地图窗口中所显示的地图的名称；地图窗口的底部为状态栏，状态栏中显示的信息包括：地图窗口中当前鼠标点的坐标值（坐标的单位同地图的坐标单位），地图窗口中的地图所使用的投影坐标系，地图显示中心点以及地图的显示比例尺。

● 地图窗口状态栏中的地图显示中心点的数值可以修改，只需在中心点右侧的文本框中输入新的数值，按回车键（Enter）即可应用修改后的设置。

◇ 地图显示中心点是指通过设置该中心点，地图将以该点为中心显示在当前地图窗口中，也就是说通过平移地图，将地图上的该点移动到当前地图窗口的中心点处。

◇ 地图显示中心点设置是通过状态栏中"中心点"右侧的两个可编辑文本框进行，当用户在当前地图窗口中平移浏览地图时，这两个文本框中的数据会随之变化，显示的是当前地图可视范围的中心点，即当前地图窗口的中心点所对应的地图上的坐标点；用户也可以根据需要在文本框中输入自定义数值，那么当前地图窗口中的地图将会以给定的点为中心点进行显示。

◇ 通过状态栏右侧的"复制中心点坐标""粘贴中心点坐标"按钮，对中心点进行复制、粘贴的编辑操作。

● 地图窗口状态栏中的地图显示比例尺组合框中显示的数值为当前地图窗口中地图的显示比例尺，点击组合框的下拉箭头弹出下拉列表，列表中列举了常用的标准显示比例尺，用户可以选择任意比例尺来修改当前地图窗口中地图的显示比例尺；用户也可以在组合框中输入新的比例尺，按回车键（Enter）即可应用修改后的设置。

2. 布局窗口

布局窗口是进行地图排版打印的窗口，布局窗口中显示的所有内容构成一个布局，布局是地图、图例、地图比例尺、指北针、文本等各种不同地图内容的混合排版与布置。

3. 场景窗口

场景窗口提供了一个三维球体，用于模拟地球，三维球体表面叠加了全球遥感影像，作为球体的背景，同时还显示了经纬网。另外，除了三维球体，场景窗口中还有模拟地球所处的周围环境的要素，如星空、大气层和雾环境等。场景窗口可以同时显示二维空间数据和三维空间数据，实现二维三维一体化的数据管理与显示。场景窗口中显示的所有内容为一个场景。

● 如图 2.15 所示，场景窗口顶部显示的名称为场景窗口中所显示的场景的名称。

图 2.15　场景窗口

● 场景窗口的底部为场景窗口的状态条，用来显示场景窗口中当前鼠标点的坐标值（经纬度坐标）、当前鼠标点的高程值以及相机高度。

● 场景窗口的右侧区域为场景窗口的导航罗盘，导航罗盘主要用来对场景进行浏览，如放大、缩小场景，对场景中的模拟地球进行旋转、拉平竖起等操作。

4. 属性表窗口

属性表窗口用来浏览和编辑数据集的属性表数据，如图 2.16 所示。

● 属性表窗口顶部显示的名称为属性表窗口中所显示的属性表的名称。

● 属性表窗口的底部为属性表窗口的状态栏，当在属性表中进行相关操作时，用来显示属性表中被操作的字段信息以及对属性表中的数据进行统计分析的结果数据。

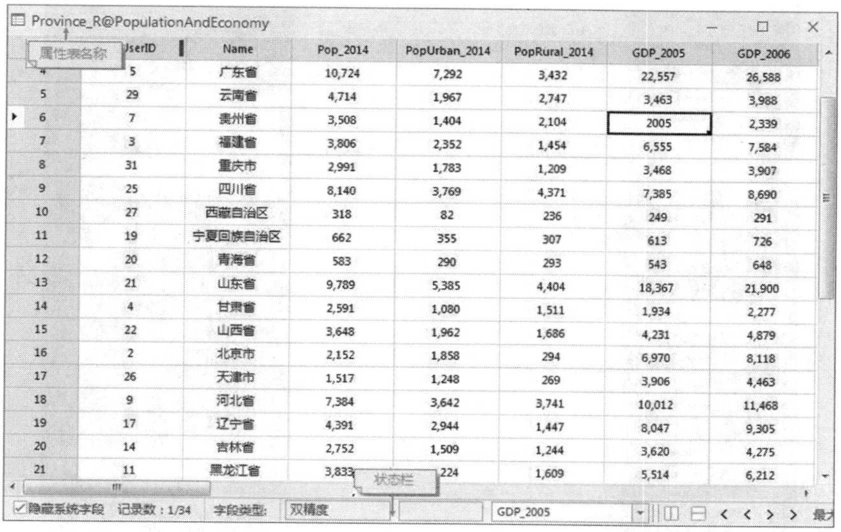

图 2.16　属性表窗口

### 2.2.1.7　工作空间管理器

工作空间管理器提供一个可视化管理工作空间的工具，如图 2.17 所示即为工作空间管理器，它采用树状结构的管理层次，这恰好是工作空间管理其自身数据的层次结构，正如一个工作空间包含有一个数据源集合、一个地图集合、一个布局集合、一个场景集合和一个资源集合，工作空间管理器的根节点对应着打开的工作空间，根节点显示的名称为打开的工作空间的名称，其次一级节点分别是：

● 节点隐藏按钮：工作空间管理器节点隐藏功能，可根据用户需要选择显示或隐藏节点，如：数据源、地图、布局、场景、资源等节点。默认显示所有数据节点，若需隐藏某节点，单击节点隐藏按钮，去掉该节点的勾选即可将其隐藏。

● 查找工具条：工作空间管理器支持查找定位功能，方便在众多的树节点中定位需要查找的节点。支持全字匹配和大小写匹配的方式查找数据集、数据源、地图、布局、场景等。当查找结果存在多个匹配项时，可以通过上下标按钮，查找上一个或下一个，定位到不同的匹配项。

● 数据源：该节点对应着工作空间的数据源集合，该节点的次一级列出了所有打开的数据源，每一个数据源对应一个节点，节点的显示名称为相应数据源的别名称，而每一个数据源所在节点的次一级列出了该数据源中包含的所有数据集，每一个数据集对应一个节点，节点的显示名称为数据集的名称。

● 地图：该节点对应工作空间的地图集合，该节点的下一级将列出工作空间中存储的所有地图，每一个地图对应一个节点，节点的显示名称为地图的名称。

● 布局：该节点对应工作空间的布局集合，该节点的下一级将列出工作空间中存

29

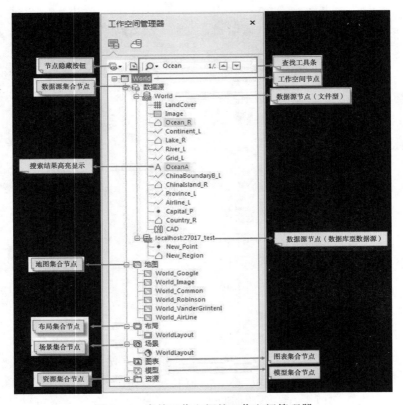

图 2.17    当前工作空间的工作空间管理器

储的所有布局，每一个布局对应一个节点，节点的显示名称为布局的名称。

● 场景：该节点对应工作空间的场景集合，该节点的下一级将列出工作空间中存储的所有场景，每一个场景对应一个节点，节点的显示名称为场景的名称。

● 资源：该节点对应工作空间的资源，包括符号库、线型库和填充库，每一种资源库对应资源库节点下的次一级节点。

在一个应用程序中，当前只能打开一个工作空间，不能同时打开多个工作空间，因此，工作空间管理器所管理的工作空间是应用程序中当前打开的工作空间。

当启动一个新的应用程序时或者没有打开其他工作空间时，应用程序会默认打开一个空的工作空间，其名称为未命名工作空间，数据源、地图、布局、场景、图表、模型的节点下都不包含任何数据，而仅仅包含一些符号资源。当打开一个已经存在的工作空间时，工作空间中的数据会依据其组织结构显示在工作空间管理器相应的节点下，如图2.17所示。

此外，工作空间管理器提供了丰富的右键菜单功能，每一级节点都有右键菜单，用来处理与该节点相关的功能操作。

##### 2.2.1.8 输出窗口

输出窗口用来显示应用程序的运行信息以及用户进行操作的相关信息，如图2.18所示。

图 2.18　输出窗口

### 2.2.2　界面管理

应用程序的界面管理功能是指对主窗口界面的基本管理功能和对界面主题的管理。其中包括：对应用程序所有子窗口、界面视图、工作环境的管理功能以及界面主题的管理。

##### 2.2.2.1 管理窗口

应用程序的子窗口包括地图窗口、场景窗口、布局窗口以及属性表窗口。在应用程序中对所有子窗口进行管理，包括以下内容：

1. 切换窗口模式

应用程序的窗口模式包括标签模式和扩展模式两种类型，用户可通过以下操作设置应用程序中子窗口（地图窗口、布局窗口、属性表窗口、三维窗口）的排列模式。

操作步骤：

（1）在"视图"选项卡上的"窗口"组中，选择标签模式或扩展模式，被启用的窗口模式会高亮显示。

（2）用户在下拉列表中，单击另一种未启用的窗口模式，对其进行切换。

此外，也可以使用快捷键 Ctrl +T 直接对这两种窗口模式进行切换。

2. 全屏

1）使用说明

● 全屏功能实现将当前窗口充满整个屏幕进行显示。它是以一种独特的显示方式，即在全屏状态下，当前窗口去掉所有屏幕组件元素，如功能区、滚动条、输出窗口等，整个屏幕全部用来显示窗口的地图、场景或者布局内容，以便在当前屏幕上显示更多的内容。

● 全屏显示与窗口模式中的任何一种都不会冲突，在任何一种窗口模式下，都可以将当前窗口全屏显示。

● 在当前窗口中存在地图窗口（布局窗口或场景窗口）的情况下，全屏功能可用。

2）操作说明

（1）在"视图"选项卡的"窗口"组中，单击"全屏"按钮，或者按 F11 快捷键，则当前窗口将全屏显示。

（2）按 Esc 键或者再次按 F11 快捷键退出全屏状态。

3. 关闭所有窗口

若当前工作空间中打开了一个或多个窗口时，可通过以下操作将应用程序中打开的所有窗口（包括地图窗口、场景窗口、布局窗口和属性表窗口）关闭。

1）操作步骤

（1）在"视图"选项卡的"窗口"组中，单击"全部关闭"按钮。

（2）弹出"保存"对话框，提示用户在关闭窗口时有哪些没有保存到工作空间中的内容，包括：地图、场景和布局。

①"保存"对话框：对话框中的列表为未保存的项目，每个项目前有一个复选框，默认为选中状态，当复选框被选中时，表示将该项内容保存到工作空间中；否则，不进行保存。

②重命名：用来重新指定选中项的名称，即可以改变选中地图、布局或场景的名称。

③全选/反选：用来全部选中和反选选中列表中未保存的项目。

（3）指定好要保存到工作空间中的内容后，点击对话框中的"保存"按钮，保存指定的内容到工作空间中并关闭对话框，同时，执行关闭应用程序中所有窗口的操作。

2）注意事项

关闭窗口时，对地图、布局、场景进行保存后，只是将这些要保存的内容保存到其所在的工作空间中，只有进一步保存工作空间，这些内容才能最终保存下来，当再次打开工作空间时，就可以获取到所保存的工作成果。

2.2.2.2　管理视图

在"视图"选项卡上的"视图"组中，组织了对应用程序中的工作空间管理器、工作空间管理窗口、图层管理器、输出窗口、目录管理、起始页的显示控制复选框，可对应用程序中浮动窗口的可见性进行管理。

默认状态下，这些浮动窗口是可见的，即"视图"组中的所有复选框都是选中状态。如果想隐藏某个浮动窗口使其暂时不显示，将相应的复选框状态改为非选中状态即可。

2.2.2.3　管理工作环境

应用程序的工作环境信息存放在产品目录下的 WorkEnvironment 文件夹下，该文件夹下的每一个子文件夹就是一个工作环境，每一个工作环境子文件夹中包含了该工作环境的所有配置文件。当应用程序启动时，加载的是默认的工作环境，即产品目录下的 WorkEnvironment 文件夹下名称为 Default 子文件夹对应的工作环境。

用户可通过"视图"选项卡上的"自定义界面"组中的功能控件，定制、切换或还原当前的工作环境。

1. 打开工作环境设计窗口

在"视图"选项卡上的"自定义界面"组中，单击"环境设计"下拉按钮，选择"工作环境设计"，可打开工作环境设计窗口，在该窗口中可对当前的工作环境进行定制和扩展。

有关工作环境设计窗口中的具体操作，请参见工作环境设计。

2. 切换当前工作环境

在"视图"选项卡上的"自定义界面"组中，单击"工作环境选择"组合框下拉箭头，在下拉列表中列出了应用程序在产品目录下的 WorkEnvironment 文件夹中所能获取到的所有的工作环境，用户可以选择任意一个工作环境来切换应用程序当前的工作环境。

3. 还原默认的工作环境

在"视图"选项卡上的"自定义界面"组中，单击"环境设计"下拉按钮，选择"还原默认配置"按钮，可恢复应用程序默认的初始工作环境状态。

## 2.3　SuperMap iDesktop 10i 工作环境

1. 第一步：打开工作环境设计界面

目的：打开工作环境设计界面，进行工作环境设计。

（1）启动 SuperMap iDesktop 10i 应用程序；

（2）单击"视图"选项卡中"自定义界面"组的"环境设计"下拉按钮，在弹出的下拉菜单中选择"工作环境设计"，就会弹出"工作环境设计"窗口，如图 2.19 所示。

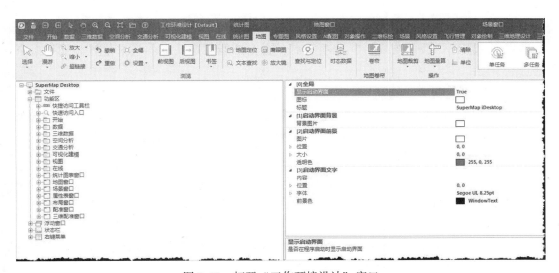

图 2.19　打开"工作环境设计"窗口

用户可以在"用户界面"窗口中，添加新的界面元素和功能，也可以删除某些界面元素，从而实现对应用程序的定制和扩展开发。

本教程主要通过在功能区中增加选项卡、组、按钮，并且编写功能来介绍如何在"工作环境设计"窗口中实现界面及功能扩展。

2. 第二步：添加选项卡

目的：向功能区中添加一个名为"我的工具箱"的选项卡。

（1）单击"功能区"右键菜单的"新建选项卡"，即可新建一个默认名称为"RibbonTab"的选项卡，如图 2.20 所示。

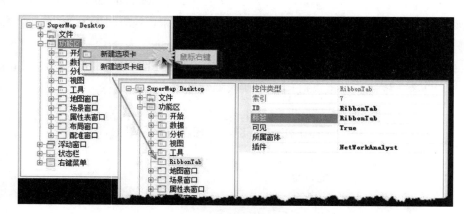

图 2.20　新建选项卡

（2）选中"RibbonTab"属性表中的"标签"属性，修改选项卡的显示名称为"我的工具栏"。

SuperMap iDesktop 10i 的工作环境设计是所见即所得的，所有的操作在界面上可以立即展现。新建"我的工具栏"选项卡后，会在功能区选项卡的最末位置添加一个空的选项卡。

（3）调整选项卡的位置。

左键选中"我的工具栏"选项卡，按住鼠标左键不动，将其拖曳到"开始"选项卡前面，松开鼠标左键，此时"我的工具栏"选项卡的位置如图 2.21 所示。

3. 第三步：添加控件组

目的：向"我的工具箱"选项卡中添加一个名为"我的组"的控件组。

（1）单击"我的工具箱"选项卡右键菜单的"新建控件组"，即可新建一个默认名称为"RibbonGroup"的控件组。

（2）选中"RibbonGroup"属性表中的"标签"属性，修改控件组的显示名称为"我的组"，添加后的界面展示，如图 2.22 所示。

4. 第四步：添加按钮

目的：向"我的组"中添加一个名为"插件信息"的按钮。

（1）单击"我的组"右键菜单的"新建按钮"，即可新建一个默认名称为"Button"的选项卡。

（2）修改"Button"按钮的属性信息。

（3）修改按钮属性信息后，界面展示如图 2.23 所示。

5. 第五步：配置按钮对应的功能

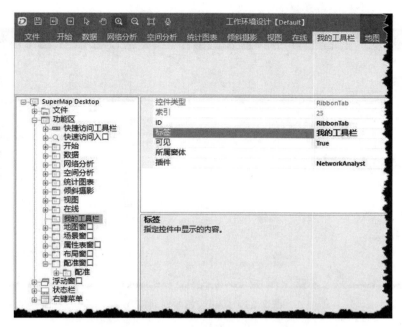

图 2.21　调整选项卡位置后的界面体现

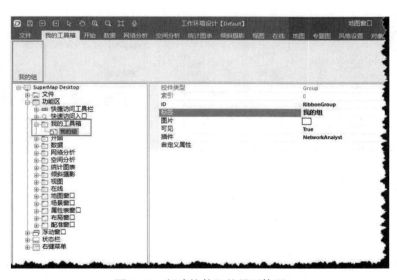

图 2.22　新建控件组的界面体现

1) 目的

①编写代码实现应用程序的插件遍历，并将插件信息在输出窗口中输出；

②将上述功能与按钮关联配置起来。

2) 实现

单击"插件信息"按钮属性表的"功能模式"项的属性值，弹出下拉列表

图 2.23　新建按钮的界面体现

"CtrlAction""ScriptCode""CodeFile"，如图 2.24 所示。

图 2.24　选择二次开发方式

3）三种方式的代码实现及配置方式

（1）方法一：CodeFile。

①单击"MyAction. rar"，下载该文件到本地，解压后即可获得 MyAction. cs 文件。

②设置"功能模式"的值为"CodeFile"，弹出"打开"对话框。在"打开"对话框中，查找 MyAction. cs 所在位置，并选择 MyAction. cs 文件，单击"打开"按钮，完成文件加载。

③设置完成后，单击"确定"按钮，保存相关设置信息，如图2.25所示。

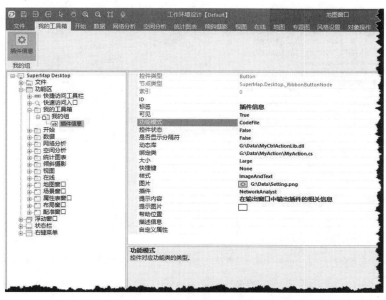

图2.25　"插件信息"按钮属性

（2）方法二：ScriptCode。

①设置"功能模式"的值为"ScriptCode"，弹出"脚本编译"窗口，如图2.26所示。

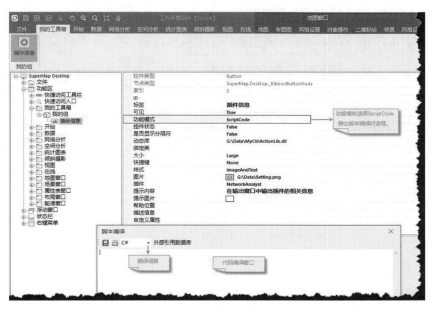

图2.26　功能模式选择"ScriptCode"

②选择脚本语言为"C#"，并将下列代码复制到代码编辑窗口。

```
//获取应用程序中所加载的所有插件的数目
Int32 pluginCount = SuperMap.Desktop.Application.ActiveApplication.PluginManager.Count;

//遍历应用程序中的所有插件，并将获取的插件的信息输出到应用程序的输出窗口
for (Int32 index = 0; index < pluginCount; index++)
{
    //获取应用程序中指定索引值的插件定义类对象

    Plugin plugin = SuperMap.Desktop.Application.ActiveApplication.PluginManager[index];

    //获取该插件的插件信息类对象

    PluginInfo pluginInfo = plugin.PluginInfo;

    //获取插件的名称

    String pluginName = pluginInfo.Name;

    //获取插件所在的程序集的全路径

    String pluginAssemble = pluginInfo.AssemblyName;

    //将获取的插件名称和所在的程序集信息输出到应用程序的输出窗口

    SuperMap.Desktop.Application.ActiveApplication.Output.Output("插件名称：" + pluginName + "\r\n" + "所在的程序集：" + pluginAssemble,InfoLevel.Information);
}
```

③单击"脚本编译"按钮进行编译，编译成功后，单击"脚本保存"按钮进行保存，如图 2.27 所示。保存后，关闭"脚本编译"窗口。

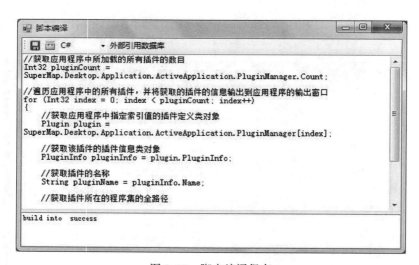

图 2.27　脚本编译保存

④设置完成后，单击"确定"按钮，保存相关设置信息。

（3）方法三：CtrlAction。

①单击"MyCtrlActionLib.dll"，下载 MyCtrlActionLib.dll 文件到本地。

②设置功能模式的值为"CtrlAction"。

③鼠标单击"动态库"属性，然后单击最右侧的按钮，弹出"打开"对话框，选择 MyCtrlActionLib. dll 文件所在位置。

④鼠标单击"绑定类"属性，然后单击最右侧的按钮，弹出"设置 CtrlAction"对话框，在可指定类列表中，选择"MyCtrlActionLib. _CtrlAction"，单击"确定"按钮，结束设置，如图 2.28 所示。

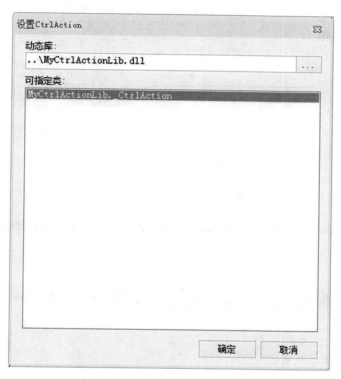

图 2.28　　"设置 CtrlAction"对话框

⑤设置完成后，"插件信息"按钮的属性信息如图 2.29 所示，此时，单击"确定"按钮，保存相关设置。

注意：

触发控件事件所执行的内容是通过某个类对象来指定的，该类必须实现 ICtrlAction 接口，当控件事件被触发时，会调用对象的 Run（）方法，该方法也是重写了 ICtrlAction 接口的 Run（）方法。CtrlAction 类就是 ICtrlAction 接口的一个实现类。

6. 第六步：工作环境设计的结果

（1）单击"应用"按钮保存所有设置，关闭"工作环境设计"窗口。

（2）关闭"工作环境设计"窗口回到应用程序主界面后，在"我的工具箱"选项卡下，单击"插件信息"按钮，应用程序应用的所有插件信息会在输出窗口中输出，如图 2.30 所示。

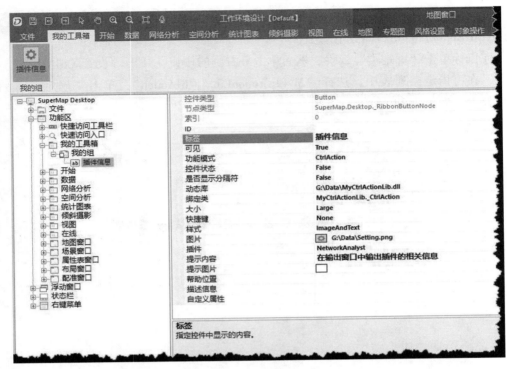

图 2.29  "插件信息"按钮属性

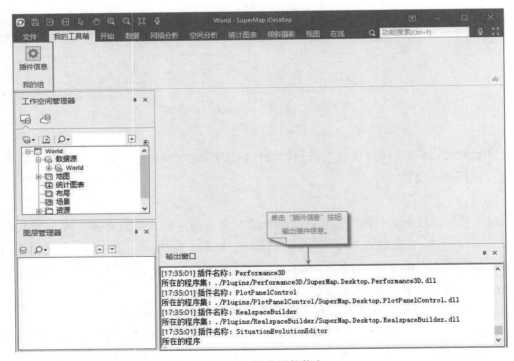

图 2.30  输出插件信息

## 2.4 SuperMap iDesktop 10i 二次开发

1. 第一步：创建一个新工程

本节以 Visual Studio 2013 为例，介绍 iDesktop 的开发流程。

1）启动 Visual Studio 2013 新建工程

执行"文件"→"新建项目"，弹出图 2.31 窗口，在模板处选择 Visual C#→ SuperMap Desktop Plugin，设置 .NET Framework 4，项目名称设置为"MyCtrlAction"，并选择一个工程存放路径，然后单击"确定"按钮新建工程，如图 2.31 所示。

在本例中，使用"SuperMap Desktop Plugin"模板新建工程，若尚未进行模板注册，请参考软件中"安装指南"教程进行模板注册。

图 2.31　"新建项目"对话框

2）MyCtrlAction 工程

（1）SuperMap iDesktop 是支持插件式扩展开发的应用平台，通过"SuperMap Desktop Plugin"新建工程，会自动生成 9 个文件"DesktopPlugin.cs""MyCtrlAction.cs""MyCtrlAction.config""MyControl.cs""MyCtrlActionCheckBox.cs""MyCtrlActionColorButton.cs""MyCtrlActionComboBox.cs""MyCtrlActionNum.cs""MyCtrlActionTextBox.cs"。

①"DesktopPlugin.cs"文件是对插件的定义，用来处理插件的初始化工作。

②"MyCtrlAction.cs"是对操作功能的定义，用来响应控件事件触发时所要执行的

内容。

③"MyCtrlAction. config"是插件配置文件，用来管理插件启动以及相关界面配置。

④"MyControl. cs"是浮动窗口功能定义，用来响应功能时间触发时所要执行的内容。

⑤"MyCtrlActionCheckBox. cs"是复选框操作功能定义，用来响应复选框选择状态发生改变时所要执行的内容。

⑥"MyCtrlActionColorButton. cs"是颜色按钮功能定义，用来响应触发颜色按钮时所要执行的内容。

⑦"MyCtrlActionComboBox. cs"是组合框功能定义，用来响应组合框选项改变时所要执行的内容。

⑧"MyCtrlActionNum. cs"是数值控件功能定义，用来获取用户输入的数值，并根据数值响应所要执行的内容。

⑨"MyCtrlActionTextBox. cs"是文本框功能定义，用来获取用户输入的文本，并根据文本响应所要执行的内容。

（2）如图 2.32 中第一部分所示，通过"SuperMap Desktop Plugin"新建工程，会自动添加二次开发所常用的引用，例如"SuperMap. Desktop. Core""SuperMap. Desktop. UI. Controls""SuperMap. Desktop. Common. dll"等。

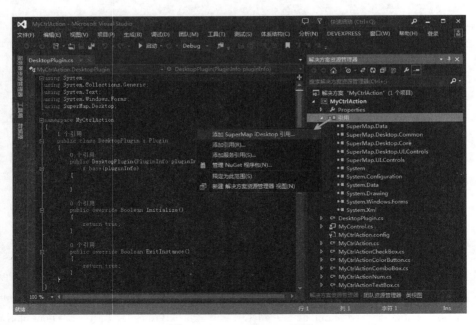

图 2.32　MyCtrlAction 工程

（3）若需要添加 SuperMap 相关的其他引用，右键单击图 2.32 第一部分中的"引用"，选择"添加 SuperMap iDesktop 引用"命令。该功能是 SuperMap iDesktop 为方便用户快速定位到 SuperMap 引用而特别设计的。

在弹出的"添加 SuperMap iDesktop 引用"窗口中可以自动添加 SuperMap iDesktop 常用的引用，如图 2.33 所示。默认情况下会自动查找安装程序所在位置的 Bin 目录下面的动态库文件。

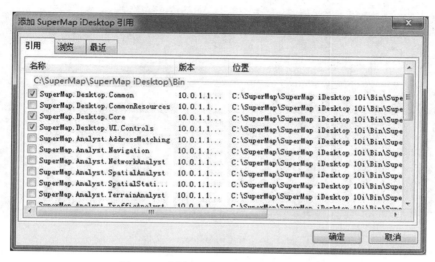

图 2.33 添加 SuperMap iDesktop 引用

①引用选项卡：用来添加要引用的程序集。所有引用来源于安装位置\ Bin 目录下的程序集。对于任何一个程序集，都会自动显示其名称、版本信息以及所在的位置。鼠标滑过时，还会自动显示该引用的详细描述信息。在"引用"选项卡中，选择要引用的程序集，单击"确定"按钮后，可将选中的程序集添加至项目中使用。

②浏览选项卡：用来增加引用，单击"打开"按钮，可以浏览要使用的引用文件，选择完成后，单击"确定"按钮，即可将选择的程序集添加至项目中，方便进行引用。

③最近选项卡：用来显示最近使用过的程序集。选择某个或者多个程序集，可以再次引用。

（4）也可以通过 Visual Studio 自身的引用功能添加项目所需的文件。

2. 第二步：实现输出插件信息功能

（1）打开 MyCtrlAction. cs 文件。

MyCtrlAction. cs 文件中包含了用于响应控件事件触发时所要执行的内容，即与 UI 控件绑定的类，该类必须继承自 CtrlAction 类或实现 ICtrlAction 接口，如图 2.34 所示，为 MyCtrlAction. cs 文件的初始状态。

（2）在 MyCtrlAction 类中重写 Run（）方法。

Run（）方法用来响应控件事件，本例中实现的功能为：将 SuperMap iDesktop 加

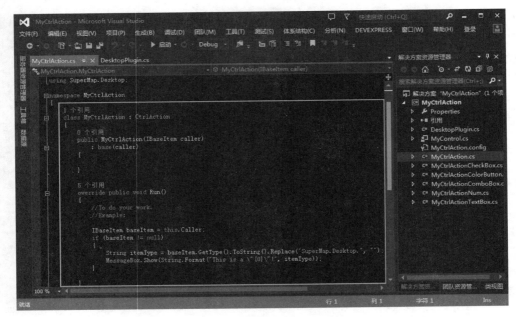

图 2.34　MyCtrlAction.cs 文件

载的所有插件的名称和所在程序集的全路径信息输出到应用程序的输出窗口中。在 MyCtrlAction.cs 文件中，将 Run（）方法中的代码替换为如下实现代码：

```
//获取应用程序中所加载的所有插件的数目
Int32 pluginCount = SuperMap.Desktop.Application.ActiveApplication.PluginManager.Count;

//遍历应用程序中的所有插件，并将获取的插件的信息输出到应用程序的输出窗口
for (Int32 index = 0; index < pluginCount; index++)
{
    //获取应用程序中指定索引值的插件定义类对象

    Plugin plugin = SuperMap.Desktop.Application.ActiveApplication.PluginManager[index];

    //获取该插件的插件信息类对象

    PluginInfo pluginInfo = plugin.PluginInfo;

    //获取插件的名称

    String pluginName = pluginInfo.Name;
    //获取插件所在的程序集的全路径

    String pluginAssemble = pluginInfo.AssemblyName;

    //将获取的插件名称和所在的程序集信息输出到应用程序的输出窗口

    SuperMap.Desktop.Application.ActiveApplication.Output.Output("插件名称: " + pluginName + "\r\n" + "所在的程序集: " + pluginAssemble, InfoLevel.Information);
}
```

（3）编译"MyCtrlAction"工程，生成 MyCtrlAction.dll 动态库文件，本例中的输出路径为：安装目录 \ SampleCode \ MyCtrlAction \ MyCtrlAction \ obj \ X86 \ Debug \ MyCtrlAction.dll。

（4）生成 MyCtrlAction. dll 后，可以按照工作环境设计快速入门中的"CtrlAction"方法，配置到用户界面中，配置后的界面以及功能执行的结果如图 2.35 所示。

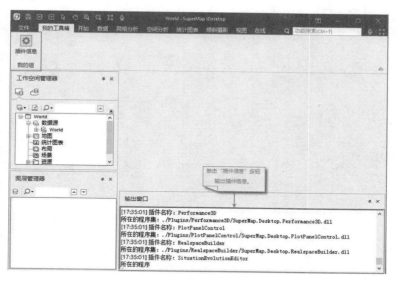

图 2.35　输出插件信息

# 第 2 部分　数据处理篇

# 第3章　属性与图形处理

## 3.1　数　据　管　理

数据管理包括工作空间的基本操作、数据源和数据集的创建、编辑、存储、删除等内容。

### 3.1.1　数据管理工具

SuperMap 提供简单易用的数据管理工具，包括目录管理、功能搜索、工作空间管理器等。

#### 3.1.1.1　工作空间管理窗口

工作空间管理窗口以图标平铺排列的形式显示并管理当前工作空间的内容，包括数据源、地图、布局、场景、图表、模型、资源。工作空间管理窗口中提供了与工作空间管理器一致的操作，支持数据和资源的管理，例如新建、打开、关闭数据源，新建、复制、删除数据集等，并且数据源和数据集右键菜单操作与在工作空间管理器中一致。

桌面提供以下两种打开工作空间管理器的窗口方式：

（1）通过视图→勾选工作空间管理器窗口复选框，即可打开工作空间管理器窗口。

（2）在工作空间管理器工具栏中，单击"工作空间管理器窗口"图标按钮，即可打开工作空间管理器窗口，再次单击该按钮，即可将该窗口关闭。

在窗口中双击任意图标，即可查看对应内容的子对象，例如：双击"数据源"图标，即可显示当前工作空间下的所有数据源，再双击其中某个数据源，即可在窗口中显示该数据源下的所有数据集。

工作空间管理窗口可联动显示工作空间管理器中选中项中的子项，例如，在工作空间管理器中选中了"数据源"节点，则工作空间管理器窗口中会显示当前工作空间中的所有数据源；若在工作空间管理器中选中了"China"数据源，则窗口中会显示该数据源下的所有数据集。

工作空间管理窗口中的工具栏及窗口空白处的右键菜单，支持上一级、回退、前进、显示方式、排序、刷新、导出等操作，具体的操作说明如下：

（1）上一级：返回当前窗口内容的上一级内容，例如，当前窗口显示的是数据集内容，通过"上一级"可将当前窗口内容切换为显示数据源内容。

（2）回退：返回上一个窗口视图内容。

（3）前进：显示下一个窗口视图内容。

（4）显示方式：应用程序提供了大图标、小图标、列表、详细四种方式，其中"详细"显示方式会显示各项内容的名称、类型、对象个数和路径，根据详细信息可方便地对各项内容进行管理，如：根据数据集的详细信息，删除对象个数为 0 的矢量数据集。

（5）排序：提供了名称、类型、创建时间、对象个数四种排序方式，具体的排列顺序如下：

①名称：按照字母进行排序。

②类型：按照属性表、矢量数据（点、线、面）、文本、影像、栅格、三维数据（点、线、面）、CAD、模型数据进行排序。

③创建时间：根据数据创建的时间由早到晚进行排序。

④对象个数：根据数据的对象个数按照升序进行排序。

（6）刷新：刷新当前界面中的显示内容。

（7）导出内容到表格：单击工具栏中的导出内容到表格按钮，可将当前窗口中的显示信息导出到 Excel 中，包括：工作空间、数据源、数据集等信息。如图 3.1 所示，工作空间管理器窗口中显示了数据源中数据集的信息，导出后即可将数据集的信息输出到 Excel 中。

| 名称 | 类型 | 对象个数 | 坐标系 | 空间索引类型 |
|---|---|---|---|---|
| Province_L_BF | 线 | 80 | Sphere Mercator (China2000) | R树索引 |
| Island_R | 面 | 103 | Sphere Mercator (China2000) | R树索引 |
| Border_L_BF | 线 | 78 | Sphere Mercator (China2000) | R树索引 |
| Coastline_L | 线 | 847 | Sphere Mercator (China2000) | 无索引 |
| MainRiver_R | 面 | 26 | Sphere Mercator (China2000) | 无索引 |
| Province_L | 线 | 80 | Sphere Mercator (China2000) | R树索引 |
| Border_L | 线 | 13 | Sphere Mercator (China2000) | 无索引 |
| Buffer20000 | 面 | 11 | Sphere Mercator (China2000) | 无索引 |
| ProvinceName | 文本 | 34 | Sphere Mercator | R树索引 |
| Lake_R | 面 | 3444 | Longitude / Latitude Coordinate Sy | 无索引 |

| | A | B | C | D | E |
|---|---|---|---|---|---|
| 1 | 名称 | 类型 | 对象个数 | 坐标系 | 空间索引类型 |
| 2 | Province_L_BF | 线 | 80 | Sphere Mercator (China2000) | R树索引 |
| 3 | Island_R | 面 | 103 | Sphere Mercator (China2000) | R树索引 |
| 4 | Border_L_BF | 线 | 78 | Sphere Mercator (China2000) | R树索引 |
| 5 | Coastline_L | 线 | 847 | Sphere Mercator (China2000) | 无索引 |
| 6 | MainRiver_R | 面 | 26 | Sphere Mercator (China2000) | 无索引 |
| 7 | Province_L | 线 | 80 | Sphere Mercator (China2000) | R树索引 |
| 8 | Border_L | 线 | 13 | Sphere Mercator (China2000) | 无索引 |
| 9 | Buffer20000 | 面 | 11 | Sphere Mercator (China2000) | 无索引 |
| 10 | ProvinceName | 文本 | 34 | Sphere Mercator | R树索引 |
| 11 | Lake_R | 面 | 3444 | Longitude / Latitude Coordinate Sys | 无索引 |

图 3.1　导出内容到表格

### 3.1.1.2　功能搜索

SuperMap iDesktop 10i 提供了丰富的地理数据处理功能，并且提供了"功能搜索"

工具，便于用户通过关键字或者功能名称进行搜索，可快速查找到相关功能。"功能搜索"为全局搜索，搜索结果为当前工作空间中所有可见选项卡中的相关功能，列表中每项的显示内容为选项卡、分组、功能选项。注意：搜索到的结果为当前工作空间激活后的选项卡中的相关功能，没有显示的选项卡中的功能则搜索不到，例如，若当前工作空间中没有打开地图窗口，则"地图"选项卡没有被激活，在功能搜索框中输入"单值专题图"关键字进行搜索，结果会提示："您搜索的功能不存在"，打开地图窗口之后即可搜索到"单值专题图"相关的功能。

按名称或关键字搜索：功能搜索工具在应用程序的右上角，可在搜索框中直接输入待查找的内容，即可查询到相关的功能。支持通过关键字进行模糊查找，搜索与之相关的所有功能，搜索结果如图 3.2 所示。

图 3.2　搜索结果

如果最近使用过搜索结果中的功能，则这些功能会同时显示在"最近使用"分组中。鼠标单击结果列表中的某个功能，即可打开对应功能的对话框，也可以通过向上或向下键高亮选中列表中的功能，并通过"Enter"键打开功能对话框。同时支持输入功能所在选项卡的文字进行定位。

注意：若选中搜索结果中的某功能，提示"当前项不可用"，则说明该功能需要在

51

地图窗口中打开相关的数据才可用。例如：在当前地图窗口中没有打开 DEM 数据的情况下搜索 DEM，选中结果列表中的"DEM 切割"，则会提示当前项不可用，因为该功能需要在地图窗口中打开待切割的 DEM 数据。

### 3.1.2 管理空间工作

工作空间是用户进行地理操作时的工作环境，包括用户在该工作空间中打开的数据源、保存的地图、布局和场景等，当用户打开工作空间时可以继续显示上一次的工作成果来工作。工作空间的管理包括工作空间的打开、保存、另存、关闭、删除以及查看工作空间属性等内容。

1. 工作空间的类型

工作空间有两种类型，包括文件型工作空间和数据库型工作空间。

● 文件型工作空间是将工作空间存储为扩展名为 ＊.sxw/＊.smw 或者 ＊.sxwu/＊.smwu 类型的文件；

● 数据库型工作空间是将工作空间存储在数据库中。目前，支持打开的数据库型工作空间包括：SQLPlus、OraclePlus、PostgreSQL、MySQL、MongoDB、DMPlus 和 PostGIS 等数据库型工作空间。

2. 工作空间的层次结构

用户的一个工作环境对应一个工作空间，每一个工作空间都由树状层次结构组成，该结构中工作空间对应根节点。一个工作空间包含唯一的数据源集合、唯一的地图集合、唯一的布局集合、唯一的场景集合和唯一的资源集合（符号库集合），对应着工作空间的子节点。

数据源集合，用于管理在工作空间中打开的所有数据源；地图集合，用来保存工作空间中的地图；布局集合，用来保存工作空间中的布局；三维场景集合，用来保存工作空间中的三维场景；符号库集合，主要管理符号库、线型库和填充库。

工作空间中的地图、布局、三维场景和资源都是依附于工作空间存在的，即这些内容都保存在工作空间中，删除工作空间时，其中的地图、布局、三维场景和符号库资源也相应地随之删除；而数据源是独立存储的，与工作空间只是关联关系，并没有保存在工作空间中，当删除工作空间时，只是删除了工作空间与数据源的关联关系，并不能删除数据。

3. 打开工作空间

打开工作空间有三种方式：

● "文件"选项卡中的"打开"按钮，提供打开不同类型的工作空间的功能。

● "开始"选项卡"工作空间"组提供"文件"和"数据库"两个按钮以打开不同类型的工作空间。其中下拉按钮包含两个部分：一是按钮部分，单击该部分将执行下拉菜单中第一项的功能；二是下拉按钮部分，单击该部分将弹出下拉菜单，通过选择下拉菜单中的项来实现打开相应类型的工作空间。下面详细介绍使用"打开"下拉菜单中的各个菜单项打开相应类型的工作空间的操作方式。

● 单击右键工作空间管理器中工作空间节点，可在右键菜单中选择"打开文件型工作空间"和"打开数据库型工作空间"。

以打开 SQLPlus 数据库型工作空间为例，对操作方式进行详细说明：

（1）单击"数据库"下拉按钮部分，选择下拉菜单中的"SQLPlus"项。

（2）弹出"打开数据库型工作空间"对话框，在该对话框中输入待打开的工作空间及工作空间所在的数据库的信息，单击"确定"按钮即可打开相应的工作空间。

● 服务器名称：可以直接输入 SQLPlus 数据库服务器名称，也可以点击"服务器名称"右侧组合框的下拉列表，将自动列出当前网络中能访问到的服务器名称。

注：若打开的为 Oracle 数据库，则会自动列出本地 Oracle 客户端中已配置的服务实例名称。

● 数据库名称：输入工作空间所在的 SQLPlus 数据库的名称。

● 用户名称：输入进入工作空间所在的 SQLPlus 数据库的用户名。

● 用户密码：输入进入工作空间所在的 SQLPlus 数据库的密码。

● 工作空间名称：输入要打开的工作空间名称。如果正确输入了服务器名称、数据库名称、用户名称、用户密码后，"工作空间名称"右侧的组合框的下拉列表中会列出当前数据库中所包含的所有工作空间的名称，用户可以选择要打开的工作空间。

注意事项：

● 在应用程序中，当前只能打开一个工作空间，不能同时打开多个工作空间，因此，在打开工作空间时，应用系统会先关闭当前打开的工作空间。在关闭当前打开的工作空间时，如果应用程序当前存在一个打开的未保存的工作空间，系统将弹出对话框，提醒保存关闭原有的工作空间，待关闭原有的工作空间后，才能继续打开操作。

● 打开工作空间后，工作空间中的数据，如数据源、地图、布局、场景、图表、符号库等，会按照其自身的数据组织结构对应到工作空间管理器的树状结构中相应的节点下。

4. 保存/另存为工作空间

"保存"按钮提供保存/另存为当前打开的工作空间中的操作结果以及保存工作空间的功能，工作空间中的操作结果只有先保存到工作空间中，然后再进行工作空间本身的保存，这些操作成果才能最终保存下来，在关闭工作空间后，当再次打开工作空间时，才能获取上一次工作的环境以及操作成果。

● 先保存工作空间中的操作结果。当工作空间中有未保存的内容，单击"保存"按钮时，会弹出"保存"对话框。弹出的"保存"对话框中的列表为未保存的项目，包括：未保存的地图、模型、布局。每个项目前有一个复选框，默认为选中状态，当复选框被选中时，表示将该项内容保存到工作空间中；否则，不进行保存。

● 保存工作空间。指定好要保存到工作空间中的内容后，单击对话框中的"保存"按钮，即完成工作空间的保存。

● 另存为工作空间。如果当前打开的工作空间是已经存在的工作空间，则在上一步中单击"保存"按钮后，即可实现工作空间的保存；如果当前打开的工作空间是一个新的工作空间（非已有的工作空间），则在上一步单击"保存"按钮后，将弹出"工作空间另存"对话框，通过该对话框可以将工作空间保存为用户所需要类型的工作空间，可选择存储为文件型工作空间或数据库型工作空间。

● 数据库名称：输入工作空间所在的 SQLPlus 数据库的名称。

● 用户名称：输入进入工作空间所在的 SQLPlus 数据库的用户名。

● 用户密码：输入进入工作空间所在的 SQLPlus 数据库的密码。

● 工作空间名称：输入要打开的工作空间名称。如果正确输入了服务器名称、数据库名称、用户名称、用户密码后，"工作空间名称"右侧的组合框的下拉列表中会列出当前数据库中所包含的所有工作空间的名称，用户可以选择要打开的工作空间。

5. 关闭工作空间

"关闭工作空间"主要提供关闭当前打开的工作空间的功能。关闭工作空间后，应用程序会提供一个默认打开的空的工作空间作为当前打开的工作空间。

（1）在工作空间节点上右击鼠标，在弹出的右键菜单中选择"关闭工作空间"项。

（2）应用程序在执行当前打开的关闭工作空间操作时，如果应用程序中当前打开的工作空间没有未被保存的内容，则直接关闭当前的工作空间；如果当前打开的工作空间存在未被保存的内容，则会弹出对话框，提示用户在关闭当前打开的工作空间时是否保存这些内容。

（3）如果点击"否"按钮，则不进行保存直接关闭当前打开的工作空间；如果点击"是"按钮，则对当前打开的工作空间进行保存工作。有关保存/另存为工作空间请参看上一节保存操作。

6. 查看工作空间属性

通过工作空间"属性"面板可以查看工作空间的属性信息，包括工作空间的存储位置以及当前工作空间内包含的数据源、地图、布局、场景等统计信息。

（1）在工作空间节点上右击鼠标，在弹出的右键菜单中选择"属性"项，弹出工作空间"属性"窗口。

（2）在"属性"窗口中包含"属性"和"统计"两个面板。

● "属性"面板：显示当前工作空间文件名称、路径信息、类型、版本以及描述信息，用户可单击"复制"按钮，复制当前工作空间路径地址，并支持添加工作空间的描述信息，同时支持更改当前工作空间密码等操作。

● "统计"面板：显示当前工作空间中数据源、地图、布局、场景的统计信息。

7. 模板创建工作空间

SuperMap 提供了基于模板创建工作空间的功能，基于指定模板创建的工作空间与模板工作空间中的数据源、数据集、地图、布局、场景一致。创建的工作空间与模板工作空间的异同点如下：

- 数据源名称、投影等属性与模板中的数据源一致；
- 数据源中的数据集个数、类型、名称、属性表结构、投影、字符集、编码、值域等属性与模板中的数据集一致；
- 新建工作空间中的数据集对象个数为 0，数据范围为空，索引类型为无空间索引。

1）功能入口

基于模板创建工作空间功能入口有两个：

- 在"开始"选项卡"工作空间"组的"文件"下拉选项中，单击"基于模板创建工作空间"选项；
- 在"起始页"的"打开数据"组中，单击"新建工作空间"按钮。通过上述任意一种方式都可打开"模板创建工作空间"对话框。

2）参数说明

- 目标数据：用于设置新创建的工作空间保存的路径和名称，工作空间中的数据源保存在与工作空间同级的目录中。
- 模板：选择工作空间模板，SuperMap 提供了三种选择方式，用户可根据需求进行选择：
  ◇ 当前工作空间：选择该单选框则表示以当前工作为模板。
  ◇ 本地工作空间：单击右侧按钮，在本地文件中选择一个工作空间作为模板，或在文本框中直接输入模板工作空间的路径和名称。
  ◇ 工作空间模板：SuperMap 根据国标提供了两种模板，一种是地理国情普查模板，一种是基础地理信息地形要素模板。

8. 复制工作空间路径

可通过工作空间右键菜单中的"复制完整路径"选项，或工作空间属性面板中的"复制"按钮，复制工作空间文件路径及名称，便于用户定位到本地文件。

### 3.1.3 管理数据源

#### 3.1.3.1 数据源及数据引擎类型

数据源（Datasource）是存储空间数据的场所。所有的空间数据都是存储于数据源中而不是工作空间中，任何对空间数据的操作都需要打开或获取数据源，用户可以按照数据的用途，将不同的空间数据保存于数据源中，对这些数据统一进行管理和操作。对不同类型的数据源，需要不同的空间数据引擎来存储和管理。

SuperMap SDX+是 SuperMap 的空间引擎技术，它提供了一种通用的访问机制（或模式）来访问存储在不同引擎里的数据。各种空间几何对象和影像数据都可以通过 SDX+ 引擎存放到关系型数据库中，形成空间数据和属性数据一体化的空间数据库。

不同类型的空间数据源对应不同的数据引擎。SuperMap 产品支持打开和新建多种数据源类型，分为文件型数据源、数据库型数据源、Web 数据源以及内存数据源。因此，对应的引擎类型有文件引擎、数据库引擎和 Web 引擎。

1. 文件型数据源

将空间数据和属性数据直接存储到文件中。存储扩展名为 *.udb 或 *.udbx 的文件。在小数据量情况下使用文件型数据源地图的显示更快，且数据迁移方便。

2. 文件引擎

文件引擎包含有四类：SuperMap 自定义的 UDB 引擎（可读写）、UDBX 引擎（可读写）、影像插件引擎（直接访问一些影像数据）和矢量文件引擎（直接访问外部矢量文件）。

• UDB 引擎，是 SuperMap Objects 自定义格式的文件型空间数据引擎。这种引擎采用传统的文件+数据库混合存储方式。UDB 引擎的一个数据工程包括两个文件，扩展名为 UDB 的文件存储空间数据，采用 OLE 复合文档技术；扩展名为 UDD 的文件为属性数据库，采用 Access 的 MDB 数据库格式。由于 UDB 文件采用了复合文档技术，因此提供了在一个 UDB 工程中存储多个数据集的能力。这一点与 Arc/Info Coverage、MapInfo Table 文件等技术不同。UDB 主要面向中、小型系统和桌面应用，目的在于提高效率，弥补纯数据库引擎在这方面的不足。

• UDBX 引擎，可以读写以及管理 Spatialite 空间数据。Spatialite 是一个用来扩展 SQLite 内核的开源库，提供了一个完整而强大的空间数据库管理系统，具有跨平台和轻量级的特点，而且支持完全成熟的空间 SQL 功能。此外，Spatialite 使用 R-Tree 作为空间索引，实现高效检索空间数据。SuperMap 新增的 UDBX 文件引擎，充分利用 Spatialite 对空间数据高效管理的能力以及轻量级数据库的特点。

◇ 使用 UDBX 文件引擎无须安装和部署数据库系统，由于 Spatialite 数据库简单地对应单个文件，文件大小没有限制，所以使用 UDBX 文件引擎创建数据源时，将创建一个 UDBX 文件型数据源（*.udbx），其实质是一个数据库文件，它比已有的 UDB 文件型数据源具有更加开放、数据操作更加安全稳定的特点。

◇ 在 UDBX 文件型数据源中可以创建数据集，或者导入其他来源的数据。UDBX 文件型数据源支持的数据集类型包括：点、线、面、文本、CAD、属性表、三维点/线/面、EPS 复合点/线/面/文本、栅格、影像、镶嵌数据集。

◇ 此外，UDBX 文件引擎具有更加开放的特点，支持直接操作第三方导入 Spatialite 空间数据数据库中的空间数据，如显示、数据编辑。应用时，只需将 Spatialite 空间数据库文件（*.sqlite）作为文件型数据源加载到 iDesktop 即可。

• 影像插件引擎，支持栅格类型的数据在 SuperMap 中只读显示，目前支持格式为 BMP、JPEG、RAW、TIFF、SCI、SIT 和 ERDAS IMAGINE 的栅格数据类型（BMP、JPEG 为通用的栅格数据类型，RAW、TIFF 为遥感影像数据类型，SCI 为 SuperMap 定义的地图预缓存图片文件，SIT 为 SuperMap 定义的栅格数据类型）。故插件引擎共有以下 7 种类型：BMP 只读引擎、JPEG 只读引擎、RAW 只读引擎、TIFF 只读引擎、SCI 只读引擎、SIT 只读引擎和 ERDAS IMAGINE 只读引擎。

• 矢量文件引擎，针对通用矢量格式如 SHP、TAB、ACAD 等，支持矢量文件的编辑和保存。

### 3. 数据库型数据源

将数据源存储在数据库中，目前桌面产品提供 OraclePlus、Oracle Spatial、SQLPlus、PostgreSQL、DB2、KingBase、MySQL、BeyonDB、HighGoDB、KDB、DM、PostGIS 和 MongoDB 十余种数据库型数据源功能。一般常用于数据量较大的数据存储，便于数据的管理和访问，且支持并发操作便于修改和数据同步。用户在访问数据库时需要本地配置相关的数据库环境和客户端。

### 4. 数据库引擎

SuperMap 空间数据库以大型关系型数据库为存储容器，通过 SuperMap SDX+ 进行管理和操作，将空间数据和属性数据一体化存储到大型关系型数据库中，如 Oracle、SQL Server、Sybase 和 DM3 等。如表 3.1 所示为空间数据库类型。

表 3.1 **空间数据库类型**

| 数据库型数据源引擎类型 | |
|---|---|
| 类型 | 描　述 |
| SQLPlus | SQL Server 引擎类型，针对 SQL Server 数据源。必须有客户端，环境变量配置正确 |
| OraclePlus | OraclePlus 引擎类型，针对 Oracle 数据源，必须安装客户端 |
| OracleSpatial | OracleSpatial 引擎类型，针对 OracleSpatial 数据源，必须安装客户端。不支持网络数据集 |
| MySQL | MySQL 引擎类型。不需要安装客户端，但远程服务端必须保证本机有访问权限 |
| DB2 | DB2 引擎类型。针对 IBMDB2 数据库的 SDX+数据源，必须安装客户端 |
| Kingbase | Kingbase 引擎类型，针对 Kingbase 数据源，不支持多波段数据。必须有客户端 |
| BeyonDB | BeyonDB 引擎类型。必须有客户端 |
| SinoDB | SinoDB 引擎类型。针对 SinoDB 数据源。必须有客户端 |
| HighGoDB | HighGoDB 引擎类型。无须安装客户端，远程服务端必须保证本机有访问权限 |
| DM | DM 引擎类型。针对达梦（DM）数据源，必须安装客户端，环境变量配置正确 |
| KDB | KDB 引擎类型。必须有客户端，环境变量配置正确 |
| MongoDB | MongoDB 引擎类型。无须安装客户端，远程服务端必须保证本机有访问权限 |
| PostgreSQL | PostgreSQL 引擎类型。无须安装客户端，远程服务端必须保证本机有访问权限 |
| PostGIS | PostgreSQL 的空间数据扩展 PostGIS 引擎类型。针对 PostGIS 数据源，无须安装客户端，远程服务端必须保证本机有访问权限 |
| Tibero | Tibero 引擎类型。是作为企业级数据库服务器，为了进一步完善现有 DBMS 采用独有的 Hyper ThreadArchitecture（超线程架构），大幅提高了性能及稳定性。凭借 HTA 的创建性结构，使用最少的 CPU 以及内存资源，大幅改善了 locking 机制，保障比现有 DBMS 具备更高的可扩展性（scalability）。须安装客户端，远程服务端必须保证本机有访问权限 |

SuperMap iObjects 支持多种数据库引擎,根据常用引擎需求目前可在桌面端查看到的功能入口有上述 17 类数据库,用户可通过修改配置文件参数的方式自定义数据库型数据源的功能入口,增加或者删除 SuperMap iObjects 已支持的各种数据库数据源。

支持通过修改配置文件参数的方式自定义数据库型数据源的功能入口,配置文件位于产品包/Configuration/文件夹中的 SuperMap. Desktop. Startup. xml 文件。配置参数编码默认显示如下:

&lt;parameters&gt;&lt;engine extraEngineType = " "

hiddenEngineTypes = " " &gt;&lt;/parameters?"

● 其中"extraEngineType = " " "默认为空,此时数据库入口为桌面默认的数据库数据源入口,若要增加新的 SuperMap iObjects 已支持的数据库,只需将数据库对应的枚举值填入即可,例如:增加 Altibase 引擎类型,其对应的枚举值为 2004,则配置文件编码写为 extraEngineType = "2004"。

● 其中"hiddenEngineTypes = " " "默认为空,若要删除数据库数据源的功能入口,只需将数据库对应的枚举值填入即可,例如:删除 OracleSpatial 引擎和 SQLPlus 引擎类型,其对应的枚举值分别为 10,16,则配置文件编码写为 hiddenEngineTypes = "10,16" 即可。

5. Web 数据源

将数据源存储在网络服务器中,OGC、GoogleMaps、超图云服务、REST 地图服务和天地图地图服务数据源属于 Web 数据源。

6. Web 引擎

Web 引擎可以直接访问 WFS、WMS、WCS 等所提供的 Web 服务,这类引擎就是把网络上符合 OGC 标准的 Web 服务器,作为 SuperMap 的数据源来处理,通过它可以把网络发布的地图和数据与 SuperMap 的地图和数据完全结合,将 WFS 和 WMS 的应用融入 SuperMap 的技术体系,拓展了 SuperMap 数据引擎的应用领域。Web 引擎为只读引擎。

7. 内存数据源

数据源中的数据都保存在内存中,为临时数据源,不支持保存。一些分析的中间结果可以存储在该数据源中,有利于提高分析的效率,当得到最终数据时可从内存数据源导出为本地数据。

内存数据源对应的数据引擎为内存引擎。

注意事项:SuperMap 支持 SDX+ 数据引擎,支持存储的数据集对象最大记录数理论值为 $2^{31}-1$,即:2147483647 条记录,超过该记录值,后续记录将无法显示。

3.1.3.2 打开数据源

1. 使用说明

支持打开的数据源类型分文件型数据源、数据库型数据源、Web 型数据源三类。

提供三种方式打开数据源:

- 在"文件"菜单中单击"打开"按钮,提供打开不同类型数据源的入口。
- "开始"选项卡"数据源"组提供"文件""数据库"和"Web型"三个按钮以打开不同类型的数据源。
- 在工作空间管理器中数据源节点处单击右键,可在右键菜单中选择打开不同类型的数据源。

2. 打开文件型数据源

(1) 以上述任一方式执行打开操作,会弹出"打开文件型数据源"对话框。

(2) 在"打开文件型数据源"对话框中,选择要打开的文件型数据源文件。支持打开的文件型数据源可以是 *.udb 文件、*.udbx 文件,同时还支持打开外部影像文件和矢量文件。

- 空间数据引擎型:包括 UDBX(*.udbx)、SpatiaLite(*.sqlite)和 GeoPackage(*.gpkg)文件,SpatiaLite 是 UDBX 的原生数据库,GeoPackage 为 SQLite 数据库中的空间数据。

- 影像文件类型:包括 *.sit、*.bmp、*.jpg、*.jpeg、*.png、*.tif、*.tiff、*.img、*.sci、*.gif、*.gic、*.sct、*.xml、*.ecw、*.sid、*.bil、*.jp2、*.j2k、*.egc、*.tpk 等格式。

- *.tpk 是 ArcGIS 生成的地图切片包,即将地图生成切片,并将切片进行打包创建成为单个压缩的 .tpk 文件。

工作空间对于作为数据源打开的影像数据文件的管理方式为:在工作空间中建立一个与影像数据文件同名的数据源,影像数据文件则为该数据源中的影像数据集。因此,当将影像数据文件作为数据源打开后,工作空间管理器中将增加一个数据源节点,节点的显示名称与影像数据文件的文件名称相同,打开的影像文件作为影像数据集添加到这个数据源节点下。需要特别注意,单波段 16 位和 32 位浮点型的影像文件,直接打开后为栅格数据集。

- 矢量文件类型:包括 *.shp、*.mif、*.tab、*.dwg、*.dxf、*.dgn、*.e00、*.sde、*.kml、*.kmz、*.gml、*.wal、*.wan、*.wap、*.wat、*.csv 等格式。

工作空间对于作为数据源打开的外部矢量文件的管理方式为:在工作空间中建立一个与外部矢量文件同名的数据源,外部矢量文件则为该数据源中的 CAD 数据集。因此,当将外部矢量文件作为数据源打开后,工作空间管理器中将增加一个数据源节点,节点的显示名称与外部矢量文件的文件名称相同,打开的矢量文件作为 CAD 数据集添加到这个数据源节点下。

3. 打开数据库型数据源

(1) 目前支持打开 Oracle Plus、Oracle Spatial、SQL Plus、PostgreSQL、DB2、KingBase、MySQL、BeyonDB、HighGoDB、KDB、SinoDB、PostGIS 和 MongoDB 等十余种数据库型数据源。

（2）以上述任一方式执行打开操作，会弹出"打开数据库型数据源"对话框。

（3）在"打开数据库型数据源"对话框中，可在左侧数据库类型列表中切换数据库类型，在右侧输入要打开的数据源的必要信息。针对不同数据库类型参数设置各有不同。

注：应用程序会自动保存连接过的数据库地址，用户后续登录时可选择历史记录实现快速登录。

4. 打开 Web 型数据源

（1）以上述任一方式执行打开操作，会弹出"打开 Web 型数据源"对话框。

（2）在"打开 Web 型数据源"对话框中，可在左侧 Web 类型列表中切换类型，在右侧输入要打开的数据源的必要信息。不同数据源设置参数的要求不同。

- OGC：输入服务地址，并选择该服务的服务类型，桌面支持五种类型：WMS、WFS、WCS、TMS 和 WMTS。其中 WMS、WCS、WMTS 打开后均为只读数据源，WFS 服务打开后可以进行简单的编辑。对于 WMTS 服务，打开 WMTS 服务以后会在本地生成一个缓存文件夹。路径为：安装路径 \ Bin \ Cache \ WebCache \ WMTS 文件夹。在该文件夹下按照发布服务的地址建立文件夹，保存不同地图的瓦片文件以及请求文件（＊.xml）。

- iServerREST：用户须填写服务地址即可打开该数据源。

- GoogleMaps：服务地址、服务类型、用户名称和打开方式等参数为系统默认参数，用户不需要设置。

- SuperMapCloud：服务地址、服务类型、用户名称、密钥和打开方式等参数为系统默认参数，用户不需要设置。

- ChinaRS：提供打开 4 个地图服务，用户只需选择服务名称下拉框中的服务，其服务地址、服务类型、用户名称、密钥和打开方式等参数为系统默认参数，用户不需要设置。

- OpenStreetMaps：服务地址、服务类型、用户名称、密钥和打开方式等参数为系统默认参数，用户不需要设置。单击"打开"即可。

- MapWorld：提供 7 项地图服务，用户只需选择服务名称下拉框中的服务，其服务地址、服务类型、用户名称和打开方式等参数为系统默认参数，支持用户输入服务密钥。

- WorldTerrain：提供浅色基础地形图和深色地形图 2 项地形服务，用户只需选择服务名称下拉框中的服务，其服务地址、服务类型、用户名称和打开方式等参数为系统默认参数。

5. 注意事项

（1）目前 Google 地图在国内无法正常显示地图，打开后地图会空白显示，但国外用户可以正常使用 Google 地图。

（2）数据源被打开以后，打开的数据源会组织到工作空间中的数据源集合下，并通过数据源的别名来唯一标识数据源，同时，工作空间管理器也会随之发生变化，工作空间管理器的树状结构中的数据源集合节点下会增加一个数据源子节点，该节点对应打开的数据源，节点的显示名称为该数据源的别名。并且该数据源节点下会增加一系列子节点，每个子节点对应数据源中的一个数据集。

（3）Web 地图（包括 OGC、Google 地图等）、影像地图、地图缓存等类型暂不支持动态投影。

Web 地图（包括 OGC、Google 地图等）不支持多个窗口关联浏览。

（4）目前场景窗口不支持加载"天地图"数据的功能。

（5）在打开 OGC 的 WMTS 服务时，可能会发现 WMTS 服务存在偏移，这是由于桌面应用程序地图显示的 DPI 与请求网络地图的 DPI 不一致导致的。需要将"安装路径 \ Bin \ Supermap. xml"文件中 CustomDPIX 和 CustomDPIY 参数设置成 90. 7。

### 3. 1. 3. 3 新建数据源

1. 使用说明

支持新建数据源类型分文件型数据源、数据库型数据源、内存数据源三类。

提供三种方式新建数据源：

（1）"文件"菜单中的"新建"按钮提供了选择新建数据源类型。

（2）"开始"选项卡"数据源"组提供"文件"和"数据库"两个按钮以创建不同类型的数据源。

（3）在工作空间管理器中数据源节点单击鼠标右键，可在右键菜单中选择打开各类型数据源选项。

2. 新建文件型数据源

以上述任一方式执行新建文件型数据源操作，选择"新建文件型数据"选项，在"新建文件型数据源"对话框中，设置新建数据源的保存路径、文件名即可创建相应类型的文件型数据源，该文件型数据源将保存到 *. udb 或 *. udbx 文件中。

3. 新建数据库型数据源

目前支持新建 Oracle Plus、Oracle Spatial、SQL Plus、PostgreSQL、DB2、KingBase、MySQL、BeyonDB、HighGoDB、KDB、SinoDB、PostGIS 和 MongoDB 等十余种数据库型数据源。

其中部分数据源类型的创建需要本地配置客户端。且创建不同数据库类型参数设置各有不同，参数描述、参数设置及注意事项同"打开数据库型数据源"。

注意事项：

● 创建 PostGIS 数据库型数据源时，既可以指定一个已有的 PostgreSQL 数据库名称，创建数据源；也可以指定一个新的数据库名称。创建数据源时，先创建对应的 PostgreSQL 数据库，再创建数据源。一个 PostgreSQL 数据库只能创建一个 PostGIS 数据库型数据源。

4. 基于模板创建数据源

基于模板创建一个与模板数据源相同的数据源，即相当于复制一个模板数据源，其数据源中的数据集个数、名称、类型与模板数据源中的一致，只不过数据集只保留了相同的属性表结构，但是记录数为0，即不包含任何对象空数据集。

目前应用程序提供了地理国情普查和基础地理信息地形要素分类两套模板，用户也可以指定工作空间中的其他数据源作为模板。

### 3.1.3.4 数据源管理

1. 复制数据源

将一个源数据源中的所有数据集复制到目标数据源中。

1）功能入口

右键点击选中工作空间管理器中需要进行数据源复制的一个数据源节点，在弹出的右键菜单中选择"复制数据源"命令。

2）参数说明

● 保持目标数据源投影不改变：用于设置在复制数据源过程中，是否保持目标数据源的投影不改变，即复制后仍保持其本来的投影信息。默认为勾选该复选框，即复制数据源时，保持目标数据源不变，否则目标数据源的投影变为源数据源的投影。

● 仅复制数据源库结构：用于设置复制数据源时是否仅复制数据源库结构，即控制是否仅复制数据集的属性表结构，而不复制任何几何对象的图形和属性数据。默认为不勾选该复选框，即复制数据源时可将源数据集的所有数据都复制到目标数据源的对应数据集中，否则仅复制数据源库结构。

● 高级参数设置：在"高级参数设置"区域中，列出了源数据源中的所有数据集，可通过数据集列表中的"状态"项复选框，辅助"全选"和"反选"按钮，设置复制哪些源数据集到目标数据源中。此外，还可在"目标数据集"项中对目标数据集的默认名称进行重命名。

注意事项：

● 只有当前工作空间中存在两个或多个数据源时，"复制数据源"命令才为可用状态。

● 将UDB数据源中的数据集复制到Oracle或SQL Server数据源中时，若数据集中有文本型字段，为了保证UDB中文本型字段中的多国语言可正常存储，数据集中的文本型字段会转换为宽字符型字段。

2. 紧缩数据源

用于对单个或多个数据源进行批量压缩，使其减少数据量，占用较少的磁盘空间。该功能只对UDB文件型数据源有效。

对于存在密码的数据源进行紧缩时，如果没有在当前工作空间中打开，必须输入密码，才能正确进行紧缩操作，否则会紧缩失败。

功能入口：

● 方式一：在"开始"选项卡的"数据源"组中，单击"文件型…"下拉按钮，在下拉菜单中选择"紧缩数据源"项。

• 方式二：在工作空间管理器中选中要紧缩的数据源，单击鼠标右键，在弹出的右键菜单中选择"紧缩数据源"项。

采用方式一将弹出"紧缩数据源"对话框，在对话框列表中默认会加载当前工作空间所打开的所有文件型数据源。单击工具条中的"添加"按钮可添加当前工作空间中没有打开的、其他需要紧缩的文件型数据源。

若待紧缩数据源设置了密码，则需要在"密码"框中输入正确密码才可紧缩成功。

执行紧缩操作，数据源紧缩操作成功后，在"紧缩数据源"对话框的列表的"结果"字段中，将会标记该数据源紧缩的结果为"成功"。

注意事项：

• 使用功能区"紧缩数据源"按钮，对数据源进行紧缩，会默认将当前工作空间中所有打开的数据源添加到列表中进行紧缩。

• 选中某一个数据源，通过右键菜单的方式进行数据源紧缩操作，只对当前选中的数据源进行操作，并且不会弹出"紧缩数据源"对话框，直接进行操作，操作完成后会在输出窗口中提示操作结果（成功或者失败）。

3. 数据源排序

用来对当前打开的工作空间中所有的数据源进行排序。若当前打开的工作空间中包含有多个数据源，为了便于使用，可以对工作空间中的数据源进行排序，实质是对工作空间管理器中的数据源集合节点下的所有数据源所在的节点进行排序。

功能入口：右键单击工作空间管理器中的树状结构层次中的数据源集合节点。在弹出的右键菜单中，选择"数据源排序"命令，弹出下一级菜单，菜单中列出了三种数据源排序方式。排序的方式有三种：

• 名称：在数据源集合对应的节点下，所有数据源所在的节点将根据其节点显示的名称进行重新排序。

• 类型：在数据源集合对应的节点下，所有数据源所在的节点将根据其对应的数据源类型进行排序。

• 打开顺序：在数据源集合对应的节点下，所有数据源所在的节点将根据其对应的数据源被打开的先后次序进行排序。

4. 重命名数据源

支持修改选中的数据源的名称。

功能入口：

• 方式一：右键单击选中工作空间管理器中的一个数据源节点，在弹出的右键菜单中选择"重命名"命令。

• 方式二：选中要修改名称的数据源，在键盘上按住 F2 键，数据源节点的显示名称变为可编辑状态，直接编辑即可。

注意事项：

● 当进行重命名数据源操作时，有打开的地图窗口，程序会弹出提示框提示用户"重命名数据源需关闭引用它的数据集的地图!"，在完成操作后才可进行重命名的操作，否则将无法重命名。

● 重命名数据源后会自动修改地图中关联数据集的图层标题，减少用户手动修改图层标题的工作量。

### 3.1.4　管理数据集

#### 3.1.4.1　"新建数据集"组

1. 使用说明

"开始"选项卡的"新建数据集"组中，通过 Gallery 容器组织了具有建立各类数据集功能的控件（buttonGallery 控件），可创建点、线、面、文本、CAD、模型、属性表、三维点、三维线、三维面等17种类型的数据集。该组中的控件只有在当前打开的工作空间中有打开的数据源时才可用。

通过单击 Gallery 容器中的按钮即可实现与该控件绑定的功能，如点、线、面，分别默认用于创建点数据集、线数据集和面数据集，并可以通过"新建数据集"对话框的设置，实现一次建立多个不同类型的数据集。

Gallery 容器中可以放置多行多列的 buttonGallery 控件，单击相应按钮，可以弹出 Gallery 容器的列表，列出容器中包含的所有 buttonGallery 控件；用户也可以通过容器中的向上和向下滚动列表按钮浏览 Gallery 容器中的 buttonGallery 控件。

2. 操作步骤

（1）单击"新建数据集"组 Gallery 容器中的一个 buttonGallery 控件（以"面"按钮为例）。

（2）弹出"新建数据集"对话框，在该对话框中可设置新建的数据集名称、目标数据源、创建类型、编码类型、坐标系以及是否添加到地图等。

● 数据集名称：用来设置新建的数据集的数据集名称，该列中的单元格为可编辑单元格，用户可以输入任何合法的名称作为新数据集的名称。

● 目标数据源：该对话框中的数据集列表中的"目标数据源"项，用来设置新建的数据集所在的目标数据源。单击下拉按钮弹出下拉菜单，下拉菜单中列出了当前打开的工作空间中所有打开的数据源的别名，用户通过选择其中的一个数据源来指定新建的数据集所在的目标数据源。用户也可以单击对话框右侧的"目标数据源"下拉按钮，选择目标数据源。

注：目标数据源可选择文件型数据源和数据库型数据源。

● 创建类型：此项默认为用户最初单击的 buttonGallery 控件对应的数据集类型，用户也可以在"新建数据集"对话框中，单击数据集列表中的"创建类型"项的下拉按钮，在弹出的下拉菜单中选择其他类型的数据集，设为目标数据集类型。用户也可以单击对话框右侧的"创建类型"下拉按钮，选择目标数据集的类型。

• 添加到地图：单击下拉按钮弹出下拉菜单，下拉菜单中列出了"不添加到地图""添加到新地图"两项，用户在创建数据集后，根据选择的下拉菜单选项可将该行新建的数据集不添加到地图，或添加到一个新的地图窗口，或者添加到此时打开的地图窗口中，此项默认为"不添加到地图"。

（3）设置好列表中的相关参数之后，需在"模板"区域选择数据集是否使用模板进行创建，具体参数说明如下：

• 不使用模板：若不使用模板创建，则需要设置数据集的编码类型和字符集。

• 字符集：对新建的数据集可以选择适合的字符集。对于普通版本的桌面产品，字符集默认为 ASCII（Default）；对于 Unicode 版本的桌面产品，字符集默认为 UTF-8。

• 设置坐标系：支持对新建数据集设置坐标系。

• 数据集模板：若选择"数据集模板"方式新建数据集，指定模板数据集后即可根据模板创建数据集，创建的数据集属性表结构及大部分属性都与模板数据集一致，例如投影信息、字符集、值域等。注意：新创建的数据集范围为 0，空间索引为无空间索引，对象个数为 0。

• 存储方式：当选择的存储数据源为 MongoDB 数据库数据源时，可以选择 SuperMap 和 Geojson 两种数据存储方式。其中 SuperMap 是 SuperMap 自定义的存储格式；Geojson 是 MongoDB 的空间数据存储格式。

（4）在"新建数据集"对话框的工具条中组织了几个功能控件，包括全选、反选、移除、统一设置等，便于用户设置数据集列表中的各数据集。

（5）完成新建数据集的各项设置后，单击"新建数据集"对话框底部的"创建"按钮，即可完成新建数据集的操作。

注意事项：

• 若在工作空间管理器中的数据源节点中选择了一个或多个数据源，则单击"新建数据集"组中的按钮控件后，默认新建的数据集所在的目标数据源为选中的数据源或第一个选中的数据源（若选中了多个数据源）。

• 在创建点数据集、纯属性数据集以及 CAD 数据集时，不支持编码类型，默认编码方式为未编码，用户不得修改。

• 若用户未选中任何数据源，直接单击"新建数据集"组中的按钮控件，默认新建的数据集所在的目标数据源为工作空间管理器中的数据源节点中的第一个数据源。

• 数据集命名规则：

①由汉字、字母、数字和下划线组成，但不能以数字、下划线开头。

②长度不得为 0，不得超过 30 个字节，即 30 个英文字母或者 15 个汉字。超出部分会自动截断。

③不能有非法字符，如空格、括号等。

④不能与各个数据库的保留字段冲突。

3.1.4.2　数据集管理

1. 复制数据集

将一个或者多个数据集复制到目标数据源中。当前有选中的数据集时，可以直接将选中的数据集添加到复制窗口，快速实现数据集的复制。

同时支持以快捷键 Ctrl+C 和 Ctrl+V 的方式，即在工作空间管理器中选中待复制数据集进行复制（Ctrl+C），再选中目标数据源进行粘贴（Ctrl+V），完成对数据集进行复制、粘贴，将使数据源之间数据集的迁移更加便捷简单。

1）功能入口

在工作空间管理器中，选中要进行复制的数据集，可以配合使用 Shift 键或者 Ctrl 键同时选中多个数据集，可通过以下两种方式进行复制操作：

● 右键单击选中的数据集，在弹出的右键菜单中选择"复制数据集…"项，弹出"数据集复制"对话框。

● 也可在工作空间管理器中，将待复制的数据集拖曳到需复制到的数据源节点处，弹出"复制数据集"提示框，单击"确定"按钮即可将选中的数据集复制到指定的数据源中。

2）参数说明

在"数据集复制"对话框中设置复制数据集所必要的信息，对话框中的每条记录对应一个要复制的数据集的复制信息，包括：将数据集复制得到的目标数据源、复制得到的新数据集的名称、复制得到的新数据集采用的编码类型。

"数据集复制"对话框中的每条记录对应一个要复制的数据集的复制信息，每一项的含义如下所示：

● 源数据集：显示被复制的数据集的类型、名称和所在数据源的名称。

● 源数据源：源数据集所在的数据源。

● 目标数据源：目标数据源列用来指定被复制的数据集复制以后要存储在哪个数据源中，目标数据源列中的每个单元格有一个下拉按钮，单击下拉按钮弹出下拉列表，列表中列出了当前工作空间中打开的所有数据源，可以选择某个数据源来存放复制后的数据集。

● 目标数据集：目标数据集列用来指定复制得到的新的数据集的名称，应用系统提供了一个默认的名称，用户可以对其进行修改，设置自己需要的名称。

● 编码类型：编码类型列用来指定复制得到的新的数据集采用的编码类型，编码类型列中的每个单元格有一个下拉按钮，单击下拉按钮弹出下拉列表，列表中列出了应用程序所支持的所有编码类型。数据集的编码类型就是数据集存储时的压缩编码方式。

● 字符集：设置复制后数据集的字符格式，默认与被复制数据集相同，用户可以选择其他字符集来改变复制后数据集使用的字符集。

● SmID 不变：保持源数据集中 SmID 字段属性值不变。

3）注意事项

- 只有工作空间管理器中有选中的数据集，"数据集复制"按钮才可用。
- 当执行一次操作复制多个数据集时，在选择多个数据集时，只能选中同一个数据源下的多个数据集，不能跨数据源选择多个数据集。
- 将 UDB 数据源中的数据集复制到 Oracle 或 SQL Server 数据源中时，若数据集中有文本型字段，为了保证 UDB 中文本型字段中的多国语言可正常存储，数据集中的文本型字段会转换为宽字符型字段。

2. 删除数据集

"删除"按钮用来删除指定的数据集，还可以同时删除选中的多个数据集。

1）功能入口

在工作空间管理器中，选中要删除的数据集，可以配合使用 Shift 键或者 Ctrl 键同时选中多个数据集。

- 右键单击选中的数据集，在弹出的右键菜单中选择"删除数据集"项，弹出"删除数据集"提示对话框。
- 支持以快捷键 Delete 键，快速执行删除数据集操作。

2）注意事项

- 只有工作空间管理器中有选中的数据集时，"删除"按钮才可用。
- 当选择多个矢量数据集时，只能选择同一个数据源下的多个数据集，不能跨数据源选择多个数据集。

3. 关闭数据集

"关闭数据集"命令用来关闭当前工作空间中已打开的一个或多个数据集。

3.1.4.3　重新计算矢量数据集的范围

1. 使用说明

"重新计算范围"命令，用于重新计算一个或多个矢量数据集的范围。

2. 操作步骤

（1）右键单击选中工作空间管理器中的一个或多个需要重新计算范围的矢量数据集节点，在弹出的右键菜单中选择"重新计算范围"命令，系统将对选中的矢量数据集重新计算范围。

（2）如果计算成功，则在输出窗口提示："数据集 *** 已经重新计算范围"。

3.1.4.4　重新计算栅格数据集的极值

1. 使用说明

"重新计算极值"命令用于重新计算一个或多个栅格数据集的极值。

注意：此命令只对栅格数据集（即 Grid 数据）有效，对于影像数据集（如 Image 格式的栅格数据），不能进行极值计算，因此，这类数据集的右键菜单中没有"重新计算极值"的选项。

2. 操作步骤

（1）右键点击选中工作空间管理器中的一个需要重新计算极值的栅格数据集节点

（或选中多个数据集节点后，单击鼠标右键），在弹出的右键菜单中选择"重新计算极值"命令，系统将对选中的栅格数据集重新计算极值。

（2）如果计算成功，则在输出窗口提示："对数据集 *** 重新计算极值成功"。

# 3.2　数　据　转　换

### 3.2.1　导入数据

1. 使用说明

数据导入按钮提供了所支持格式的数据导入功能。当前工作空间中存在数据源时，数据导入下拉菜单中的功能才可用。

应用程序提供了 60 多种数据格式的导入功能，单击数据导入按钮→选择对话框→查看应用程序支持导入的数据格式，并对这些数据格式进行分类分组，使用户可以快速定位到某种数据格式上。

2. 操作步骤

（1）单击"开始"→"数据处理"→单击"数据导入"，弹出数据导入对话框。

（2）单击"添加"按钮，或双击左侧的列表框，在弹出的打开对话框中指定要导入文件所在的位置及文件名，单击"打开"按钮即可添加要导入的文件到数据列表中。单击"所有支持文件（＊.＊）"按钮，可筛选显示指定的数据类型，如图 3.3 所示。

图 3.3　单击"添加"按钮，导入文件

（3）所有添加的数据都会显示在数据导入对话框左侧的列表框中，用户可以辅助列表框上方的工具条进行添加或移除列表框中的文件。

- 原始数据：显示要导入文件的名称。
- SuperMap iDesktop 显示导入文件的数据类型，包括矢量文件和栅格文件两种类型。

- 文件类型：显示要导入文件的数据类型。

- 状态：数据未导入前，状态项显示为未转；若数据成功导入，则显示为成功；若数据未成功导入，则显示为失败。

（4）用户可选中列表框中的一个或多个文件，在数据导入对话框右侧的参数设置区域，设置导入数据的各个参数。不同类型的数据右侧参数设置区域显示的参数有所区别，这里不一一介绍。

（5）用户可通过数据导入对话框底部的"导入结束"自动关闭对话框复选框，控制当数据导入结束时，是否自动关闭对话框。

（6）单击"导入"按钮，系统将批量导入列表框中的所有数据。

- 在数据导入时，会显示导入进度窗口。导入进度窗口中既显示了批量导入列表框中所有数据导入的总进度，也显示了当前正在导入的单个数据的导入进度。

- 在数据导入过程中，可单击导入进度窗口中的"取消"按钮，即终止当前导入操作。同时地图窗口会提示导入失败。

3. 其他说明

（1）每个导入项的默认目标数据源为工作空间管理器中选中的数据源集合的第一个非只读数据源；若用户没有选中工作空间管理器中的任何数据源，则每个导入项的默认目标数据源为数据源集合中的第一个非只读数据源。

（2）若当前工作空间管理器中的所有数据源都是只读的，则导入功能区显示为灰色，为不可用状态。

（3）若用户在列表框中同时选中了多个栅格文件或矢量文件，则数据导入区域的文件参数设置区域按照最后选中的数据格式显示参数设置项。

（4）若用户在列表框中同时选中了栅格数据和矢量数据，则数据导入区域的文件参数设置区域仅显示公共参数。

（5）数据导入后，数据集的坐标系默认与所在数据源坐标系一致。

（6）关于导入模式的说明：在导入矢量和栅格数据的时候导入模式结果稍有不同。

- 强制覆盖模式：两者都是将原有的同名数据集删除，替换为新导入的数据。

- 追加模式：对矢量数据集而言，追加是直接将要导入的数据添加到已存在的同名数据集中；对栅格或者影像数据集，追加实际上是进行两个同名数据的重合区域的更新。

特别强调，追加模式和强制覆盖模式在存在同名数据集的情况下使用。在实际的操作过程中，请区别使用。

### 3.2.2 导出数据

1. 使用说明

数据导出应用程序提供了 20 种数据格式的导出功能。

2. 功能入口

- 单击"开始"选项卡→选择"数据处理"→"导出数据"按钮；
- 在工作空间管理器中选中数据集或数据源→单击鼠标右键→导出数据选项。

3. 操作步骤

（1）单击工具栏中"添加"按钮，或双击左侧的列表框，在弹出的选择对话框的左侧列出了当前工作空间的所有数据源，对话框的右侧列表中列出了选中数据源中的所有数据集的名称和类型。用户可选中一个或多个数据集，单击"确定"按钮即可将当前工作空间中需要导出的文件添加到数据列表中。

（2）所有添加的数据都会显示在数据导出对话框左侧的列表框中，用户可以通过列表框上方的工具条进行添加、移除数据集或统一修改导出数据集的属性。列表框说明如下：

- 数据集：显示了需要导出的数据集的名称。
- 转出类型：若在选择对话框中选择的数据集类型与数据导出下拉按钮的下拉列表中选中的数据导出格式一致，则转出类型项默认显示为这种数据导出类型，用户也可以单击转出类型项的下拉按钮，在下拉列表中选择其他数据导出格式；若在选择对话框中选择了其他类型的数据集，则转出类型默认为空，用户可在转出类型项的下拉列表中选择所需的数据导出格式。
- 覆盖：该复选框用于设置若导出目录下已存在同名文件，覆盖或不覆盖已有同名数据集。若勾选该复选框，则覆盖已有同名文件；若不勾选该复选框，则不导出该文件。
- 状态：数据未导出前，"状态"项显示为"未转"；若数据成功导出，则显示为"成功"；若数据未成功导出，则显示为"失败"。
- 目标文件名：导出文件名默认与原文件名相同，用户也可以对导出文件名重命名：选中需要重命名的数据集，单击"目标文件名"项或键盘 F2 键，目标文件名变为可编辑状态，即可输入新的文件名称，作为导出后的文件名称。
- 导出目录：该项显示了数据导出的默认路径，用户也可以重新指定数据集的导出目录：选中要修改导出目录的数据集，双击"导出目录"项，即可在弹出的"浏览文件夹"窗口中，重新指定数据集的导出目录。

（3）用户可选中列表框中的一个或多个文件，在"数据导出"对话框右侧的参数设置区域，设置导出数据的各个参数。不同类型的数据集右侧参数设置区域中可设置的参数项有所区别。

①导出矢量数据集：

- 导出扩展字段：该复选框用于显示或设置是否导出 AutoCAD 文件的扩展字段。
- 导出扩展记录：该复选框用于显示或设置是否导出 AutoCAD 文件的扩展记录。
- 导出点数据为 WKT 串字段：该复选框用于显示或设置是否导出点数据为 WKT 串字段。
- 导出表头：该复选框用于显示或设置是否导出文件的表头信息。

- 字符集：导出数据集使用的字符编码方式。为了保证数据集能正确显示，需要使用适合的字符集。导出时，默认使用 ASCII（Default）字符集。最常用的 ASCII 字符集多用于显示罗马数字和字母，GB 2312 用于显示简体中文字符，而为了满足跨语言跨平台计算机显示的需要，会使用 Unicode 字符集。

- CAD 版本：该标签右侧的下拉列表中可选择导出的 AutoCAD DWG 文件（＊．dwg）或 AutoCAD DXF 文件（＊．dxf）的版本号，目前提供 AutoCAD R12、AutoCAD R13、AutoCAD R14、AutoCAD 2000、AutoCAD 2004、AutoCAD 2007。默认导出版本为 AutoCAD 2007。

- VCT 数据类型：当转出类型选择"中国标准矢量交换格式"，该选框可用，在标签右侧的下拉列表中选择数据图层类型。目前提供测量控制点、数字正摄影像图纠正点、行政区等 28 种类型，默认导出类型为测量控制点。

- SQL 表达式：可通过设置过滤表达式，过滤掉不需要导出的对象，使满足条件的对象不参与导出。

②导出 File GDB Vector 文件：

- 当导出类型为 File GDB Vector 文件时，在参数设置中单击 按钮，支持选择多个数据集同时导出至同一 File GeoDatabase Vector（＊．gdb）文件中。

③导出栅格、影像数据集：

- 压缩率（%）：该项用于显示或设置影像文件的压缩率。默认压缩率为 75%。只有当导出文件格式为 JPG 文件（＊．jpg）时，该项为可用状态。

- 坐标参考文件：单击此项，弹出打开对话框，即可为当前选中的栅格数据集设置数据集导出的影像数据坐标参考文件的路径。只有当导出文件格式为 JPG 文件（＊．jpg）、PNG 文件（＊．png）、BMP 文件（＊．bmp）和 GIF 文件（＊．gif）时，该项为可用状态。

- 仿射信息导出为 TFW 文件：该复选框用于显示或设置是否将仿射转换（图像坐标和地理坐标的映射）的信息导出到外部文件。只有当导出文件格式为 TIFF（＊．tif）格式时，该复选框为可用状态。默认为勾选该复选框，即将仿射信息导出到外部的 TFW 文件中，否则投影信息会导出到 TIFF 文件中。

- 按块导出：该复选框用于显示或设置是否将当前栅格、影像数据按照块存储的形式导出。只有当导出文件格式为 TIFF（＊．tif）格式时，该复选框为可用状态。

- 密码：当数据集导出为 SIT 影像数据时，可为 SIT 影像数据设置密码进行加密，保证数据安全。

- 密码确认：对设置的密码进行确认，必须与上面的密码设置一致。如果两处输入密码不一致，则在确认密码处会提示："密码不一致，请重新输入！"的信息。

注意：对 SIT 影像数据设置密码后，在使用该数据时都需要输入密码，例如，导入该数据、以数据源方式打开 SIT 数据、以影像缓存方式添加该数据至场景、将该数据生成缓存等情况。

（4）用户可通过数据导出对话框底部的"导出结束后，自动关闭对话框"复选框，控制当数据导出结束时，是否自动关闭对话框。

（5）单击"导出"按钮，系统将批量导出列表框中的所有数据集。"导出进度"窗口中会显示批量导出列表框中所有数据导出的总进度，及当前正在导出的单个数据的导出进度。

### 3.2.3 ArcView Shape 文件的导入

1. 使用说明

ArcView Shape（简称 Shp）是 ArcView GIS 软件特有的数据格式，用于存储空间数据和属性数据，是常用的一种矢量数据格式。

2. 功能入口

- 单击"开始"选项卡→选择"数据处理"→"数据导入"。
- 在工作空间管理器中选中需导入的数据源→单击鼠标右键→选择"导入数据集…"。
- 单击工具箱→"数据导入"→"ArcGIS"→"导入 .shp"。（iDesktopX）

3. 操作步骤

下面介绍如何导入 Shp 文件。

（1）在数据导入对话框的工具条中，单击"添加文件"按钮，弹出"打开"对话框，在该对话框中定位到要导入的数据所在的路径，并将其打开。

（2）结果设置中的目标数据源、结果数据集、编码类型、导入模式，以及源文件信息的参数说明，请参见数据导入公共参数说明页面。

- 结果设置

◇导入空数据集：勾选该复选框，若导入数据集为空数据集时，默认导入一个无对象的空数据集。否则，程序会提示导入失败。

- 转换参数

◇导入属性信息：勾选该参数，表示导入空间数据的同时导入属性信息，否则只导入空间信息，而没有属性信息。

◇参数设置完毕后，单击"导入"按钮执行导入操作。

### 3.2.4 CAD 文件的导入

SuperMap iDesktop 10i 支持导入 AutoCAD 的两种格式：DWG 和 DXF。DXF 是 Drawing Interchange Format（图形交换格式）的缩写形式，是 Autodesk 公司开发的 AutoCAD 与其他软件格式数据交换的文件格式。这是图形文件的 ASCII 或二进制文件格式，用于向其他应用程序输出图形和从其他应用程序输入图形。DWG 是 AutoCAD 的图形文件，专门用于保存矢量图形的标准文件格式。

### 3.2.5　Excel 文件的导入

在数据采集时，常常会将地理数据的空间信息保存到 Excel 文件中，可提高现有数据的利用率。SuperMap iDesktop 10i 提供了导入 Microsoft Excel 文件为属性表，同时支持指定空间字段导入为空间数据。

具体文件格式需要注意以下几点问题：

- 导入的 Microsoft Excel 文件格式只支持 Office 2007 及以上版本，即 *.xlsx 格式的文件。
- 导入的结果数据集的名称，一般情况下是"Excel 文件名"+"_"+"sheet 名称"。
- 导入 Microsoft Excel 时，默认导入所有有数据的 sheet，忽略无数据的 sheet。
- 当存在合并单元格时，仅合并单元格区域的第一个单元格的数据。

1. 功能入口

- 选择"开始"选项卡→"数据处理"→"数据导入"。
- 在工作空间管理器中选中需导入的数据源→单击鼠标右键→"导入数据集…"。
- 工具箱→"数据导入"→电子表格→导入 Excel。

2. 导入 Excel

（1）在数据导入对话框的工具条中，单击"添加文件"按钮，添加要导入的 *.xlsx 格式文件。

（2）转换参数：

- 首行为字段信息：设置需要导入的源 Excel 文件的首行是否为字段名称。勾选该参数，则导入后的字段名称为首行的字段值，否则为属性信息。如果 Excel 文件首行指定了字段信息，则应用程序会自动读取。
- 数据预览：可预览 Excel 文件导入为属性表数据的效果。

（3）导入为空间数据：

- 坐标字段：通过设置经度、纬度、高程字段来指定 Excel 数据对应的空间信息。

（4）属性：单击"属性…"按钮，可查看 Excel 文件的属性信息。

（5）设置完成后，单击"导入"按钮，执行导入 Excel 文件的操作。导入为空间数据结果如图 3.4 所示。

3. 直接打开 Excel 文件

SuperMap iDesktop 支持直接打开 Excel 文件，将其以属性表的形式进行只读查看。具体操作方式如下：

在工作空间管理器中，单击"数据源"节点右键，选择"打开文件型数据源…"项，在弹出的对话框中选择待浏览的 Excel 文件，单击"打开"按钮即可弹出"Excel 浏览参数设置"对话框。Excel 支持浏览前 1000 条记录和浏览全部数据两种方式。若勾选"首行为字段信息"，可将 Excel 表的首行设置为属性表字段名称，单击"确定"

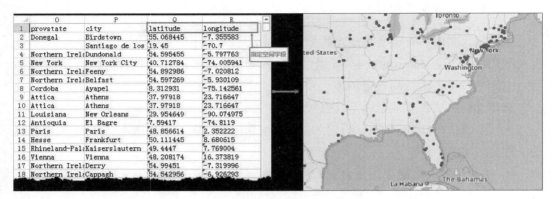

图 3.4　Excel 导入为空间数据结果

之后会将 Excel 文件转换为属性表数据集，双击打开即可进行浏览。

4. 注意事项

若 *.xlsx 文件名以数字开头，且"结果数据集"处使用源文件的名称，则导入成功后的属性表数据集名称为："Dataset_" + " *.xlsx 文件名"。

### 3.2.6　CSV 文件的导入

CSV（即 Comma Separate Values）是以文本形式记录数据的文件（通常以逗号为分隔符），这种格式经常用来作为不同程序之间的数据交互的格式。

用户可以通过 Excel 工具将 *.xlsx、*.xls、*.xml 等格式的属性数据转化成 *.csv 格式数据，进而实现将纯属性数据及属性表形式的其他数据导入 SuperMap iDesktop。

同时支持导入满足 CSV 格式规范的 TXT（*.txt）格式的属性数据，用户无须进行数据转换即可直接导入。

1. 使用说明

具体文件格式需要注意以下几点问题：

- 开头不能留空，且以行为单位，每条记录是一行。
- 文本中只能包含分隔符及字段值等信息。
- 默认以英文逗号作为分隔符，SuperMap iDesktop 也支持自定义文本分隔符。
- 第一条记录可以是字段名。

要导入的 *.csv 文件内容如图 3.5 所示，CSV 数据以英文逗号（","）作为分隔符，首行为数据的字段信息。共包含了四列属性数据，每一列的含义分别是：X 坐标值，Y 坐标值，类型编码和颜色。

2. 功能入口

- 单击"开始"选项卡→选择"数据处理"→"数据导入"。

```
X,Y,Code,Color
108.562,35.692,1,BLUE
108.346,35.768,2,RED
108.833,35.721,3,GREEN
108.692,35.752,2,RED
```

图 3.5　导入的 *.csv 文件内容

- 工具箱→“数据导入”→“电子表格”→导入.csv。(iDesktopX)

3. 操作步骤

(1) 在数据导入对话框中，添加要导入的 *.csv 格式文件。

(2) 转换参数：

- 分隔符：用来设置 CSV 文件中的分隔符，默认使用半角逗号（,）。另外可选的分隔符还有点（.）、制表符（Tab）、空格。系统也支持用户自定义一个文本可识别的字符（包括汉字）。
- 首行为字段信息：设置需要导入的原 CSV 文件的首行是否是字段名称。勾选该参数，则导入后的字段名称为首行的字段值，否则为属性信息。如果 CSV 文件首行指定了字段信息，则应用程序会自动读取。
- 数据预览：可预览 CSV 文件导入为属性表数据的效果。

(3) 导入为空间数据：勾选该复选框，则导入后的数据为点数据集；若未勾选，则为属性表数据集。

- WKT 串字段：通过指定 WKT 串字段方式获取数据的空间信息。
- 坐标字段：通过设置经度、纬度、高程字段来指定 CSV 数据对应的空间信息。

(4) 设置完成后，单击“导入”按钮，执行导入 CSV 文件的操作。

4. 注意事项

(1) 在用记事本等文本编辑工具编辑 CSV 文件时，若列内容中存在半角特殊字符（逗号、换行符或双引号），需使用半角双引号对字段值进行转义。若列内容中存在半角引号(")，则应替换为半角双引号("")转义，并用半角引号将字符串包含起来。如导入后字段值需为：Venture" Extended Edition"，则 CSV 文件中应写成：" Venture"" Extended Edition"""；导入后字段值为：" Supermap"，则 CSV 文件中可写成："" Supermap""或者"""Supermap"""。

(2) 在用 Microsoft Excel 工具编辑 CSV 文件时，字段内容存在特殊字符时，不需要添加转义符进行转码，Excel 在保存 CSV 文件时，会自动对单元格中的特殊字符进行转义处理。

### 3.2.7　LiDAR 数据的导入

1. 使用说明

激光雷达获取到的数据点非常密集，也被称为点云数据。LiDAR 数据中存储 $X$、$Y$

坐标位置、高程值等信息。SuperMap iDesktop 支持将 ＊.txt 格式的雷达数据导入为二维或三维数据集。

2. 功能入口

● 单击"开始"选项卡→选择"数据处理"→"数据导入"。

● 在工作空间管理器中选中需导入的数据源→单击鼠标右键→选择"导入数据集…"。

● 选择"工具箱"→"数据导入"→"LiDAR"→导入.txt。（iDesktopX）

3. 操作步骤

（1）在"数据导入"对话框中，在工具条中，单击"添加文件"按钮，添加要导入的 ＊.txt 格式 LiDAR 文件。

（2）添加完成后，在文件列表中双击"文件类型"对应单元格，选择文件类型为"雷达文件"。

（3）转换参数

● 建立影像金字塔：勾选该参数，表示导入数据时为数据创建影像金字塔。

（4）设置完成后，单击"导入"按钮，执行导入 LiDAR 数据的 ＊.txt 文件的操作。

### 3.2.8　影像文件的导入

1. 使用说明

应用程序支持导入多种影像格式，如 IMG、TIF、BMP、JPG、GIF、SIT 等。

2. 功能入口

● 单击"开始"选项卡→选择"数据处理"→"数据导入"或下拉按钮。

● 在工作空间管理器中选中需导入到的数据源→单击鼠标右键→"导入数据集…"。

● 选择"工具箱"→"数据导入"→影像位图文件中的工具。（iDesktopX）

3. 操作步骤

下面介绍如何导入 IMG 和 TIF 文件。

（1）结果设置：

● 数据集类型：设置导入数据的类型。导入栅格数据的结果类型有影像数据集和栅格数据集 2 个选项供用户选择。选择"影像数据集"项，则将数据文件导入影像数据集；选择"栅格数据集"项，则将数据文件导入为 GRID 数据集。

（2）转换参数：

● 波段导入模式：用于设置在导入多波段影像数据，如 Erdas Image 文件( ＊.img) 和 TIF 文件（＊.tif）时，影像数据的波段导入模式。系统提供了多个单波段、多波段和合成波段 3 种方式。

◇ 多个单波段：将多波段数据导入为一个单波段数据集。

◇ 多波段：将多波段数据导入为一个多波段数据集。在多波段数据集的属性窗口中，定位到图像属性项，可以查看其波段表信息。

◇ 合成波段：将多波段数据导入为一个单波段数据集。合成后的数据集只有一个波段。注意：目前此导入模式只适用于将 8 位多波段的数据导入为一个 24 位或者 32 位的单波段数据集。

● 创建影像金字塔：勾选该复选框，在导入影像数据时，将对导入数据创建影像金字塔。

● 坐标参考文件：在导入影像文件（仅对 TIF 文件有效）时，可以导入 *.tfw 坐标参考文件。

（3）设置好以上参数后，单击对话框中的"导入"按钮，即可将指定数据导入为影像数据。

4. 其他情况说明

（1）如果导入单波段栅格数据，则导入模式"无"和"追加"有同样效果，即若导入的数据与已有数据集存在名称冲突，则导入的数据将自动修改名字并进行导入。

（2）在导入 RAW 影像文件时，结果类型只能导入为 Image 数据集。不支持在 Image 数据集和 Grid 数据集之间选择。

（3）导入 *.img、*.tif 或 *.tiff 格式的数据时，导入后结果数据集投影坐标系与源文件的投影一致；导入 *.bmp、*.png、*.jpg 或 *.gif 格式的数据时，导入后结果数据集的投影坐标系与所在数据源投影一致。

（4）导入 *.sit 影像时，支持设置波段导入模式，程序提供选择"波段导入模式"，分别是"多个单波段"和"多波段"。

5. 注意事项

由于 *.img 格式的影像数据不支持 SphereMercator 投影方式，该投影方式的数据导出为 *.img 后，会导致投影信息丢失。建议用户再次使用时，重新设定投影。

### 3.2.9 模型文件的导入

1. 使用说明

SuperMap iDesktop 支持导入多种格式的三维模型文件，支持的模型文件格式有 *.dxf、*.x、*.3ds、*.osgb 等。

2. 功能入口

● 单击"开始"选项卡→选择"数据处理"→"数据导入"。

● 在工作空间管理器中选中需导入的数据源→单击鼠标右键→"导入数据集…"。

● 选择"工具箱"→"数据导入"→三维模型文件中的工具。（iDesktopX）

3. 操作步骤

导入各模型文件的操作方式及参数设置基本一致，下面以导入 3DS 模型文件为例，介绍具体的操作步骤及相关参数设置。

（1）在"开始"选项卡的"数据处理"组中，单击"数据导入"按钮，或在工作空间管理器中选中需导入到的数据源，单击鼠标右键选择"导入数据集…"菜单，弹出"数据导入"对话框。

（2）单击"添加文件"按钮，弹出"打开"对话框，在该对话框中定位到要导入的三维模型数据所在的路径，并将其打开。

（3）对话框右侧区域为结果设置。

● 结果设置：

◇ 数据集类型：选择导入后的数据集为模型数据集或者 CAD 复合数据集。

➢ 模型数据集：选择此项，则将数据文件导入为模型数据集。

➢ CAD 复合数据集：选择此项，则将数据文件导入为 CAD 数据集。

（4）转换参数：

● 分解为多个模型对象：若勾选了该复选框，则导入时会根据原始数据将模型分解为多个对象，且会增加一个 ModelName 字段，记录模型对象的名称。

● 投影设置：用于设置导入数据集的投影，选中"投影设置"单选框，单击其右侧的"设置…"按钮，在弹出的"投影设置"对话框中设置导入后数据集的投影。

● 导入投影文件：选择"导入投影文件"单选框，单击右侧的"选择"按钮，在弹出的"选择"窗口中，选择投影信息文件并导入即可。支持导入 Shape 投影信息文件（＊.shp；＊.prj）、MapInfo 交换格式（＊.mif）、MapInfo TAB 文件（＊.tab）、影像格式投影信息文件（＊.tif；＊.img；＊.sit）、投影信息文件（＊.xml）。

● 模型定位点：模型导入时的位置，用一个三维点对象表示。默认定位点为（0，0，0）。

注意：模型数据导入后，模型数据集的坐标系默认与所在数据源坐标系一致。若导入后数据集坐标系为地理坐标系，则模型定位点应设置为经纬度类型；若导入后数据集坐标系为平面或投影坐标系，则模型定位点应设置为 X、Y、Z 坐标。

（5）参数设置完毕后，单击"导入"按钮，即可执行导入三维模型文件操作。

4. 注意事项

在设置模型定位点时，需按照数据导入后所在数据源的坐标系来设置相应的点坐标，若导入的模型数据定位点坐标与数据集坐标系不符，加载到场景中会导致数据显示效果错误。例如：将模型数据集导入平面坐标系的数据源中，模型定位点的坐标误设置为经纬度，加载模型数据到平面场景时，模型数据将不显示。

### 3.2.10　批量导入模型

1. 使用说明

SuperMap iDesktop 支持将同一个文件夹中的模型数据批量导入，支持常规模式和点加模型模式两种导入方式，导入常规模型和点加模型建议采用此功能。采用常规模式批量导入的模型对应的是同一模型定位点；采用点加模型模式批量导入的模型，每个模型对应的是各自的定位信息以及模型名称字段信息。支持的模型数据格式有 ＊.osgb、＊.osg、＊.s3mb、＊.s3m、＊.3ds、＊.x、＊.dxf、＊.obj、＊.fbx、＊.dae、＊.stl、＊.off、＊.sgm、＊.skp、＊.gltf、＊.flt 等。

2. 功能入口

• 单击"开始"选项卡→选择"数据处理"→"数据导入"→"三维"→模型文件夹。

• 在工作空间管理器中选中需导入的数据源→单击鼠标右键→"批量导入模型…"。

3. 操作步骤

（1）在"开始"选项卡→"数据处理"→"数据导入"下拉按钮中的"模型文件夹"按钮或在工作空间管理器中选中需导入的数据源，单击鼠标右键选择"批量导入模型…"菜单，弹出"数据导入"对话框。

（2）单击"添加文件"按钮📄，弹出"选择文件夹"对话框，在该对话框中定位到要导入的三维模型数据所在的文件夹，单击"确定"按钮。

（3）此时指定文件夹已经添加到"数据导入"对话框的列表框中，对话框右侧区域显示了导入模型文件夹需要设置的参数，如图 3.6 所示。

图 3.6　导入模型文件夹的参数设置

（4）导入模式分为常规模式和点加模型模式两种模式。各自的参数设置如下：

• 常规模式：

◇ 模型定位点：是指模型自身局部坐标原点的坐标，默认为 0，0，0。

◇ 投影设置：支持投影设置和导入投影文件两种方式设置投影坐标系。

• 点加模型模式：

◇ 数据源：选择模型定位点数据集所在的数据源。

◇ 定位点数据集：选择模型数据的定位点数据集。

◇ 关联字段：设置点数据集与模型数据的关联字段，通过关联字段确定模型数据对应的点及其坐标。点关联的模型，支持相对路径和绝对路径或模型名称（带后缀）。

◇ 矩阵设置：设置含有旋转缩放平移 4×4 矩阵字段（行排列）。默认勾选，勾选后需在矩阵下拉框中选择点数据集中存储矩阵的字段。若勾选则旋转角度与缩放比例不可修改。

◇ 分隔符：4×4 矩阵用指定的分隔符隔开，如示例中 "#" 即为分隔符号，矩阵字段是按照从左到右、从上到下的顺序排列并以分隔符号隔开。

本案例数据中某一点数据集中存储的矩阵字段为 "-0.908227379442754 #-0.418477033098051#-2.77555756156289E-17#0#0.418477033098051#-0.908227379442754#0#0#3.80561360628579E-18#5.55111512312578E-17#1#0#0#0#0#1"，则相应的 4×4 矩阵如图 3.7 所示。

$$
\begin{matrix}
-0.908227379442754 & -0.418477033098051 & -2.77555756156289E-17 & 0 \\
0.418477033098051 & -0.908227379442754 & 0 & 0 \\
3.80561360628579E-18 & 5.55111512312578E-17 & 1 & 0 \\
0 & 0 & 0 & 1
\end{matrix}
$$

图 3.7　案例数据矩阵示例

◇ 旋转角度：用于设置三维模型进行 $X$、$Y$、$Z$ 三个坐标方向的旋转，单击组合框右侧下拉按钮，分别选择一个字段设置为 $X$、$Y$、$Z$ 三个坐标方向的旋转角度，可设置为空字段。

◇ 缩放比例：用于设置三维模型进行 $X$、$Y$、$Z$ 三个坐标方向的拉伸，单击组合框右侧下拉按钮，分别选择一个字段设置为 $X$、$Y$、$Z$ 三个坐标方向的拉伸比例，可设置为空字段。

（5）参数设置完毕后，单击 "导入" 按钮，即可执行导入模型文件夹中的模型数据操作。

4. 注意事项

● 模型数据导入后，模型数据集的坐标系默认与定位点数据集坐标系一致。

● 以点加模型模式导入模型数据后，导入后的结果模型数据集会保留点数据的所有属性字段信息。

### 3.2.11　导出 ∗.x 模型文件

1. 使用说明

∗.x 文件是微软开发的一种 3D 模型文件，主要用来存储模型对象（顶点信息）以及相关的纹理、动作等；∗.x 文件是基于模板驱动的结构化文件，此种格式具有结构自由、内容丰富、简单易用、可移植性高等优点。SuperMap iDesktop 支持将 CAD 三维模型数据集导出为 ∗.x 模型文件，方便用户在其他应用程序中使用这些模型。

2. 功能入口

- 单击"开始"选项卡→选择"数据处理"→"导出数据"选项；
- 在工作空间管理器中选中数据集或数据源→单击鼠标右键→导出数据选项。

3. 操作步骤

（1）在数据导出对话框的工具条中，单击"添加文件"按钮，添加要导出的 CAD 模型数据集。

（2）添加完成后，对导出数据的基本参数进行设置。

- 转出类型：单击"转出类型"下面的单元格，出现组合框。单击组合框的下拉箭头，选择转出类型为".x 模型文件"。
- 目标文件名：数据集导出后的数据集名称。
- 覆盖：如果已经存在同名数据集，则将覆盖该数据中的内容。
- 状态：执行导出前，状态为"未转"；导出成功后，状态为"成功"。
- 导出目录：数据集要导出的文件路径。双击"导出目录"下方的单元格，弹出"浏览文件夹"窗口，设置数据集要导出的目录路径。

（3）设置完成后，单击"导出"按钮，执行导出 ∗.x 模型文件的操作。

导出成功后，在指定的导出目录下生成多个 .x 文件以及图片。CAD 模型数据集中的一个模型对象导出为一个 ∗.x 文件；其中图片为模型中的材质纹理贴图。∗.x 文件的命名形如：CAD 模型数据的名称+数字。

### 3.2.12 导出 VCT 数据

1. 使用说明

原国土资源部在国家标准《地理空间数据交换格式》（GB/T 17798—2007）基础上制定了土地利用数据交换格式，土地利用数据仅描述矢量数据，文件的后缀名为 VCT，简称为 VCT 文件，通过该文件来实现各类国土资源空间信息的交换。VCT 矢量数据交换格式广泛应用于国土资源部门土地利用现状调查成果汇交、土地利用规划成果汇交和地籍调查数据库成果交换。

应用程序支持将点、线、面、文本数据集、属性表导出为 VCT 文件。

- 支持导出为三个版本的 VCT 数据，分别是国家自然标准 1.0（简称 VCT1.0），国家土地利用 2.0（简称 VCT2.0），以及国家土地利用 3.0（简称 VCT3.0）。
- 支持将多个数据集导出为一个 VCT 文件。
- 支持通过导入已有的配置图层类型的 .xml 文件导出为 VCT 文件。

2. 功能入口

- 单击"开始"选项卡→选择"数据处理"→"导出数据"按钮；
- 在工作空间管理器中选中数据集或数据源→单击鼠标右键→导出数据选项。

● 选择"工具箱"→"数据导出"→"导出矢量数据集"。(iDesktopX)

3. 操作步骤

（1）在数据导出对话框，将需要导出的数据集的"转出类型"选择下拉框中的"中国标准矢量交换格式"，对话框右侧区域显示了导出 VCT 文件需要设置的参数。

（2）设置 VCT 版本：选择 VCT 导出版本。程序提供国家自然标准 1.0，国家土地利用 2.0，以及国家土地利用 3.0 版本供用户选择。

（3）配置 VCT 图层：选择不同的 VCT 版本，需要配置的参数略有不同：

● 选择导出数据集：单击"选择"按钮，弹出"选择数据集"对话框，通过单击工具栏的添加按钮，加载该数据源下的多个数据集，支持选择多个数据集文件导出至一个 VCT 文件中。

● 可通过"导入配置文件"和"自定义"两种方式配置 VCT 图层：

◇导入配置文件：导入用户已有的配置文件对导出数据集进行配置。

◇自定义：单击"配置"按钮，弹出"配置 VCT 图层"对话框，根据用户选择导出的 VCT 版本，需要配置的信息有所不同，以下分开进行介绍。

①当选择的导出版本为国家自然标准 1.0 时，弹出"配置 VCT 图层（1.0）"对话框。

● 数据集、数据源中显示导出数据集的图层名称及所属数据源。

● VCT 类型：设置导出数据集转出后的 VCT 类型。目前，程序预设了界址点、测量控制点、行政区等 47 种 VCT 转出类型。用户可点击 VCT 类型下拉按钮，为每个数据集选择转出后的类型。

注：如若预设字段不满足用户的转出类型需求，支持用户自己设置图层配置文件。图层类型配置文件存放于："安装路径：SuperMap iDesktop .NET 10i \ Templates \ Conversion" 文件夹下的 vctDataType.xml 文件中。

● VCT 字段：VCT 类型设置完成，双击该数据集 VCT 字段文本框，弹出"选择字段"对话框，对导出字段进行设置，选择该数据集中需要导出的字段，勾选对应字段名称前的复选框，并对字段类型、长度及精度进行修改。

◇字段名称：数据集转出字段名称。

◇VCT 字段类型：单击该字段的 VCT 字段类型，可在下拉菜单中选择 Char、Integer、Float、Data、Time、Varbin 等六种类型。

◇VCT 字段长度：设置所选字段类型的字段长度。当值设置为 0 或空时，表示不定义该 VCT 字段的长度。

◇VCT 字段精度：设置所选字段类型的字段精度。当值设置为 0 或空时，表示不定义该 VCT 字段的精度。

②当选择的导出版本为国家土地利用 2.0 时，弹出"配置 VCT 图层（2.0）"对话框，如图 3.8 所示，其中 VCT 类型和 VCT 字段的设置同国家自然标准 1.0 的设置，在此版本中支持为面图层设置拓扑关系：

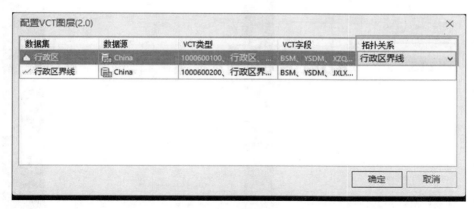

图 3.8　"配置 VCT 图层（2.0）"对话框

● 拓扑关系：配置与导出面数据集存在拓扑关系的线数据集。如果在此指定了某一面数据集与线数据集之间的拓扑关系，则须将该线数据集和面数据集同时导出至该 VCT 文件。例如设置面数据集"行政区"与线数据集"行政区界线"建立拓扑关系，则导出 VCT 文件中必须包含数据集"行政区"及"行政区界线"。

◇ 建立拓扑关系后得到的 VCT 文件中，把"行政区"拆分得到的系列线 ID，存储在 VCT 的"LineBegin/LineEnd"中。线 ID 对应的要素代码，用线的要素代码。

◇ 未建立拓扑关系得到的 VCT 文件中，把"行政区"拆分得到的系列线 ID，存储在 VCT 的"LineBegin/LineEnd"中。线 ID 对应的要素代码，用面的要素代码，如图 3.9 所示。

③当选择的导出版本为国家土地利用 3.0 时，弹出"配置 VCT 图层（3.0）"对话框，如图 3.10 所示。其中 VCT 类型和 VCT 字段的设置同国家自然标准 1.0 的设置，在此版本中支持选择设置拓扑关系，拓扑关系包括：直接坐标面、间接坐标面（由线构成）、间接坐标面（由面构成）可供用户选择。

（4）字符集：导出数据集使用的字符编码方式。为了保证数据集能正确显示，需要使用适合的字符集。导出时，默认使用 ASCII（Default）字符集。最常用的 ASCII 字符集多用于显示罗马数字和字母，GB 2312 用于显示简体中文字符，而为了满足跨语言跨平台计算机显示的需要，会使用 Unicode 字符集。

（5）依次对转出数据的 VCT 类型、VCT 字段进行设置，设置完成后，单击"确定"按钮，退出当前数据集设置窗口，在数据导出对话框中单击"导出"按钮，执行导出 VCT 文件的操作。

### 3.2.13　时空数据管理

1. 使用说明

为实现数据随时间轴变化的动态播放，满足用户动态播放数据的需求，SuperMap

图 3.9　线 ID 对应的要素代码和用面的要素代码

图 3.10　"配置 VCT 图层（3.0）"对话框

iDesktop 提供了为缓存文件创建时空对象信息，并保存到相应的 XML 文件中。用户可根据时间需求，向服务器发出时间请求，服务器会自动解析 XML 文件返回该时间对应的缓存文件，从而实现数据的动态播放。

2. 操作步骤

（1）在"数据"选项卡的"工具"组中，单击"时空数据"按钮，弹出"时空数据管理"窗口。

（2）在"时空数据管理"窗口中，可添加一个或多个缓存文件创建新的时空对象，也可添加已有时空对象的 XML 文件，进行更新。点击 ➕ 按钮，在弹出的"打开"对话框中选择需创建时空数据的缓存文件；或者单击 ▣ 按钮，在弹出的"打开"对话框中选择需更新的时空对象 XML 文件，将选中的文件添加到"时空数据管理"对话框数据列表区域。

- 序号：显示了数据列表中的缓存文件序号，该序号是自动生成的，不能更改。
- 时空项标识：时空对象子对象的时空标识字段，该字段为时空子对象的唯一标识，双击该单元格可进行编辑。
- 文件名称：显示 *.sci 缓存文件的文件名称。
- 文件位置：显示 *.sci 缓存文件的文件路径。
- 时间点：选中某一条缓存记录，单击"时间点"对应的单元格，可单击单元格右侧下拉按钮，选择年、月、日的时间，同时文本框可修改时、分、秒时间。同时，单击"时间点"列头，可将文件按时间的升序或降序排序显示。

（3）用户需对如下参数进行设置。

①时空对象信息。

- 标题：用于显示和设置时空对象名称。
- 开始时间：显示时空文件子对象中最早的时间。
- 结束时间：显示时空文件子对象中最晚的时间。
- 时空项个数：显示时空文件包含的时空子对象个数，即缓存文件个数。
- 描述信息：可在该项文本框中添加时空文件的具体描述和备注信息。

②结果设置。

- 目标文件名：用于设置 *.xml 文件保存名称。
- 目标路径：单击组合框右侧按钮，设置时空文件保存路径，或直接在文本框中输入保存路径。

（4）此外，可使用列表框右侧的工具条按钮对缓存数据集进行添加、删除、选择和排序等操作。

（5）单击"保存"按钮，即可将列表中的所有缓存文件生成一个时空文件（*.xml）。

# 3.3 类型转换

## 3.3.1 点、线、面数据互转

1. 点数据转为线数据

点数据转为线数据是把指定的连接字段值相同的点,按照指定的排序字段和排序类型连接成一个线对象,进而生成新的线数据集。可用于将带有时间字段的轨迹点数据,按照时间顺序生成轨迹线,以模拟出点数据运行的轨迹。

- 对于点数据集中的连接字段值相同的点,系统会将它们连接为同一个线对象;若连接字段的某个字段值只有一个点对象,或者点对象的连接字段值为空,则默认不处理该点。
- 生成的线数据会保留点数据连接字段的属性信息。

1)功能入口

- 单击"数据"选项卡→选择"数据处理组"→"类型转换"按钮,在弹出的菜单中选择"点数据→线数据"。
- 单击"工具箱"→"类型转换"→"点、线、面类型互转工具:点数据"→"线数据"。(iDesktopX)

2)参数说明

- 连接字段:选择连接字段,应用程序会根据指定的连接字段,将字段值相同的点对象连接成一个线对象。
- 排序字段:选择排序字段,应用程序会将字段值相同的点对象按照指定的排序字段的顺序连接成一个线对象,默认值为 SmID 顺序。例如,存储了时间字段的轨迹点数据,将时间字段设置为排序字段,则线对象会按照时间先后顺序连接成轨迹线。
- 排序类型:支持升序和降序两种排序方式。

3)注意事项

- 连接字段支持设置数值型、宽字符型和文本型字段,其他类型字段不支持。
- 若点数据集中所有点对象的连接字段值为空,或连接字段值都为唯一值,或连接字段值部分为空,部分有值,并且非空字段值唯一时,转换为线数据集会失败。

实例:现有一份出租车轨迹点数据,按照运行的时间字段作为排序字段,生成出租车行驶轨迹的线数据集,如图 3.11 所示。

2. 线数据转为点数据

线数据转为点数据是通过提取线数据集中所有线对象的节点,进而生成新的点数据集。

- 对于线数据集中的参数曲线(圆、弧等),系统会将其看作具有很多临近节点的折线,所以在转换操作时,系统会将其所有的节点都提取出来,生成点数据。

出租车轨迹点数据      轨迹线数据

图 3.11 出租车行驶轨迹的线数据集

● 生成的点数据会继承节点所在的线对象的 SmUserID 和所有非系统字段的属性信息。

功能入口：

● 单击"数据"选项卡→选择"数据处理组"→"类型转换"按钮，在弹出的菜单中选择"线数据→点数据"。

● 选择"工具箱"→"类型转换"→点、线、面类型互转工具："线数据→点数据"。（iDesktopX）

在弹出的"线数据→点数据"对话框中设置待转换的数据集及结果数据集名称和所存的数据源，即可执行转换操作。

3. 面数据转为点数据

支持将面数据转为点数据，即通过将面数据集中的每个对象的质心提取出来生成一个新的点数据集。新生成的点数据集会继承源数据集的 SmUserID 和所有非系统字段的属性信息。常用于当用户想要用点数据表示对象位置信息时，可将已有的面数据转为点数据，同时保留了面对象的属性值又能精确地表示面内的位置信息，如图 3.12 所示。

功能入口：

● 单击"数据"选项卡→选择"数据处理组"→"类型转换"按钮，在弹出的菜单中选择"面数据→点数据"。

● 选择"工具箱"→"类型转换"→点、线、面类型互转工具："面数据→点数据"。（iDesktopX）

在弹出的"面数据→点数据"对话框中设置待转换的数据集及结果数据集名称和所存的数据源，即可执行转换操作。

4. 线数据转为面数据

线数据转为面数据是通过将线数据集中每个线对象的起点与终点相连接而构成一个面对象，起点与终点的连接方式是最短距离的直线连接构成一个面对象。

图 3.12　面数据集与转换后的点数据叠加

当线对象为单一直线且构面的面积为 0 时，则该对象构面失败。常用于当用户需要以单个线对象进行构面操作时。若用户想要将多个线对象构成的封闭区域进行构面，可使用"拓扑构面"功能。

"线转面"和"拓扑构面"的区别在于：线转面是将单个线对象首尾连接构面，而拓扑构面是将多个线对象封闭区域进行构面，如图 3.13 所示。

（a）原始线数据集　　　　（b）线数据→面数据　　　　（c）拓扑构面

图 3.13　线转面与拓扑构面的对比

- 如果输入的线图层包含复合对象，输出的面数据仍为复合对象，可以通过使用分解功能，将转换后的面对象分解为简单对象。
- 新生成的面数据集（或追加后的数据集）继承源数据集的字段 SmUserID 和所有非系统字段的属性信息。

功能入口：

- 单击"数据"选项卡→选择"数据处理组"→"类型转换"按钮，在弹出的菜单中选择"线数据→面数据"。
- 选择"工具箱"→"类型转换"→点、线、面类型互转工具："线数据→面数

据"。(iDesktopX)

在弹出的"线数据→面数据"对话框中设置待转换的数据集及结果数据集名称和所存的数据源，即可执行转换操作。

5. 面数据转为线数据

通过将面对象的边界转化为线，从而创建一个包含线对象的数据集。

● 输入的面数据的属性信息能够全部保留。新生成线数据会继承源数据集的字段 SmUserID 和所有非系统字段的属性信息。

● 多个面数据转为线数据时，生成的线数据的投影与源数据（转换前的面数据集）的投影保持一致。

● 输入的图层包含复合对象，输出的线仍为复合对象，可以通过使用分解功能，将转化后的线对象分解为简单对象。

功能入口：

● 单击"数据"选项卡→选择"数据处理组"→"类型转换"按钮，在弹出的菜单中选择"面数据→线数据"。

● 单击"工具箱"→"类型转换"→点、线、面类型互转工具："面数据→线数据"。(iDesktopX)

在弹出的"面数据→线数据"对话框中设置待转换的数据集及结果数据集名称和所存的数据源，即可执行转换操作。

### 3.3.2 CAD 数据、复合数据与简单数据互转

1. CAD 数据集转为简单数据集（CAD→简单）

将一个 CAD 数据集分解成多个简单数据集。复合数据集的每一种几何对象会分别转换为一种简单类型的数据，比如面对象会全部输出到面数据集中，文本对象会输出到文本数据集中，三维面对象会输出到三维面数据集中。对于参数化的几何对象，输出的简单数据集不再记录其参数信息，系统会将其看作是具有很多临近节点的折线，只记录节点信息。

1）功能入口

● 单击"数据"选项卡→选择"数据处理组"→"类型转换"按钮，在弹出的菜单中选择"CAD→简单"。

● 选择"工具箱"→"类型转换"→CAD 数据、复合数据与简单数据互转工具："CAD→简单"。(iDesktopX)

2）操作说明

（1）弹出"复合数据→简单数据"对话框，在"源数据"标签下选择复合数据集和其所在的数据源。

（2）在"目标数据"标签下，选择转换后的数据集要保存的数据源。在对话框的下方选择要转换的简单数据的类型，为输出的简单数据集命名，也可以使用系统默认的

名称。例如，勾选线数据集标签前的复选框，表示将复合数据集中的线对象输出为线数据集。

（3）设置完成后，即可执行转换操作。

注：该功能只支持转换复合数据集中二维三维点、线、面对象，不支持转换模型对象。若 CAD 数据集中只有模型数据，则目标数据集类型复选框和"转换"按钮都为灰显，不可进行转换操作。

2. 简单数据集合成为 CAD 数据集（简单→CAD）

将多个不同类型的简单数据集合成为一个 CAD 数据集。

1）功能入口

● 单击"数据"选项卡→选择"数据处理组"→"类型转换"按钮，在弹出的菜单中选择"简单→CAD"。

● 选择"工具箱"→"类型转换"→CAD 数据、复合数据与简单数据互转工具："简单→CAD"。（iDesktopX）

2）操作说明

（1）在弹出的"简单数据→复合数据"对话框中，选择简单数据集所在的数据源。在对话框上方的工具条中，单击"添加"按钮，弹出选择对话框。在选择对话框中，显示了当前工作空间中所有的数据源下面的简单数据集。添加要转换的数据集。这些数据集可以来自多个不同的数据源。同时可以结合使用工具条中提供的全选、反选、删除等操作。

添加完成数据后，在源数据的列表区域，显示了要进行转换的简单数据集。包括这些数据集的序号、数据集名称以及所在的数据源。单击"源数据集"列的表头，可以使数据集按照类型进行排列，再次单击可进行反序排列。

（2）在"目标数据"标签下设置转换结果要保存的数据源以及复合数据集名称。

（3）设置完成后，即可执行转换操作。

3. CAD 数据集转为模型数据集（CAD→模型）

通过该功能可将复合数据中的模型对象转换为三维模型数据集中的模型数据。

模型数据集是 SuperMap 新增的一种数据集模式，是替换原来把模型存储在 CAD 中使用的，这样使得三维模型能够和其他类型的数据集在管理和操作上实现统一，同时在显示效率上更加高效流畅。有了模型数据集，不再推荐 CAD 保存模型数据。

1）功能入口

● 单击"数据"选项卡→选择"数据处理组"→"类型转换"按钮，在弹出的菜单中选择"CAD→模型"。

● 选择"工具箱"→"类型转换"→CAD 数据、复合数据与简单数据互转工具："CAD→模型"。（iDesktopX）

2）操作说明

（1）在弹出的"CAD→模型"对话框中，若在"工作空间管理器"中选中了 CAD

数据集，则该数据集会默认添加到对话框列表中。

（2）在对话框中设置待转换的数据集及结果数据集名称和所存的数据源。

（3）设置完成后，即可执行转换操作。

### 3.3.3 网络数据转点/线数据

1. 网络数据转点数据

● 将网络数据集中所有网络节点提取出来生成新的点数据集。

● 新生成的点数据集的属性表中，系统字段（除 SmUserID 以外）由系统赋值，而字段 SmUserID 和非系统字段沿用源网络数据集中子点数据集属性表的相应字段值。

1）功能入口

● 单击"数据"选项卡→选择"数据处理组"→"类型转换"按钮，在弹出的菜单中选择"网络→点"。

● 选择"工具箱"→"类型转换"→网络数据转点/线数据工具："网络数据→点数据"。（iDesktopX）

2）操作说明

（1）在弹出的"网络数据→点数据"对话框中，在对话框中设置待转换的数据集及结果数据集名称和所存的数据源。

（2）设置完成后，单击"转换"按钮，完成操作，得到如图 3.14 所示结果。

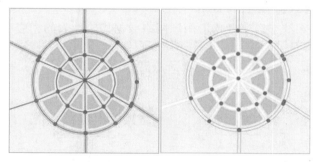

（a）原始网络数据集　　（b）网络数据→点数据

图 3.14　网络数据转为点数据

2. 网络数据转线数据

● 将网络数据集中所有网络弧段提取出来生成新的线数据集。

● 新生成的线数据集的属性表中，系统字段 SmUserID、SmFNode、SmTNode、SmEdgeID 和其他非系统字段属性均沿用源网络数据集属性表的相应字段值。

1）功能入口

● 单击"数据"选项卡→选择"数据处理组"→"类型转换"按钮，在弹出的菜单中选择"网络→线"。

- 选择"工具箱"→"类型转换"→网络数据转点/线数据工具："网络数据→线数据"。（iDesktopX）

2）操作说明

（1）在弹出的"网络数据→线数据"对话框中，在对话框中设置待转换的网络数据集及结果数据集名称和所存的数据源。

（2）设置完成后，单击"转换"按钮，完成操作，得到如图3.15所示结果。

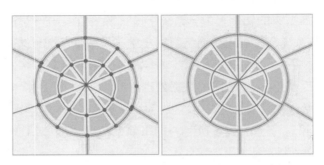

（a）原始网络数据集　　　（b）网络数据→线数据

图 3.15　网络数据转为线数据

3. 路由数据转线数据

- 将网络数据集中所有网络弧段提取出来生成新的线数据集。
- 新生成的线数据集的属性表中，系统字段 SmUserID、SmFNode、SmTNode、SmEdgeID 和其他非系统字段属性均沿用源网络数据集属性表的相应字段值。

1）功能入口

- 单击"数据"选项卡→选择"数据处理组"→"类型转换"按钮，在弹出的菜单中选择"路由→线"。
- 选择"工具箱"→"类型转换"→网络数据转点/线数据工具："路由数据→线数据"。（iDesktopX）

2）操作说明

（1）在弹出的"路由数据→线数据"对话框中，在对话框中设置待转换的路由数据集及结果数据集名称和所存的数据源。

（2）设置完成后，即可执行转换操作。

### 3.3.4　属性数据与空间数据互转

1. 文本数据转字段

将文本数据集中的文本信息添加到它的属性表中，需要指定转换后文本信息保存的字段。

1）功能入口

- 单击"数据"选项卡→选择"数据处理组"→"类型转换"按钮，在弹出的菜单中选择"文本数据→字段"。
- 选择"工具箱"→"类型转换"→属性数据与空间数据互转工具："文本数据→字段"。（iDesktopX）

2）操作说明

（1）在弹出的"文本数据→字段"对话框中，在文本数据集区域选择待转换的文本数据集及其所在的数据源。

（2）在待操作字段区域设置要操作的字段。有两种方式：

- 现有字段：将文本信息保存到文本数据集中已有的字段（非系统字段）中，进行转换操作后会覆盖原字段的内容；
- 新建字段：在新建字段文本框中输入新建字段的名称，则进行转换操作后会将文本数据集的文本信息保存到新建的字段当中。用户新建的字段命名必须符合规范。

（3）设置完成后，即可执行转换操作。

2. 字段转文本数据

- 将数据集中的某个字段内容，转变到文本数据集，通过此功能可以实现地图标注。例如我们可以将 China 数据源下 Province_R 数据集的 Name 字段转换为文本数据，将此文本数据和 Province_R 数据集在同一窗口中显示，以实现对 Province_R 数据集的标注。
- 字段到文本后的文本位置由其所对应对象的内点所确定。如果转换后文本的位置不理想，可以通过改变文本对象对齐方式的方法进行调整。
- 适用于点、线、面、文本、三维点、三维线、三维面、二维网络数据、三维网络数据集以及模型数据集。

1）功能入口

- 单击"数据"选项卡→选择"数据处理组"→"类型转换"按钮，在弹出的菜单中选择"字段→文本"。
- 选择"工具箱"→"类型转换"→属性数据与空间数据互转工具："字段→文本数据"。（iDesktopX）

2）操作说明

（1）在弹出的"字段→文本数据"对话框中，在列表框区域列出了选中的数据集。设置转换后数据集要保存的数据源、数据集名称以及要转出的字段。

（2）如要将多个数据集的字段转为文本数据，可单击"添加"按钮，添加多个数据集，然后通过"全选"按钮，对其进行统一设置。

（3）设置完成后，即可执行转换操作。

3. 文本数据转为点数据

将文本对象的锚点提取出来生成新的点数据集。锚点跟文本的对齐方式有关。文本的锚点，即文本的对齐基点，可以是文本的左上角、左下角等。文本的锚点位置可以在

"风格设置"选项卡"文本风格"组中,通过对齐方式设置。

1)功能入口

• 单击"数据"选项卡→选择"数据处理组"→"类型转换"按钮,在弹出的菜单中选择"文本→点"。

• 选择"工具箱"→"类型转换"→属性数据与空间数据互转工具:"文本数据→点数据"。(iDesktopX)

2)操作说明

(1)在弹出的"文本数据→点数据"对话框中,在对话框中设置待转换的数据集及结果数据集名称和所存的数据源。

(2)设置完成后,即可执行转换操作,如图3.16所示。

图 3.16　文本数据转为点数据

4. 属性数据转为点数据

将属性表中的字段值指定为 $X$、$Y$ 坐标值并据此创建相对应的点对象,从而生成一个或多个点数据集。

1)功能入口

• 单击"数据"选项卡→选择"数据处理组"→"类型转换"按钮,在弹出的菜单中选择"属性→点"。

• 选择"工具箱"→"类型转换"→属性数据与空间数据互转工具:"属性→点数据"。(iDesktopX)

2)操作说明

(1)弹出"属性→点数据"对话框,在对话框中设置待转换的文本数据集及结果数据集名称和所存的数据源。。

(2)选择 $X$、$Y$ 坐标字段,各字段的值为生成的点数据集中相应点的 $X$、$Y$ 坐标值。

(3)设置完成后,即可执行转换操作。

5. 点属性转为面属性

点属性转为面属性是指把点数据属性中的非系统字段值更新到对应面数据的属性中。该功能是将面对象中的点属性更新到面属性中，若一个面内包含了多个点，则会从其中随机选择一个点，将其属性更新到所在的面对象中，同时会增加一个“StasticInfo”统计字段，用于统计每个面对象中包含的点个数。

- 转换的内容包括点属性中的 SmUserID 和所有非系统字段的属性信息。
- 若面属性字段与点属性字段的名称和类型都相同，则点属性字段值会直接更新到面属性字段中；若面属性字段与点属性字段类型不一致或无同名字段，则会在面属性中新建一个同名同类型的字段，再将点属性字段值更新至面属性字段中。

1）功能入口

- 单击“数据”选项卡→选择“数据处理组”→“类型转换”按钮，在弹出的菜单中选择“点属性→面属性”。
- 选择“工具箱”→“类型转换”→属性数据与空间数据互转工具：“点属性→面属性”。(iDesktopX)

2）操作说明

(1) 在弹出的“点属性→面属性”对话框中，在对话框中设置待转换的数据集及结果数据集名称和所存的数据源。

(2) 设置完成后，即可执行转换操作，如图 3.17 所示。

| 序号 | SmUserID | Name | Code |
|---|---|---|---|
| 1 | 101 | P1 | 1001 |
| 2 | 102 | P2 | 1002 |
| 3 | 103 | P3 | 1003 |
| 4 | 104 | P4 | 1004 |
| 5 | 105 | P5 | 1005 |
| 6 | 106 | P6 | 1006 |
| 7 | 107 | P7 | 1007 |
| 8 | 108 | P8 | 1008 |

(a) 更新点数据集属性

| 序号 | SmUserID | Name | Value |
|---|---|---|---|
| 1 | 0 | A | 11 |
| 2 | 0 | B | 12 |
| 3 | 0 | C | 13 |
| 4 | 0 | D | 14 |
| 5 | 0 | E | 15 |
| 6 | 0 | F | 16 |

(b) 待更新面数据集属性

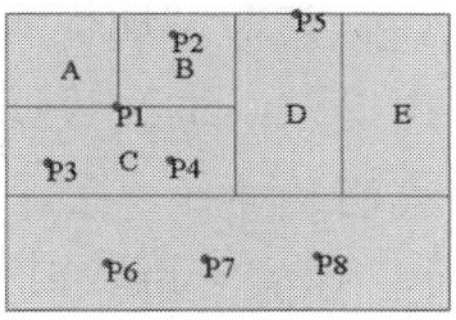


(c) 点/面数据集叠加显示

图 3.17　点属性转为面属性

3）从点数据集、面数据集的属性表可看出：

- 点数据集和面数据集有 SmUserID、Name 两个相同字段；
- 点数据集有一个单独字段 Code，面数据集有一个单独字段 Value；
- 点数据集和面数据集的相同字段值不相同。

更新后得到如图 3.18 所示结果：

- 增加了一个来源于点数据集的字段 Code 和一个系统生成的记录字段 StaticInfo；
- 面数据集的原有单独字段 Value 值没有变化；
- StaticInfo 字段值与面中更新点的数目相同；
- 面 A、B、C、D、F 属性被点 P1、P2、P4、P5、P8 更新，SmUserID 和 Name

| 序号 | SmUserID | Name | Value | Code | StasticInfo |
|------|----------|------|-------|------|-------------|
| 1 | 101 | P1 | 11 | 1001 | 1 |
| 2 | 102 | P2 | 12 | 1002 | 1 |
| 3 | 104 | P4 | 13 | 1004 | 3 |
| 4 | 105 | P5 | 14 | 1005 | 1 |
| 5 | 0 | E | 15 | | 0 |
| 6 | 108 | P8 | 16 | 1008 | 3 |

图 3.18　数据集属性更新结果

值均更新为对应点对象的属性值。

### 3.3.5　二维数据与三维数据互转

1. 二维数据转三维数据

●　通过类型转换，可以将二维数据集（点、线、面）转换为三维数据集（点、线、面）。

●　二维数据集转换为三维数据集时会保留原有二维数据集的字段和其属性信息，另外在数据对象即相应的节点信息中会增加一个 Z 字段（高程信息）。

●　二维点数据集转换成三维点数据集时在数据对象的节点信息下增加一个 Z 字段，数据集属性表中也会增加一个高程字段（SMZ）。

●　将转换后的三维数据加载到场景中显示。在"图层属性"选项卡中将"高度模式"设置为非贴地模式，则三维数据对象会按照 Z 坐标的数值显示该点的高度。

这里以二维线数据转为三维线数据为例，介绍二维数据转为三维数据的功能入口及操作说明。

1）功能入口

●　单击"数据"选项卡→选择"数据处理组"→"类型转换"按钮，在弹出的菜单中选择"二维线→三维线"。

●　选择"工具箱"→"类型转换"→二维数据与三维数据互转工具："二维线数据→三维线数据"。（iDesktopX）

2）操作说明

（1）弹出"二维线数据→三维线数据"对话框，在对话框中设置待转换的数据集及结果数据集名称和所存的数据源即可。

（2）选择作为高程值的字段，或者左键单击 Z 坐标栏对应框，激活成输入状态然后手动设置高度值。线数据含有起始和终止两个高程值；点数据和面数据只设置一个高程值即可。

（3）设置完成后，即可执行转换操作。

2. 三维数据转二维数据

• 通过类型转换，可以将三维数据集（点、线、面）转换为二维数据集（点、线、面）。

• 转换完成后，三维点数据集中会从属性表中删除 SMZ 字段，同时在节点信息中去掉 $Z$ 坐标信息。三维线数据集和三维面数据集会将节点信息中的 $Z$ 坐标信息去除。

这里以三维点数据转为二维点数据为例，介绍三维数据转为二维数据的功能入口及操作说明。

1）功能入口

• 单击"数据"选项卡→选择"数据处理组"→"类型转换"按钮，在弹出的菜单中选择"三维点数据→二维点数据"。

• 选择"工具箱"→"类型转换"→二维数据与三维数据互转工具："三维点数据→二维点数据"。

2）操作说明

（1）弹出"三维点数据→二维点数据"对话框，在对话框中设置待转换的数据集及结果数据集名称和所存的数据源即可。

（2）设置完成后，即可执行转换操作。

# 3.4 对 象 操 作

## 3.4.1 编辑对象

"对象操作"选项卡是上下文选项卡，提供了在地图上对象绘制和编辑的功能，与地图窗口绑定。只有当应用程序中当前活动的窗口为地图窗口时，该选项卡才会出现在功能区上。

"对象编辑"组提供的几何对象编辑功能都是在图层可编辑的状态下进行的，因此，若要对图层中的几何对象进行编辑，必须将该图层设置为可编辑图层。

1. 基本操作

基本编辑操作：介绍常用的几种操作——复制、剪切、粘贴、重做、撤销、删除等功能的使用。

开启图层编辑：介绍如何使当前图层处于可编辑状态。

编辑节点：介绍如何对对象的节点进行编辑，包括移动、删除、添加节点等。

删除选中的几何对象：介绍如何删除选中的几何对象。

2. 线对象编辑操作

修剪：介绍如何将选中的一个线对象（基线）与其相交的另外一个线对象（修剪对象）在相交处进行修剪。

延伸：介绍如何使不相交的线对象进行延伸，保证它们最终能够相交。

打断：介绍如何将线对象在鼠标点击位置打断为新的对象。

精确打断：介绍如何将线对象在指定位置进行打断。提供了按距离、按百分比、按段数和按间距精确打断线的方法。

改变线方向：介绍如何改变线对象的方向。

倒圆角：介绍如何对两条线段的邻近端点进行延伸或修剪，最终连接形成圆角。

倒直角：介绍如何对两条线段的邻近端点进行延伸或修剪，最终连接形成倒角。

点平差：介绍如何将平差范围的相邻线对象上的节点进行平差计算，产生一个新节点，对相邻的线进行连接。

炸碎：介绍如何将线对象分解为只包含 2 个端点的简单对象。

连接线对象：介绍如何将两个或多个简单线对象连接成一个线对象。

曲线重采样：介绍在尽量保持线形状的情况下，去掉一些节点。

曲线光滑：介绍如何对线进行平滑处理，使线对象变成连续的光滑对象。

3. 通用编辑操作

移动：介绍如何将选中的几何对象移动到新的位置。

偏移：介绍如何以源对象为参考，创建一个形状与源对象平行的新对象。

定位复制：介绍如何将选中的对象复制到指定位置。

镜像：介绍如何创建一个与选中的对象对称的镜像对象。

旋转：介绍如何将对象旋转一定的角度。

画线分割：介绍如何通过所绘的临时分割线将线或者面对象进行分割。

画面分割：介绍如何通过所绘的临时分割面将面对象进行分割。

选择对象分割：介绍如何通过选择线或面对象将线对象或面对象进行分割。

局部更新：介绍用绘制的折线更新线对象或者面对象的部分形状。

风格刷：介绍如何将一个对象的风格赋给其他对象。

属性刷：介绍如何将一个对象的属性信息赋给其他对象。

4. 对象运算操作

合并：通过合并运算，将两个或者多个对象合并为一个新对象。

求交：通过求交运算，得到两个或多个对象的公共部分。

组合：通过组合运算，将任意对象（相同类型或不同类型）组合成一个复合对象。

分解：通过分解运算，将一个或多个复杂对象或复合对象进行拆分。

保护性分解：通过保护性分解运算，将复杂的具有多层岛洞嵌套关系的面对象分解成只有一层岛洞嵌套关系的面对象。

异或：通过异或运算，将两个或多个对象的公共部分除去，其余部分合并成一个对象。

擦除：通过擦除运算，将目标对象中与擦除对象重叠的部分进行删除。

擦除外部：通过擦除外部运算，将被擦除对象与擦除对象不重叠的部分进行删除。

岛洞多边形：将两个或者多个具有包含关系的面对象在重合区域进行处理（删除

或者保留），最终形成一个岛洞多边形。

5. 类型转换操作

线→点：介绍如何将选中线对象转换为点对象。

线→面：介绍如何将选中线对象转换为面对象。

面→线：介绍如何将选中面对象转换为线对象。

3.4.1.1　对象编辑概述

对象编辑是对几何对象的常用操作，例如在绘制中国地图的时候，需要将南海诸岛合并成一个复杂对象，方便统一操作。又如在处理土地变更时，使用局部更新功能，对发生变化的土地边界进行更新即可。

1. 组合与合并

● 合并适用于面图层、CAD 图层（相同类型的对象），组合适用于线图层、面图层、文本图层和 CAD 图层。

● 合并只能对同一类型的对象进行操作生成复杂对象，而组合可以对不同类型的对象进行操作而生成复合对象。

● 参与合并的对象被融合成一个简单对象或复杂对象；而参与组合的对象只是被组合成一个块，成为一个复合对象，而不进行融合。

● 合并不能对点对象进行操作，组合能对点对象进行操作。

● 合并运算时，非系统字段和字段 SmUserID 数据采用多种操作方式（保留第一个、为空、求和及平均）进行处理；组合运算时，非系统字段和字段 SmUserID 保留组合对象中 SmID 值最小的对象的相应属性值。

2. 偏移与移动

移动适用于所有几何对象；偏移适用于简单对象以及包含子对象的复杂对象，不适用于 CAD 图层中的复合对象。

移动操作不会产生新对象，只是位置的改变；偏移会产生与源对象形状平行的新对象。

3. 分解与炸碎

● 分解适用于线图层、面图层、文本图层、CAD 图层，炸碎适用于线图层、CAD 图层。

● 分解的适用对象可以是复杂对象或者复合对象，炸碎的适用对象只能是线对象。

● 分解是将组成复杂对象的子对象和复合对象的组成对象分解成单一对象，而炸碎是将对象在节点处炸开生成简单对象。

4. 异或与岛洞多边形

● 异或操作是两两对象公共部分被删除，剩余部分合并；而岛洞多边形是根据选择对象相交部分的奇偶性来判断的。

3.4.1.2　基本编辑操作

"对象操作"选项卡上的"对象操作"组用于在地图上编辑各类几何对象，应用程序提供了以下几何对象编辑操作，这些操作只有在当前的矢量图层为可编辑的状态才能进行。

- "粘贴"按钮：用于将剪贴板上的内容复制到同类型的可编辑的矢量图层上。

在当前图层为可编辑状态下，单击"粘贴"按钮（或使用快捷键 Ctrl+V），即可将当前保存在剪贴板上的几何对象保存在当前图层，同时被粘贴的对象的属性记录也会追加到粘贴到的数据集的属性表的最后。注意：剪贴板上必须有可粘贴的内容。

复制的对象只能粘贴到能够支持它的数据集中。点、线、面对象分别支持粘贴的数据集说明如下：

◇ 点对象支持粘贴到点和 CAD 数据集，或布局窗口中。

◇ 线对象支持粘贴到点、线、面、CAD 数据集或布局窗口中，当线对象粘贴到点数据集中时，线对象会自动转换为点对象，即线对象的节点直接转换为点对象；当线对象粘贴到面数据集中时，非直线的线对象会自动转换为面对象，若线对象闭合，则线为面对象的边界，若线对象不闭合，则线对象首尾相连之后转换为面对象。

◇ 面对象支持粘贴到线、面、CAD 数据集或布局窗口中，当面对象粘贴到线数据集中时，面对象的边界线会自动转换为线对象。

- "剪贴"按钮：用于把选中的几何对象剪贴下来，保存到剪贴板。

在当前图层为可编辑状态下，选择一个或多个几何对象（辅助 Shift 键），单击"剪贴"按钮（或使用快捷键 Ctrl+X），即可将选中的几何对象从原数据集剪贴下来，保存到剪贴板。

- "复制"按钮：用于对选中的几何对象进行复制，保存到剪贴板。

在当前图层为可编辑状态下，选择一个或多个几何对象（辅助 Shift 键），单击"复制"按钮（或使用快捷键 Ctrl+C），即可将选中的几何对象复制下来，保存到剪贴板。

- "删除"按钮：用来连续删除当前地图窗口中所选的可编辑对象。
- "多图层编辑"按钮：用来控制当前地图窗口中的多图层的可编辑状态。
- "撤销"按钮：用于撤销上一次的编辑操作。

在当前图层为可编辑状态下，单击"撤销"按钮（或使用快捷键 Ctrl+Z），即可撤销上一次的编辑操作。

只有在对几何对象进行过编辑操作后，"撤销"操作才为可用状态。

- "重做"按钮：用于重新恢复前一次操作。

在当前图层为可编辑状态下，单击"重做"按钮（或使用快捷键 Ctrl+Y），即可恢复到前一次撤销操作前的状态。

只有在进行过撤销操作后，"重做"按钮才为可用状态。

- "风格刷"按钮：用于将一个对象的风格赋给其他对象。
- "属性刷"按钮：用于将一个对象的部分或全部可编辑字段及其值赋给其他对象。

### 3.4.1.3 开启图层编辑

"可编辑"命令，用来控制该矢量图层是否可编辑，即图层中的对象是否可以被编辑。

1. 开启图层编辑

方式一：右键点击图层管理器中的矢量图层节点，在弹出的右键菜单中点击选择"可编辑"命令，激活可编辑操作。

方式二：图层管理器中矢量图层节点前的"编辑"笔按钮，也是用来控制矢量图层是否可编辑，可通过点击该按钮实现可编辑的控制。当按钮处于激活状态时，矢量图层可被编辑；当按钮处于加锁状态时，矢量图层不可以被编辑。

2. 开启多图层编辑

在"对象操作"选项卡上的"对象操作"组中，"多图层编辑"复选框用来控制当前地图窗口中的编辑状态是否为多图层编辑状态；勾选该复选框，则开启当前地图窗口的多图层编辑状态；不勾选则表示当前地图窗口只能有一个图层为编辑状态。应用程序默认不开启多图层编辑。

● 如果当前地图窗口为多图层编辑状态，则地图窗口中可存在多个可编辑的地图图层，当用户选中地图窗口中的某个对象时，该对象所在的图层将自动切换为当前图层，此时，即可编辑该图层的内容。

● 如果当前地图窗口不是多图层编辑状态，则地图窗口中只能存在一个可编辑的图层。若用户要编辑地图窗口中的其他图层，需要频繁切换设置图层的可编辑状态。

● 多图层编辑功能方便了用户对地图窗口中不同图层的编辑，减少了用户的操作。

3. 指定当前图层

在进行多图层编辑时，可通过"当前图层"指定当前编辑和操作的图层。单击右侧下拉按钮，即可在下拉菜单中切换当前编辑的图层。若选中的图层未开启可编辑状态，将"当前图层"切换为该图层时，会自动将该图层切换为可编辑状态。

### 3.4.1.4 编辑几何对象的节点

"对象操作"选项卡的"对象编辑"组提供了对几何对象的节点进行编辑的功能，包括："添加节点"和"编辑节点"功能，从而通过编辑几何对象的节点来改变几何对象的形状和位置。

节点（vertex）表示用来描述 SuperMap 中几何对象的一系列坐标点。SuperMap 中文本几何对象不具有节点。

注意：节点编辑功能只对线、面对象可用，其他对象（如椭圆对象、圆弧对象等）则无法使用该功能。选中某一对象后，单击鼠标右键，在弹出的右键菜单中选择"属性"项，可在属性对话框的节点信息中查看所选对象的对象类型。

◆ 编辑节点

当"编辑节点"按钮处于按下状态时，在地图窗口中的可编辑图层中，可以编辑当前选中的几何对象的节点，主要包括移动节点和删除节点。

具体操作步骤为：

（1）将地图窗口中要编辑节点的几何对象（线几何对象或面几何对象）所在的图层设置为可编辑状态。

（2）选中一个要编辑的几何对象（线几何对象或面几何对象），并且当前只能对一个选中的对象进行编辑节点的操作。

（3）在"对象操作"选项卡的"对象编辑"中，单击"编辑节点"按钮，使其处于按下状态，此时，当前地图窗口中的操作状态变为编辑节点状态，并且选中的几何对象将显示出所有的节点。

（4）移动节点：选中几何对象上的某个节点。在该节点上单击鼠标左键即可选中这个节点，在选中的节点上按住鼠标左键不放，同时拖动鼠标，即可实现选中节点的移动，移动完成后，松开鼠标左键即可。以同样的方式进行其他节点的移动，移动节点后几何对象的形状会随之发生改变。

（5）删除节点：选中几何对象上的某个节点，可以同时按住 Shift 键或者 Ctrl 键，连续选中多个节点，然后，按 Delete 键，即可删除所选中的节点，删除节点后几何对象的形状会随之发生改变。

（6）在操作过程中，用户可以选择其他几何对象，选中的几何对象仍将显示其所有节点，用户可以继续进行节点的移动和删除编辑操作，直到用户将"编辑节点"按钮切换为非按下状态，编辑节点操作状态才会终止。

（7）取消当前地图窗口的编辑节点操作，只需单击"编辑节点"按钮，使其处于非按下状态。

（8）要编辑地图窗口中其他图层中的几何对象节点，重复上面第（1）步到第（7）步的操作。

◆ 编辑节点自动协调

当用户在对线数据集及面数据集进行编辑节点的操作时，可以开启"编辑节点自动协调"，如图 3.19 所示。

 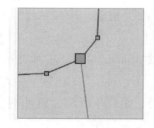 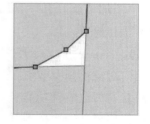

（a）编辑节点 　　　（b）开启编辑节点自动协调 　　　（c）无自动协调

图 3.19　编辑节点自动协调

◇ 当对相邻多个面对象的公共节点进行拖动、删除操作时，相邻接的面对象会自

102

动维护邻边关系，避免了重复调整相邻对象的节点和容易出现缝隙或重合的拓扑问题，并提高了用户的工作效率。

◇ 当对相邻多个线对象的公共点进行拖动、删除操作时，共用该点的线对象会自动按照移动后的节点位置重新调整线型，避免了用户重复移动公共点和容易出现移动后点位不能重合的问题。

具体操作步骤为：

（1）在"对象操作"选项卡的"对象绘制"组的"绘制设置"中，单击"编辑节点自动协调"按钮，使其处于选中状态，此时，编辑节点时会开启自动协调。

（2）将鼠标移至地图窗口，选中需要调整的节点，并按住鼠标左键移动鼠标，或者按 Delete 键可删除该节点。编辑节点之后，相邻面对象的几何形状会发生改变，并且始终保持邻接关系。编辑多个线对象的公共点，共用该点的线对象会自动按照移动后的节点位置或删除后的状态重新调整线型。

（3）停止自动协调需取消"编辑节点自动协调"的选中状态，自动协调编辑操作状态才会终止。

◆ 添加节点

当"添加节点"按钮处于按下状态时，在地图窗口中的可编辑图层中，可以为当前选中的几何对象添加新的节点。

具体操作步骤为：

（1）将地图窗口中要添加节点的几何对象（线几何对象或面几何对象）所在的图层设置为可编辑状态。

（2）选中一个要添加节点的几何对象（线几何对象或面几何对象），并且当前只能对一个选中的对象进行添加节点的操作。

（3）在"对象操作"选项卡的"对象编辑"中，单击"添加节点"按钮，使其处于按下状态，此时，当前地图窗口中的操作状态变为添加节点状态，并且选中的几何对象将显示出所有的节点。

（4）在几何对象边界线上的任意位置处单击鼠标左键，即可在鼠标单击处添加一个新的节点，以此方式在几何对象边界线上的其他位置处添加节点。

（5）在操作过程中，用户可以选择其他几何对象，选中的几何对象仍将显示其所有节点，用户可以继续进行添加节点的操作，直到用户将"添加节点"按钮切换为非按下状态，添加节点操作状态才会终止。

（6）取消当前地图窗口的添加节点操作，只需单击"添加节点"按钮，使其处于非按下状态。

（7）要为地图窗口中其他图层中的几何对象添加节点，重复上面第（1）步到第（6）步的操作。

3.4.1.5　删除对象

1. 使用说明

"剪贴板"组中的"删除"按钮用来连续删除当前地图窗口中所选中可编辑的对象。"删除"按钮只有当前地图窗口中有可编辑的图层时才可用。

2. 操作步骤

（1）将地图窗口中要删除几何对象所在的图层设置为可编辑状态。

（2）在"对象操作"选项卡上的"对象操作"组中，单击"删除"按钮，使按钮处于按下状态，此时，地图窗口中的操作状态变为连续删除对象的操作状态。

（3）在地图窗口中选中要删除的对象，则所选的对象将被删除。

（4）继续选中对象可连续删除选中对象，单击鼠标右键可结束删除操作，或者在Ribbon 中再次单击该按钮，使其处于非按下状态，也可结束删除操作。

3. 注意事项

● 当启动了多图层编辑时，用户可以同时在多个可编辑图层中连续删除对象。

● 在进行连续删除操作时，如果选中的对象所在的图层不可编辑，则鼠标点击选中该对象时，只能使其处于选中状态，而不能删除该对象。

● 当鼠标为删除对象状态时，按下键盘中的字母"A"键，可将当前地图窗口中的鼠标切换为绘制漫游状态，再次按下"A"键或单击鼠标右键或按 Esc 键可将鼠标切换回删除状态。

3.4.1.6 修剪

修剪工具可以将选中的一个线对象（基线）和与其相交的选中的另外一个线对象（修剪对象）的相交处修剪掉。

1. 使用说明

● 按基线对象定义的剪切边修剪对象。使用修剪工具时，应先选择用于修剪的线要素（基线），然后单击要修剪的相交线段。鼠标单击的部分将被移除，即被修剪掉。

● 适用于修剪线图层的对象或者 CAD 图层的线对象。同时要求要修剪的对象所在的图层可编辑。

● 修剪操作只对与基线相交的线对象有效，而对于不相交的线对象将不进行任何操作。

● 待修剪对象必须为简单线对象；基线可以是复杂线对象或简单线对象，但不能是复合对象。

● 当需要连续修剪与同一条线（基线）相交的多个线要素时，先选择一个线对象作为基线，然后连续修剪与基线相交的线对象即可。

2. 操作步骤

（1）在"对象操作"选项卡上的"对象编辑"组的 Gallery 控件中，单击"修剪"按钮，执行修剪操作。此时地图窗口中鼠标提示：请选择基线。

（2）选择一条线对象作为基线，此时鼠标提示：请点击要修剪的线段。

（3）选择想要修剪掉的线对象部分。

修剪完成后，基线仍然保留，包含鼠标点击位置的线段部分将被删除。新对象的系统字段（除 SmUserID 外）由系统赋值，非系统字段和字段 SmUserID 保留修剪对象的相应属性。线对象修剪前后对比如图 3.20 所示。

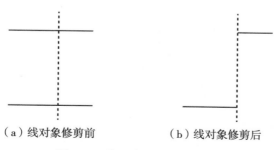

（a）线对象修剪前　　　　　（b）线对象修剪后

图 3.20　线对象修剪前后对比

### 3.4.1.7　延伸

延伸功能将两条或者多条不相交的线对象进行延伸，保证它们最终能够相交。

1. 使用说明

● 在图层可编辑状态下，将选中的线对象（或者 CAD 图层的线对象）延伸到指定对象（基线）。

● 在选择延伸线对象时，需要单击选中延伸线上靠近基线方向的位置，

● 在延伸状态下，如果已经选择一个线对象作为基线，那么只能连续将不同的其他线对象延伸到该基线。

● 延伸操作只对延伸后会与基线相交的线对象有效，而对于不会相交的线对象将不进行任何操作。

● 在线图层中，基线可以是任意类型的线对象，如直线、平行线、圆等，也可以是复杂线对象。待延伸的线可以是任意不封闭的简单线对象，如直线、折线、弧段、多段线等，需要说明的是平行线是有两个子对象的复杂对象。

● 在 CAD 图层中，基准线和待延伸的线均必须是对象类型为线的线对象。对象类型可通过对象属性的空间信息进行查看。

2. 操作步骤

（1）在"对象操作"选项卡的"对象编辑"组的 Gallery 控件中，单击"延伸"按钮，执行延伸操作。此时在地图窗口中提示：请选择基线。

（2）选择一个线对象作为基线，地图窗口会提示：请点击要延伸的线。

（3）单击需要延伸的线对象，一定要选择该线对象的靠近基线方向的位置，则应用程序会自动延伸距离基线近的端点到基线位置。如果单击该线对象上远离基线方向的端点位置时，不会进行延伸。

（4）如果需要将其他的线对象延伸到该基线，继续单击要延伸的线对象即可。

（5）要结束此操作，可以通过按键盘 Esc 键结束。

（6）单击鼠标右键结束。延伸前后对比，如图 3.21 所示。

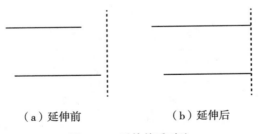

（a）延伸前　　　　　　　（b）延伸后

图 3.21　延伸前后对比

3. 注意事项

当要延伸的线，其延长线不与基线相交时，不能对其进行延伸操作。

3.4.1.8　打断

打断功能用来将线对象打断为新的对象。

1. 使用说明

● 打断功能用来在鼠标点击的任意位置打断线对象。

● 适用于打断的图层可以是线图层的对象或者 CAD 图层的线对象。同时要求要打断的对象所在的图层可编辑。

● 在进行打断操作时，可以开启捕捉功能，方便快速、精确地定位到想要打断的点，例如在打断线对象的交叉处，可以开启捕捉功能。

● 若选择的断点是多个对象的交点，则会弹出"选择打断对象"对话框，支持选择参与打断的对象，并且地图中会高亮显示列表中的选中对象。

● 在 SuperMap 中，封闭的线对象被看成起点和终点重合在一起的对象。而这个重合的起点和终点，我们称之为端点。

● 对于封闭线对象，例如圆、矩形等，执行单次打断操作后，系统会自动将封闭对象的端点同时打断，从而生成两个线对象。

● 打断操作后，新生成的两个线对象以不同的颜色临时显示出来，以示区别。

2. 操作步骤

（1）在"对象操作"选项卡的"对象编辑"组的 Gallery 控件中，单击"打断"按钮，执行打断操作。

（2）地图窗口中鼠标提示：请点击要打断的线段。在要打断对象的相应位置上点击一下，即可打断该对象。新生成的两个线对象以不同的颜色（红色和蓝色）临时显示出来，以示区别。

该操作可以在选中的线对象上连续地打断。在完成操作后，原来的线对象被删除，新生成多（打断次数+1）个线对象，它们的系统字段由系统赋值，非系统字段属性保留原来线对象的非系统字段属性。

（3）执行打断对象操作时，若选择的断点是多个对象的交点，支持设置参与打断的对象，在"选择打断对象"对话框中，可勾选列表中的打断对象，选中的对象会在地图中高亮显示。

3. 注意事项

当打断对象为参数对象时，如圆弧、三点弧、样条曲线等，打断功能将失效。CAD数据集中存在参数化对象。

### 3.4.1.9 精确打断

通过不同的打断方式，精确打断线对象。

1. 使用说明

● 精确打断线对象的功能适用于线图层和 CAD 图层。

● 打断的方式，包括按距离、按百分比、按段数或者按间距打断。

◇ 按距离：通过使用指定的距离值将线从端点处精确打断。打断完成后，线对象会被分割为两段。

◇ 按百分比：通过使用线对象总长的百分比数将线从端点处精确打断。打断完成后，线对象会被分割为两段。

◇ 按段数：按段数打断线对象，允许用户按照指定的段数，将线对象打断为长度相等的几段线。打断完成后，线对象被分割为指定数目的段数，创建了一个或者多个新对象。

◇ 按间距：通过使用指定的间距大小，应用程序会自动计算打断的段数。最后一段不足一个间距值的线段，也将被打断为一段线段。例如，线对象长度为 13，间距大小设为 5，则按间距打断后，线对象被打断为长度为 5 的两段和一段长度为 3 的线段。

● 封闭对象的打断。在 SuperMap 中，把封闭的线对象（例如圆、矩形等）看成是起点和终点重合在一起的对象。而这个重合的起点和终点，我们称之为端点。对于封闭线对象，执行打断操作后，系统会自动将封闭对象的端点同时打断。

● 打断结果说明。原来的线对象被删除，新生成多个线对象，它们的系统字段由系统赋值，非系统字段属性保留原来线对象的非系统字段属性。

2. 操作步骤

以下将以"打断为多段"为例，对打断操作进行详细说明。

（1）在当前可编辑图层中选择需要打断的线对象。

（2）在"对象操作"选项卡上的"对象编辑"组中，单击"打断"下拉按钮，选择"精确打断"命令。

（3）在弹出的"精确打断参数设置"对话框中，既可以浏览对象的信息，包括对象 ID 和对象长度，也可以设置精确打断的方式。选择打断方式为：多段。SuperMap 桌面产品提供了按段数等距打断以及按间距打断成多段。根据操作需要，选择一种打断方式。同时在右侧输入要打断的段数或者间距。

（4）单击"确定"按钮，完成操作。

选中的对象被打断为指定的数目，并在地图窗口中用红色和蓝色高亮显示。

3. 注意事项

不支持对参数化对象进行精确打断，如圆弧、三点弧、样条曲线等。CAD 数据集中存在参数化对象。

3.4.1.10　节点顺序反向

1. 使用说明

"改变方向"按钮提供了改变选中的线或面几何对象的节点顺序。

只有当前选中的对象中有线或面几何对象，且选中对象所在的图层为可编辑状态时，"改变方向"按钮才可用；否则，不可用。

支持节点顺序反向功能的对象有：二维线对象、三维线对象、二维面对象、三维面对象及复合对象。

2. 操作步骤

（1）在图层可编辑的情况下，选中一个或者多个线或面几何对象，可以同时按住 Shift 键或者 Ctrl 键，连续选中多个线或面对象，或者使用拖框选择的方式选中多个线或面几何对象。

（2）在"对象操作"选项卡上的"对象编辑"组的 Gallery 控件中，单击"改变方向"按钮，执行改变节点顺序的操作，则选中的对象线方向会发生变化。

3. 注意事项

（1）当启动了多图层编辑时，用户可以同时选中多个可编辑图层中的多个线或面几何对象来改变其线方向。

（2）当选中的多个几何对象中既包含线对象、面对象及其他几何对象，同时，既有可编辑的对象也有不可编辑的对象，那么，执行改变方向操作后，只能改变可编辑的线和面类型的几何对象的节点方向。

（3）改变节点顺序后相当于重构了一个线或面对象，因此，在 CAD 图层中，改变方向后的线或面对象风格会变为默认风格。

3.4.1.11　生成倒圆角

在"对象操作"选项卡上的"对象编辑"组的 Gallery 控件中，提供了生成倒圆角的功能，即对两条线段的邻近端点延伸或修剪，以一个与两条线均相切的圆弧连接形成圆角。

1. 使用说明

● 只有在可编辑的图层中选中两条线段时，"倒圆角"按钮才可用，即该功能只对选中的两条线段有效。

● 参与生成倒圆角的对象必须为简单线对象，且其延长线有且仅有一个交点。如果两条直线相互平行或在同一条直线上，则操作不成功。

● 完成操作后，源直线可能会发生延伸、修剪，而属性信息不会发生变化。

● 对于交叉线虽然能进行倒角操作，但没有明显的地学意义，故对于此情况不详细介绍。

2. 操作步骤

（1）设置要生成倒圆角的线段对象所在的图层为当前可编辑图层。

（2）在图层中同时选中两条线段对象（非平行线）。

（3）在"对象操作"选项卡的"对象编辑"组的 Gallery 控件中，单击"倒圆角"按钮，弹出"倒圆角参数设置"对话框。默认圆角半径取两条线段最大内切圆半径的五分之一。圆角半径的单位与当前可编辑图层的坐标单位保持一致。

（4）设置圆弧半径，即与两条线均相切的圆弧半径，生成倒圆角的结果将根据用户设置的圆弧半径，来决定倒圆角的生成位置和大小，从而会对参与操作的两条线段进行适当的延伸或裁剪。随着圆弧半径的修改，预览图会实时地显示倒圆角操作结果，方便用户进行调整。

（5）设置是否修剪源对象。勾选该项表示，执行操作后会对源对象进行修剪操作，否则将保留原始对象。

（6）在地图窗口中会实时显示生成倒圆角的预览效果。单击"确定"按钮，根据用户的设置执行生成倒圆角的操作，结果如图 3.22 所示。

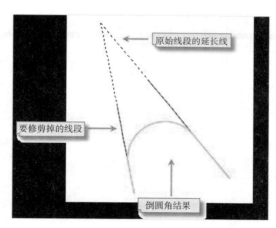

图 3.22　倒圆角结果

（7）操作结果说明：系统在选中的两段线中计算出半径为输入半径的内切圆，并找到两段线上各自在内切圆上的切点，如果切点在线段上，将把它截掉；如果在延长线上，则将线段的端点延伸到切点后，在内切圆中取两切点之间的外圆弧，生成新的线对象，其属性记录加到属性表尾部，系统字段由系统赋值，非系统字段值为空，而原线对象保留原属性。操作结果如图 3.23 所示。

3.4.1.12　生成倒直角

在"对象操作"选项卡上的"对象编辑"组的 Gallery 控件中，提供了生成倒直角的功能。倒直角和倒圆角类似，都是将两个对象进行连接。倒圆角以光滑的弧线相接，

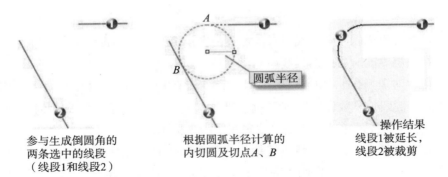

图 3.23　操作过程及结果示意图

而倒直角则以平角相接。生成倒角的意义，使原本尖锐的直线之间的夹角，看起来更加美观，更加圆滑，更符合实际需要。

对两条线段的邻近端点延伸或修剪，最终连接形成倒角。如图 3.24 所示，当两个倒角距离都为 0 时，会将两条直线修剪或者延长直至它们相交，当两个倒角距离均不为 0 时，会按照指定的距离对两条线段进行延长，然后将两条直线连接。

图 3.24　两条线段的邻近端点延伸或修剪

1. 使用说明

• 只有在可编辑的图层中选中两条线段时，"倒直角"按钮才可用，即该功能只对选中的两条线段有效。

• 参与生成倒直角的对象必须为简单线对象，且其延长线有且仅有一个交点。如果两条直线相互平行或在同一条直线上，则操作不成功。

• 完成操作后，源直线可能会发生延伸、修剪，而属性信息不会发生变化。

• 倒直角距离参数说明：在生成倒直角时，对两个距离参数有严格的限制。距离参数的取值范围为两条直线的交点到最远端点的距离。对于超出此长度的参数，应用程序会给出错误提示。

• 对于交叉线虽然能进行倒直角操作，但没有明显地学意义，故对于此情况不详细介绍。

110

2. 操作步骤

（1）设置要生成倒直角的线段对象所在的图层为当前可编辑图层。

（2）在图层中同时选中两条线段对象（非平行线）。

（3）在"对象操作"选项卡的"对象编辑"组的 Gallery 控件中，单击"倒直角"按钮，弹出"倒直角参数设置"对话框。在弹出的对话框中分别输入第一条直线和第二条直线的距离。默认到第一条直线和到第二条直线的距离均为 0，此时会直接将两条直线在相交处相连。

（4）设置是否修剪源对象。勾选该项表示，执行操作后会对源对象进行修剪操作，否则将保留原始对象。

（5）在地图窗口中会实时显示生成倒直角的预览效果。单击"确定"按钮，根据用户的设置执行生成倒直角的操作。

3. 其他说明

1）参数说明

第一条线倒角距离：第一条线被修剪或者延伸后，两条线的延长线交点到第一条线最近端点的距离。如图 3.25（b）所示，第一条线倒角距离为 100。

第二条线倒角距离：第二条线被修剪或者延伸后，两条线的延长线交点到第二条线最近端点的距离。如图 3.25（b）所示，第二条线倒角距离为 50。

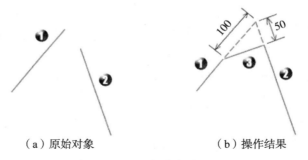

（a）原始对象　　　　　　　（b）操作结果

图 3.25　生成倒直角前后对比

2）图片说明

（1）1 表示第一条直线，2 表示第二条直线，3 表示新生成的倒角线。

（2）第一条直线被修剪，第二条直线被延伸。

3）距离有效范围说明

距离的最小值为 0；最大值为两条线交点至各自最远端点的距离，如果大于此值操作，则输出窗口会提示："输入的距离值太大，倒直角失败"。

如果距离为 0，则倒角线会有些特殊的变化。

3.4.1.13　点平差

点平差功能可以实现相邻线的连接。点平差时对平差范围内（通过圈选确定）的全部节点进行平差计算，平差结果将产生一个新的节点，删除圈选的所有节点，在新节点处连接线对象。注意：连接仅是在节点处连接，并不是形成一个对象。

如图 3.26 所示，选中相邻的四条线的端点（圆圈内的节点），对其进行平差操作，平差的结果是将四条线对象选中的节点全部删除，平差计算得到新节点，并将其与四条线上的其他节点分别相接，得到的结果如图 3.26 所示。

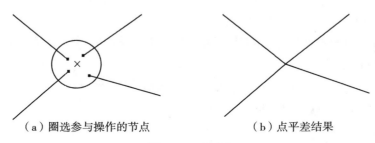

（a）圈选参与操作的节点　　　　　　（b）点平差结果

图 3.26　点平差

1. 使用说明

● 点平差功能适用于线图层和 CAD 图层。

● 当圈选范围较大时，点平差操作对完全落入临时绘制的圆范围内的线对象不进行处理。

2. 操作步骤

（1）在图层可编辑状态下，在"对象操作"选项卡上的"对象编辑"组的 Gallery 控件中，单击"点平差"按钮，执行点平差操作。

（2）将鼠标移至地图窗口中，提示"鼠标圈选要平差的线的节点"。在地图窗口中绘制一个临时圆，使参与平差操作的节点恰好落入圆中。

（3）单击鼠标左键，对选中的节点进行平差操作。

（4）单击鼠标右键，即可取消当前操作。

3.4.1.14　炸碎

使用炸碎功能，可以将选中的单个或者多个线对象分解为最小单位的直线对象。最小单位的直线对象表示该对象有且仅有两个节点即两个端点，且为简单对象。如图 3.27 所示，待炸碎的对象共有 5 个节点（图 3.27（a））；炸碎后该对象分解为 4 个对象，且每段对象仅包含 2 个节点。图 3.27（b）所示为对炸碎后的多个对象按照 SmID 制作单值专题图的结果。

1. 使用说明

● 炸碎功能适用于二维线图层以及 CAD 图层，该功能在图层可编辑且有线对象被选中的情况下可用。

● 复杂对象也同样适用于炸碎操作。炸碎后的复杂对象将被分解，同时每一个子对象被分解为最小单位的直线。

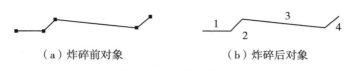

（a）炸碎前对象　　　　　　　　　　（b）炸碎后对象

图 3.27　炸碎前后对比

2. 操作步骤

（1）在图层可编辑状态下，选择一个或多个要炸碎的线对象。

（2）在"对象操作"选项卡的"对象编辑"组的 Gallery 控件中，单击"炸碎"按钮，执行炸碎操作。

（3）炸碎操作完成后，会在输出窗口中提示炸碎后生成多少个对象。例如：线对象［SmID］＝221 被炸碎共产生 4 个对象。

3. 其他说明

对于圆弧、圆等节点较多的对象，炸碎后由于新生成的对象每一段比较碎小，在小比例尺下不会显示。应用程序对一些小对象进行过滤显示，对于长度小于 0.4mm 的线对象，不予显示。

3.4.1.15　连接线对象

在可编辑状态下，将两个或多个简单线对象连接成一个线对象。

1. 使用说明

● 连接线对象功能适用于二维线图层和 CAD 图层。

● 连接线对象功能只有在选中线对象时可用。

● 此操作不适用于复杂对象和复合对象。

● 应用程序提供连接方式：首尾相连和邻近点相连。不同的连接方式决定了连接后线对象的方向有所不同。

首尾相连：按照线的顺序（线对象的选择顺序或者 SmID 次序）将起点和终点依次连接，即将第一条线对象的终点与第二条线对象的起点相连，第二条线对象的终点与下一条线对象的起点相连，其他依次类推。连接后生成的线的方向与第一条线对象的方向相同。

邻近点相连：连接的时候不考虑线的起止点，按照线对象端点之间距离的远近判断，将第一条线的端点与距离最近的线对象的端点进行连接。连接后生成的线的方向与第一条线对象的方向相同。

如图 3.28 所示，线对象 1 和线对象 2（图（a））按照不同的连接方式进行连接的结果（图（b）和图（c））：

● 线对象的顺序说明。在线对象首尾相连时，需要确定待连接线对象的次序，以确定线的方向。应用程序有两种方式确定待连接的线对象的顺序：一种是按住 Shift 键选择多条线对象，连接的时候线对象按照选择顺序进行连接；另外一种是通过鼠标框

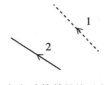 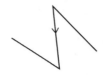 

（a）连接前的线对象　　　　　（b）首尾相连　　　　　（c）邻近点相连

图 3.28　连接线对象

选，按所选择的线对象的 SmID 升序进行连接。

2. 操作步骤

（1）在图层可编辑状态下，选择一个或多个要连接的线对象。

（2）在"对象操作"选项卡的"对象编辑"组的 Gallery 控件中，单击"编辑端点"分组中的"连接线"按钮，执行连接线操作。

（3）弹出"连接线对象"对话框，在此对话框中设置连接完成后新对象的属性。

在"连接线对象"对话框中，既可以为每个字段分别设置操作方式，也可以同时选中多个字段统一进行设置。下面是对该对话框的说明。

- 可编辑图层：可编辑图层下拉列表中列出了当前地图中所有的可编辑图层。可通过单击其右侧的下拉箭头，选择要操作的图层。

- 连接方式：选择线对象的连接方式。支持两种连接方式：首尾相连和邻近点相连。

- 字段列表区：该区域列出了当前可编辑图层中所有非系统字段和可编辑的系统字段的信息，包括字段名称、字段类型以及连接操作完成后，新对象字段的操作方式。默认使用第一个对象的字段属性。

- 操作方式设置区：提供了四种操作方式。

◇ 为空：指连接完成后新对象此字段的值为空。

◇ 求和：指连接完成后新对象此字段的值为各个连接对象相应字段值的和。

◇ 加权平均：指连接完成后新对象此字段的值为所有连接对象此字段的加权平均值。需要指定加权字段，若不选择加权字段，则计算其简单的平均值，就是将所有源对象的选中字段值相加然后除以源对象的个数。

◇ 保存对象：指连接完成后新对象此字段的值与当前某一个选择对象的此字段值相同。可以单击右侧的下拉箭头，选择新对象要使用的对象属性值。

（4）单击"确定"按钮，完成线对象连接操作。

3.4.1.16　曲线重采样

"对象操作"选项卡上的"对象编辑"组提供了处理线几何对象或面几何对象的边界线的功能，主要对线几何对象或面几何对象的边界线进行重采样和平滑处理。

当线几何对象或面几何对象的边界线上的节点太多时，可用"重采样"按钮对其进行重采样处理，去掉一些节点，同时尽量保持线的形状。

1. 使用说明

● "对象编辑"组中的控件只有在地图窗口中有选中的可编辑图层中的几何对象（线几何对象和面几何对象）时才可用。

● 参数化曲线（如弧线、自由曲线、贝兹曲线、B 样条曲线等）进行重采样时，会先将曲线转为线段，然后对转换线段进行重采样。注：CAD 数据集中，参数化曲线不支持重采样。

2. 操作步骤

（1）将地图窗口中要进行重采样的几何对象（线几何对象或面几何对象）所在的图层设置为可编辑状态。

（2）选中要进行重采样的几何对象（线几何对象或面几何对象），可以同时按住 Shift 键或者 Ctrl 键，连续选中多个几何对象。

（3）在"对象操作"选项卡的"对象编辑"组的 Gallery 控件中，单击"重采样"按钮，弹出"重采样参数设置"对话框。

（4）在重采样方法的下拉框中，选择合适的重采样方法，并在"采样容限"右侧的文本框中输入容限值，默认值为 0.4，应用该方法对线几何对象或面几何对象进行重采样。

（5）要重采样地图窗口中其他图层中的几何对象，重复上面第（1）步到第（4）步的操作。

（6）单击"确定"按钮，对选中的几何对象进行重采样操作。

3. 注意事项

当启动了多图层编辑时，用户可以同时选中多个可编辑图层中的多个线几何对象和面几何对象来进行重采样操作。

3.4.1.17　曲线光滑

"对象操作"选项卡上的"对象编辑"组提供了处理线几何对象或面几何对象的边界线的功能。曲线光滑功能主要对线几何对象或面几何对象的边界线进行平滑处理，使折线转变成连续的光滑线对象。

"对象编辑"组中的控件只有在地图窗口中有选中的可编辑图层中的几何对象（线几何对象和面几何对象）时才可用。

1. 使用说明

● "曲线光滑"按钮用来对当前地图窗口中选中的可编辑图层中的线几何对象或面几何对象的边界线进行平滑处理。

● 光滑度表示让原有线对象变得更为光滑的程度，该参数值与变化后的线对象的节点数成正比。其值类型为整数，取值范围为 0~2147483647。光滑度与节点的具体关系如下所示：

$$变化后的线对象的节点数 = \begin{cases} 原线对象的节点数 （光滑度 = 0.1） \\ （原线对象的节点数+1） \times 光滑度 （光滑度>1） \end{cases}$$

● 参与光滑处理的线对象必须是具有 3 个以上（含 3 个）节点的线对象。因为两点直线就是一条光滑的线，无须光滑处理。

2. 操作步骤

（1）将地图窗口中要进行平滑的几何对象（线几何对象或面几何对象）所在的图层设置为可编辑状态。

（2）选中要进行平滑的几何对象（线几何对象或面几何对象），可以同时按住 Shift 键或者 Ctrl 键，连续选中多个几何对象。

（3）在"对象操作"选项卡的"对象编辑"组中的 Gallery 控件中，单击"曲线光滑"按钮，弹出"曲线光滑系数设置"对话框。

（4）在"光滑系数"右侧的文本框中输入曲线平滑度的数值，默认值为 4。

（5）要平滑地图窗口中其他图层中的几何对象，重复上面第（1）步到第（4）步的操作。

（6）单击"确定"按钮，完成对选中对象的曲线光滑处理。

3. 注意事项

当启动了多图层编辑时，用户可以同时选中多个可编辑图层中的多个线几何对象和面几何对象来进行重采样或者曲线光滑操作。

3.4.1.18 移动

将选中的几何对象移动到新的位置。

1. 使用说明

● 支持三种方式的移动：按指定坐标移动、按指定方位角移动和按指定偏移量移动。

◇ 按指定坐标移动：表示选择基点坐标，将对象移动到指定的坐标位置；

◇ 按指定方位角移动：表示选择基点坐标，按照指定的长度和角度，将对象移动到指定位置；

◇ 按指定偏移量移动：表示选择基点坐标，按照指定的 X 偏移量和 Y 偏移量，将对象移动到指定的位置。

● 在图层可编辑的情况下，选中几何对象，"移动"功能才可用。

2. 操作步骤

1）按坐标移动

①在可编辑图层中，选中要移动的几何对象。

②在"对象操作"选项卡的"对象编辑"组的 Gallery 控件中，单击"移动对象"分组中的"指定坐标"按钮，执行指定坐标移动对象的操作。

③此时鼠标提示："请指定基点坐标"，在地图窗口中的合适位置单击鼠标或者输入坐标值，确定移动的基点坐标。

④此时鼠标提示："请指定目标点坐标"，在地图窗口中可移动鼠标或者在其后的参

数输入框中输入 $X$、$Y$ 坐标值，来确定对象移动到的位置。移动鼠标时，地图窗口中会实时显示移动后对象的预览图（用虚线表示），确定后，选中的对象将移动到指定的坐标处。

⑤如要继续移动对象，再次输入对象移动的坐标值即可；按 Esc 键或者单击鼠标右键可结束当前操作。

2）按方位移动

①在可编辑图层中，选中要移动的几何对象。

②在"对象操作"选项卡的"对象编辑"组的 Gallery 控件中，单击"移动对象"分组中的"指定方位"按钮，执行指定方位移动对象的操作。

③此时鼠标提示："请指定基点坐标"，在地图窗口中的合适位置单击鼠标或者输入坐标值，确定移动的基点坐标。

④此时鼠标提示："请指定目标点坐标"，在地图窗口中移动鼠标，地图窗口会实时显示移动后对象的预览图（用虚线表示）。在合适的位置单击鼠标，或者在参数输入框中输入对象中心点要移动的长度及其与 $X$ 轴正向之间的夹角并按回车，则选中的对象按照移动的距离和方向移动到新的位置。

⑤如果继续移动对象，则重复上一步骤，直至单击右键结束当前操作。

3）按偏移量移动

①在可编辑图层中，选中要移动的几何对象。

②在"对象操作"选项卡的"对象编辑"组的 Gallery 控件中，单击"移动对象"分组中的"指定偏移"按钮，执行指定偏移量移动对象的操作。

③此时鼠标提示："请指定基点坐标"，在地图窗口中的合适位置单击鼠标或者输入坐标值，确定移动的基点坐标。

④此时鼠标提示："请指定目标点坐标"，在地图窗口中移动鼠标，地图窗口中会实时显示移动后对象的预览图（用虚线表示）。在合适的位置单击鼠标，或者在参数输入框中输入 $X$ 偏移量和 $Y$ 偏移量。确定后，选中的对象将按照指定的偏移量移动到新的位置。

⑤如要继续移动对象，再次输入对象移动的偏移量即可；按 Esc 键或者单击鼠标右键可结束当前操作。

3.4.1.19　缩放

缩放功能是按照指定的缩放距离，创建一个形状与原对象形状比例不变的新对象。

1. 使用说明

● 缩放操作适用于线图层、面图层或者 CAD 图层。

● 缩放操作既适用于简单对象，也适用于复杂对象。对于复杂对象，同时对复杂对象的每个子对象按照指定的缩放距离缩放。

● CAD 图层中的参数化对象（如正多边形、扇形等）、复合对象不支持缩放。

● 在输入偏移距离时，输入的距离值为正值，表示向上偏移；输入的距离值为负值，则表示向下偏移。

2. 操作步骤

（1）在"对象操作"选项卡的"对象编辑"组的 Gallery 控件中，单击"缩放"按钮，执行缩放操作。

（2）根据输出窗口"选择要缩放的对象"的提示，选择一个对象（线对象或者面对象）作为缩放对象。

（3）拖动光标，可以看到一个与被选对象形状平行的临时对象随着鼠标而移动。

（4）将鼠标移动到合适的位置，单击左键，完成缩放操作。

（5）如想精确缩放，在参数输入框中输入对象要缩放的距离，按 Enter 键完成操作。

（6）如果要继续对选中对象缩放，重复第（5）、（6）步即可。

（7）按 Esc 键或者单击鼠标右键结束操作。

如图 3.29 所示，为对象缩放前后的示意图。线 $a$ 为源对象，线 $b$ 为缩放后的对象。

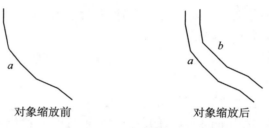

对象缩放前　　　　　　　对象缩放后

图 3.29　对象缩放前后

3. 其他说明

● 缩放的结果会产生一个新对象，同时保留源对象。新产生的对象的非系统字段的属性与源对象的属性保持一致。

● 如果在缩放过程中新生成的对象有自交现象，则对于线对象，其缩放距离应小于缩放对象任意两点之间的距离；而对于简单面对象，其缩放距离应小于缩放对象任意两点之间的距离的一半。

3.4.1.20　定位复制

定位复制功能用来将选中的几何对象（一个或者多个对象），指定一个基点作为参考点，在粘贴的时候以参考点为原点复制到指定的位置。

1. 使用说明

● 定位复制功能只有在选中几何对象（包含复杂对象和复合对象）时可用。

● 定位复制功能支持跨图层操作。操作结果将各个图层上选中的操作对象分别复制到对应图层的指定位置。

2. 操作步骤

（1）在图层可编辑状态下，选择一个或多个要复制的对象。

（2）在"对象操作"选项卡的"对象编辑"组的 Gallery 控件中，单击"定位复制"按钮，执行定位复制操作。

（3）此时鼠标提示："请指定基点坐标"，在地图窗口中的合适位置单击鼠标或者输入坐标值，确定定位复制的基点坐标。

（4）此时鼠标提示："请指定目标点坐标"，在地图窗口中移动鼠标，会实时显示待复制对象的预览图（用虚线表示），在合适位置单击鼠标或者输入具体坐标值，最终确定复制的目标位置，完成一次复制操作。

（5）如果不再继续进行复制，单击鼠标右键结束操作；如果继续复制，则重复上一步骤，直至单击右键结束复制。

注：新生成对象的属性记录添加到属性表的尾部，其非系统字段属性将保留源对象的非系统字段属性。源对象不会发生任何变化。

3.4.1.21　镜像

1. 使用说明

"镜像"按钮提供了绕指定的临时镜像线翻转选中的几何对象（非文本几何对象）来创建对称的镜像对象，选中的原几何对象保持不变，所创建的镜像对象为选中的原几何对象的副本，其与选中的原几何对象的位置关系为：所创建的镜像对象为选中的原几何对象绕指定的临时镜像线翻转后所得的效果。

2. 操作步骤

（1）在可编辑图层中，选中要进行镜像操作的几何对象（非文本几何对象）。可以同时按住 Shift 键或者 Ctrl 键，连续选中多个几何对象或者使用拖框选择的方式选中多个几何对象。

（2）在"对象操作"选项卡上的"对象编辑"组的 Gallery 控件中，单击"镜像"按钮，执行镜像操作。

（3）此时鼠标提示："请绘制镜像参考线"，即可绘制临时镜像线，具体操作为：在适当位置处点击鼠标左键确定镜像线的第一个点，移动鼠标，经出现随鼠标移动而不断变化的临时线段，在适当位置处点击鼠标右键确定镜像线的另一个点（最后一个点），程序执行镜像操作。所确定的线段即为选中的几何对象绕其旋转的临时镜像线。

（4）要进行下一次的镜像操作，重复上面第（1）步到第（3）步的操作，如图3.30所示。

3. 注意事项

当启动了多图层编辑时，用户可以同时选中多个可编辑图层中的多个不同类型几何对象（非文本几何对象）来进行镜像操作，如图3.31所示。

3.4.1.22　旋转

在图层可编辑状态下，对选中对象进行旋转操作。

1. 使用说明

● 旋转基点与旋转中心点

旋转基点是几何对象范围的外接矩形左上角的角点，旋转中心点位于几何对象的内

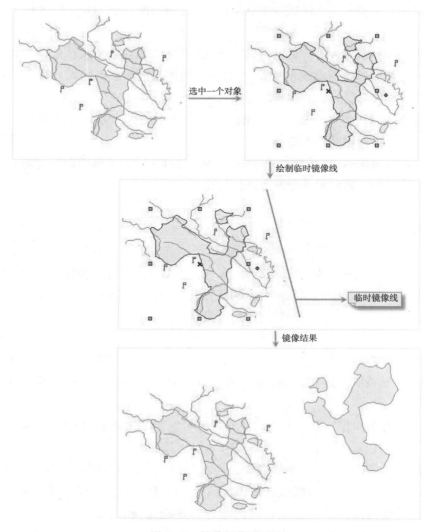

图 3.30　镜像操作图示 1

部（X 状），在对几何对象进行旋转时，旋转基点保持不变，几何对象绕旋转中心点按照指定的角度进行旋转。

当一次选中多个对象时，旋转基点为这几个对象共同的外接矩形左上角的角点位置。

● SuperMap 支持对点图层、线图层、面图层、文本图层、CAD 图层、路由图层中的对象进行旋转。

● 在进行旋转时，既可以通过拖动旋转的方式，将对象旋转至目标位置，也可以通过手动输入旋转角度的方式，对几何对象进行精确旋转。

2. 操作步骤

1）拖动旋转

120

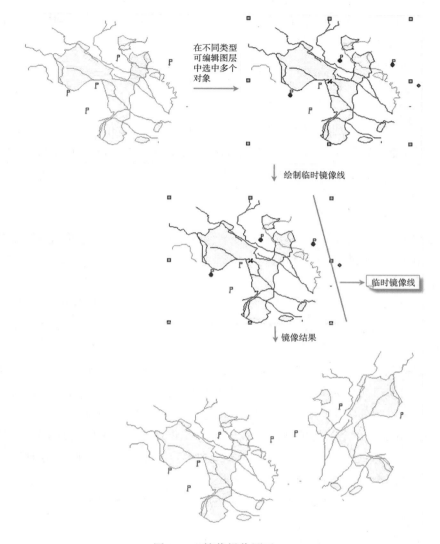

图 3.31　镜像操作图示 2

（1）在可编辑图层中选择一个或多个对象。

（2）将鼠标放置在旋转手柄上，当鼠标状态变为可旋转状态时，按住鼠标左键，拖动对象至欲旋转的位置松开鼠标左键即可。

2）精确旋转

（1）在可编辑图层中选择一个或多个对象。

（2）在"对象操作"选项卡的"对象编辑"组的 Gallery 控件中，单击"旋转"按钮，弹出"对象旋转参数设置"对话框。

（3）旋转中心点列出了该点的（X，Y）坐标值。默认的选择中心点为几何对象的外接矩形左上角的锚点。用户可以通过修改（X，Y）坐标，设定新的旋转基点。

121

（4）在旋转角度编辑框中键入旋转角度。正值表示对象按逆时针方向进行旋转，负值表示对象按顺时针方向进行旋转。键入角度后地图窗口中会实时显示旋转后对象的预览图（用虚线表示）。

（5）单击"确定"按钮，对选中的几何对象进行旋转。

### 3.4.1.23 画线分割

1. 使用说明

"画线分割"：通过绘制的临时分割线来分割线或者面几何对象。

只有当前地图窗口中有可编辑的图层且图层中存在一个或多个选中对象时，"画线分割"按钮才可用。临时分割线所穿越的所有可编辑图层中被选中线或者面几何对象都将被分割。

2. 操作步骤

（1）将地图窗口中要进行分割的线或者面几何对象所在的图层设置为可编辑状态。

（2）单击选中需要进行分割的线或者面几何对象。或者通过框选或按住 Shift 键选择多个几何对象。

（3）在"对象操作"选项卡的"对象编辑"组的 Gallery 控件中，单击"画线分割"按钮，执行画线分割操作。此时，当前地图窗口中的操作状态为画线分割线或者面对象状态。

（4）绘制临时分割线，即绘制用于分割面几何对象的临时折线，具体操作为：鼠标移动到地图窗口时变为 ✛ 状态，此时，就可以绘制分割线，在适当位置处点击鼠标左键确定分割线的第一个点，移动鼠标，经出现随鼠标移动而不断变化的临时线段，在适当位置处点击鼠标确定分割线的下一个点，继续点击鼠标，绘制临时分割线的其他点。

（5）临时分割线（折线）绘制完成后，右键点击鼠标，结束临时分割线绘制，此时，将执行分割操作，同时临时分割线消失。

（6）分割的结果为：临时分割线所穿越的所有可编辑图层中被选中线或者面几何对象都将被分割。

（7）继续进行下一次的画线分割操作，重复上面第（4）步的操作；如果要添加其他数据中的线或者面几何对象进行切割，那么添加数据并将数据对应的图层设置为可编辑状态，然后再重复上面第（4）步的操作。

（8）取消画线分割的操作状态，只需点击"画线分割"按钮，使按钮处于非按下状态。

画线分割操作如图 3.32 所示。

3. 注意事项

（1）当启动了多图层编辑时，用户可以同时画线分割多个可编辑图层中的线或者面几何对象。

（2）只有临时分割线完全穿过可编辑的线或者面几何对象，该几何对象才会被分割，如图 3.33 所示。

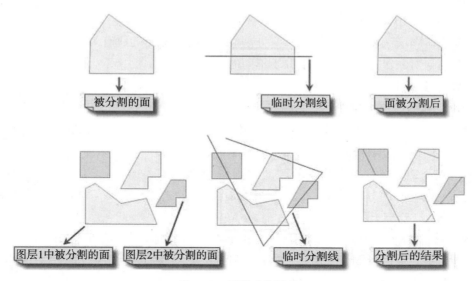

图 3.32　画线分割操作

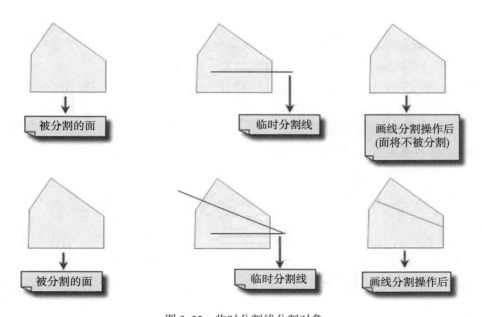

图 3.33　临时分割线分割对象

4. 其他说明

自相交的面对象，如漏斗状的面对象，不支持画线分割。

### 3.4.1.24　画面分割

1. 使用说明

"画面分割"：通过绘制的临时分割面来分割面或者面几何对象。

只有当前地图窗口中有可编辑的图层且图层中存在一个或多个选中对象时，"画面分割"按钮才可用。

当开启多图层编辑时，所画的临时分割面会分割所穿越的所有可编辑图层中被选中线或者面几何对象，这些对象可以位于不同的图层上。

2. 操作步骤

（1）将地图窗口中要进行分割的线或者面几何对象所在的图层设置为可编辑状态。

（2）用户不需要选中线或者面几何对象，直接对几何对象进行分割操作，临时分割面所穿越的所有可编辑的线或者面几何对象都将被分割。

（3）在"对象操作"选项卡的"对象编辑"组的 Gallery 控件中，单击"画面分割"按钮，执行画面分割操作。此时，当前地图窗口中的操作状态为画面分割面或者面对象状态。

（4）绘制临时分割面，即绘制用于分割面或者面几何对象的临时面，具体操作为：鼠标移动到地图窗口时变为 状态，此时，就可以绘制分割面，在适当位置处单击鼠标左键确定分割面的第一个点，移动鼠标，经出现随鼠标移动而不断变化的临时线段，在适当位置处单击鼠标确定分割面的下一个点，继续单击鼠标，绘制临时分割面的其他点。

（5）临时分割面绘制完成后，右键单击鼠标，结束临时分割面绘制，此时，将执行分割操作，同时临时分割面消失。

（6）分割的结果为：临时分割面所穿越的所有可编辑图层中被选中线或者面几何对象都将在与分割面相交处被分割。

（7）继续进行下一次的画面分割操作，重复上面第（4）步的操作；如果要添加其他数据中的线或者面几何对象进行切割，那么添加数据并将数据对应的图层设置为可编辑状态，然后再重复上面第（4）步的操作。

（8）取消画面分割的操作状态，只需单击"画面分割"按钮，使按钮处于非按下状态。

3. 注意事项

● 当启动了多图层编辑时，用户可以同时画面分割多个可编辑图层中的线或者面几何对象。

4. 其他说明

自相交的面对象，如漏斗状的面对象，不支持画面分割。

3.4.1.25　选择对象分割

1. 使用说明

"选择对象分割"通过选择的对象来分割线或者面对象。

只有当前地图窗口中有可编辑的图层，且图层中存在一个或多个选中的线或面对象时，"对象分割"按钮才可用，如图 3.34 所示。

2. 操作步骤

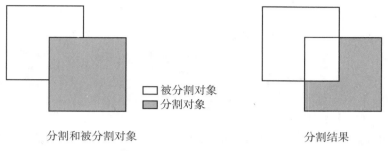

被分割对象
分割对象

分割和被分割对象　　　　　　　　　　　　　　分割结果

图 3.34　选择对象分割

（1）将地图窗口中要进行分割的线或者面几何对象所在的图层设置为可编辑状态。

（2）选中可编辑图层中的线或面几何对象，在"对象操作"选项卡的"对象编辑"组的 Gallery 控件中，单击"选择对象分割"按钮，执行选择对象分割操作。

（3）此时，将鼠标移动到当前地图窗口中，鼠标提示"请选择分割对象"，选择一个线对象或面对象作为分割对象，即根据两个对象相交处，将被分割对象进行分割。

3. 注意事项

● 当启动了多图层编辑时，用户可以同时分割多个可编辑图层中的线或者面几何对象。

### 3.4.1.26　局部更新

在可编辑状态下，用绘制的折线更新线对象或者面对象的部分。局部更新功能可以使用该折线与源对象（待更新的线对象）相交的部分形成新的对象。

1. 使用说明

● 局部更新功能适用于线图层、面图层以及 CAD 图层。

● 在未选中待更新对象时，绘制的折线的起始点和终点必须在待更新对象的边界上，所以在操作时建议打开捕捉功能。

● 若选中待更新对象，可用裁剪方式进行更新，绘制的折线与待更新对象至少需有两个交点。

● 参与局部更新对象可以是简单对象或复杂对象的单个子对象，但不能是复合对象。

● 在局部更新操作中，根据待更新对象类型的不同，更新结果会有所不同。下面将详细介绍更新线对象和面对象。

◇ 待更新对象为未选中的线对象（捕捉模式）

如图 3.35 所示，为一段不封闭且未选中的线对象的局部更新情况示意图。图（a）为待更新的线对象，用图（b）中绘制的折线对其进行更新，折线的起止点都需在线对象上，图（b）中高亮加粗显示的线段为局部更新的结果。绘制的更新线段，将待更新线对象分割为三段。确定更新折线的起止点后，若按下键盘快捷键 Ctrl 键或者 Shift 键，可切换局部更新结果，如图（c）中高亮加粗显示的线段。

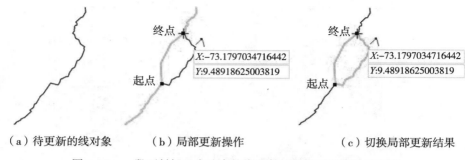

（a）待更新的线对象　　　　（b）局部更新操作　　　　　　（c）切换局部更新结果

图3.35　一段不封闭且未选中的线对象的局部更新情况示意图

◇ 待更新对象为选中的线对象（裁剪模式）

如图3.36所示，为一段不封闭且选中的线对象的局部更新情况示意图。图（a）为待更新的线对象，用图（b）中绘制的折线对其进行更新，绘制的折线与待更新线对象有两个或以上交点即可，图（b）中高亮加粗显示的线段为局部更新的结果。绘制的更新线段，将待更新线对象分割为三段。确定更新折线的起止点后，若按下键盘快捷键Ctrl键或者Shift键，可切换局部更新结果，如图（c）中高亮加粗显示的线段。

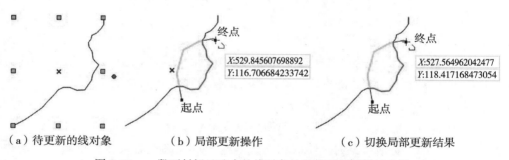

（a）待更新的线对象　　　　（b）局部更新操作　　　　　　（c）切换局部更新结果

图3.36　一段不封闭且选中的线对象的局部更新情况示意图

◇ 待更新对象为未选中的面对象（捕捉模式）

如图3.37所示，为封闭且未选中面对象的局部更新示意图。确定更新折线的起止点在面对象的边界线上，更新结果预览效果为灰色区域（图（b）），同时更新面对象边界线以高亮加粗显示；若按下Ctrl键或者Shift键，将自动切换更新结果，如图（c）高亮加粗线段之间的灰色区域所示。

◇ 待更新对象为选中对象（裁剪模式）

如图3.38所示，为封闭的已选中面对象的局部更新示意图。更新折线的起止点可在面对象边界线内，或者边界线外，绘制的折线需与面对象边界线有两个或以上的交点。更新结果预览效果为灰色区域（图（b）），同时更新面对象边界线以高亮加粗显示；若按下Ctrl键或者Shift键，将自动切换更新结果，如图（c）高亮加粗线段之间

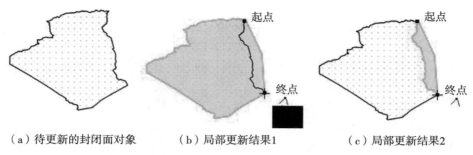

（a）待更新的封闭面对象　　　　（b）局部更新结果1　　　　（c）局部更新结果2

图 3.37　封闭且未选中面对象的局部更新示意图

的蓝色区域所示。

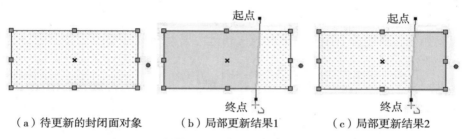

（a）待更新的封闭面对象　　　　（b）局部更新结果1　　　　（c）局部更新结果2

图 3.38　封闭的已选中面对象的局部更新示意图

2. 操作步骤

（1）在"图层管理器"中，将图层设置为可编辑状态。

（2）在"对象操作"选项卡的"对象编辑"组的 Gallery 控件中，单击"局部更新"按钮，执行局部更新操作。此时，地图窗口中将出现折线光标。

（3）局部更新有两种操作方式，即捕捉模式和裁剪模式。是否选中待更新对象的操作方式有所不同，若未选中待更新对象，只能使用捕捉模式进行更新；若已选中待更新对象，则可用捕捉模式或裁剪模式进行更新。

● 捕捉模式：将折线光标移至待更新的线对象或面对象边界上，绘制的起点和终点必须在待更新对象的边界上，如果不在其边界上，则输出窗口中会提示："以捕捉模式进行更新，需要点在线上，若要以裁剪模式进行更新，请先选中一个对象。"需要重新绘制起点。若绘制折线的起点捕捉到线上，一定是捕捉模式。

● 裁剪模式：选中待更新对象，绘制的起点可在待更新对象的边界上，或不在边界上，但绘制的折线需与线对象或者面对象的边界线有两个或以上的交点。

（4）继续绘制折线。当绘制的点捕捉到待更新对象上时，会自动高亮显示更新后的形状。当前绘制的折线会把待更新对象的边界分割成多段，按住 Ctrl 键或者 Shift 键可以切换选择要更新的边界。

（5）单击鼠标右键，确定用当前绘制的形状进行更新，完成局部更新操作。

### 3.4.1.27 风格刷

风格刷可以实现将一个对象的风格快速赋给其他对象。

#### 1. 使用说明

- 风格刷功能适用于 CAD 图层和文本图层。
- 单击"风格刷"按钮，可以连续多次为多个对象赋予风格。
- 同时选中多个相同类型的几何对象，然后单击"风格刷"按钮，此时风格刷会记录 SmID 最小的那个对象的风格（以此对象的风格作为基准风格），后面用风格刷单击过的对象将被赋予该对象的风格。
- 同时选中多个不同类型的几何对象，然后单击"风格刷"按钮，此时风格刷会记录每种类型中 SmID 最小的对象的风格。在进行风格赋值时，基准风格会自动与待赋值的对象类型进行匹配，即点对象风格只能赋予其他点对象而不能赋予线、面、文本对象等，同样线、面、文本对象的风格只能赋予其他的线、面、文本对象。
- 风格刷支持跨图层使用，即可以将风格基准对象的风格赋给当前地图窗口中其他图层中的对象。
- 在几何对象不易选中的情况下，建议拖动鼠标用框选的方式使用风格刷。

#### 2. 操作步骤

（1）在可编辑图层中选中一个对象，将该对象的风格作为基准风格。

（2）在"对象操作"选项卡的"对象操作"组中，单击"风格刷"按钮，执行风格刷操作。此时风格刷中就记录了选中对象的风格，即记录了基准风格。

（3）再在当前地图窗口上单击想要被赋予基准风格的一个对象，或者框选多个对象。

（4）如果想将此种风格赋予更多的对象，继续单击或者框选要赋予风格的对象即可。

（5）按 Esc 键或者单击鼠标右键结束操作。

### 3.4.1.28 属性刷

属性刷将一个对象的指定可编辑字段（包括字段 SmUserID 和非系统字段）值赋给其他对象，基准对象和目标对象的同名、同类型字段才会进行赋值。在实际应用中，常常需要将某一个对象的属性值赋给其他的对象。例如：需要将一个地块的土地利用类型属性复制给其他相同类型的地块。使用属性刷可以方便地实现属性赋值，提高处理效率。

#### 1. 使用说明

- 属性刷功能适用于所有的矢量图层，包括点、线、面图层及 CAD 图层。
- 单击"属性刷"按钮，在弹出的"属性刷设置"对话框中，可设置属性刷需更新的字段。
- 属性刷可以连续多次为多个对象赋予属性。

- 可以拉框选中需要被赋值的几个对象，则系统会将属性值赋予所有被选中的对象。

- 属性刷支持跨图层更新，可以将对象的属性信息赋给其他图层中的对象。

- 属性刷支持设置捕捉，可在对象操作组开启地图捕捉，则在使用属性刷操作时会自动捕捉对象，提高数据处理效率。

2. 操作步骤

（1）在图层中选中一个对象，其属性信息将作为基准属性值。

（2）在"对象操作"选项卡的"对象操作"组中，单击"属性刷"按钮，弹出"属性刷设置"对话框。

（3）在"属性刷设置"对话框中，勾选需赋值的属性字段，若选中对象的属性信息需赋值至其他图层中的对象，可勾选"支持跨图层"复选框。注意：属性刷功能不支持二进制字段，字段表中会过滤二进制字段。

（4）设置好以上参数后，单击"确定"按钮，此时属性刷将记录选中的对象的属性信息，即基准属性。

（5）在当前地图窗口上单击想要被赋予基准属性的对象，若需将属性信息赋予更多的对象，依次连续单击这些对象即可。

（6）按 Esc 键或者单击鼠标右键，即可结束属性刷操作。

3. 注意事项

属性刷可记录数据集历史设置的字段信息，当用户需要对同一数据集进行属性刷操作时，减少了用户使用属性刷时频繁设置字段的次数。

3.4.1.29　合并

实际应用中，可能需要对对象进行合并操作。例如，在全国行政区划图上把黑龙江、吉林、辽宁三省合并为东北区，则可以选中东北三省三个面对象，使用合并运算，合成东北区。

合并支持面对象和线对象，若合并对象为线对象，只有当线之间有重合节点或线段时，才可合并成功。

1. 使用说明

在进行合并操作时，还会出现多种特殊情况，下面对这些情况分别进行说明。

1）当前图层为面图层

- 如果参与对象运算的面相交于点，则这些面对象被合并成一个复杂面对象（如图 3.39 所示为生成一个具有两个子对象的复杂面对象）。

- 如果参与对象运算的面相交于线，则这些面对象间的相邻边线将消失，合并成一个简单面对象，如图 3.40 所示。

- 如果参与对象运算的面相交于面，则重新合并成一个简单面对象，如图 3.41 所示。

- 如果参与对象运算的面不相交，彼此不相邻，则合并后会生成一个复杂面对象，

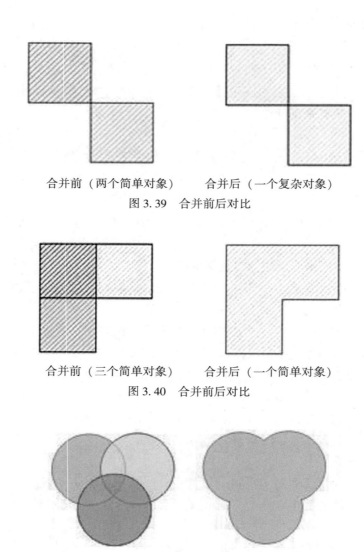

合并前（两个简单对象）　　　合并后（一个复杂对象）

图 3.39　合并前后对比

合并前（三个简单对象）　　　合并后（一个简单对象）

图 3.40　合并前后对比

合并前　　　　　　　合并后

图 3.41　合并前后对比

如图 3.42 所示为生成一个具有三个子对象的复杂面对象。

2）当前图层为复合图层

● 在 CAD 图层中，线对象、曲线对象、椭圆弧对象、圆弧对象参与运算后，生成的新对象的类型为线对象；面对象、矩形对象、圆对象、斜椭圆对象参与运算后，生成的新对象的类型为面对象。

3）跨图层合并

● 跨图层合并时，其他图层选中的对象都会与当前可编辑图层中的对象进行合并运算。操作后只有当前可编辑图层的对象发生改变，其他图层的对象不会发生变化。在

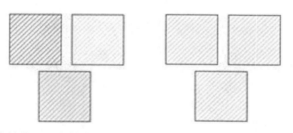

合并前（三个简单对象）　　　　合并后（一个复杂对象）

图 3.42　合并前后对比

开启多图层编辑时，需要选择对哪个可编辑图层中的对象进行合并操作。

2. 操作步骤

（1）在图层可编辑状态下，选中两个或者多个对象。

（2）在"对象操作"选项卡的"对象编辑"组的 Gallery 控件中，单击"合并"按钮，弹出"合并"对话框。

（3）在对话框中，设置要保留的对象。

（4）单击"确定"按钮，完成对象的合并。

3.4.1.30　求交

求交操作可以得到两个或多个对象的公共部分。通过求交运算，对两个或者多个相同几何类型的对象的公共区域进行操作，从而创建一个新的对象。多个对象的公共区域被保留下来，其余部分被删除。需要注意的是，线线之间不支持求交运算。

1. 使用说明

● 如果参与对象运算的面两两交集不为空集，则求交之后，会生成一个两两相交部分的简单对象，如图 3.43 所示。

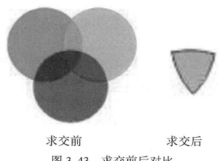

求交前　　　　　　求交后

图 3.43　求交前后对比

● 如果参与对象运算的面两两交集为空，则求交之后，所有源对象都会被删除掉，且不会生成一个新的对象，如图 3.44 所示。

图 3.44 参与对象运算的面两两交集为空的求交结果

如图 3.44 所示，参与运算的面两两交集为空，求交后源对象将被删除。

• 生成的新对象的属性说明。需要在属性对话框中设置保留哪个对象的属性信息，以及对字段值进行什么样的操作。

• 在 CAD 图层中，面对象、矩形对象、圆对象、斜椭圆对象参与运算后，生成的新对象的类型为面对象。

• 跨图层求交。其他图层选中的对象都会与当前可编辑图层中的对象进行求交运算，操作后只有当前可编辑图层的对象发生改变，其他图层的对象不会发生变化。对于多图层编辑，也可指定可编辑图层中的对象进行求交操作。

2. 操作步骤

（1）在图层可编辑状态下，选中两个或者多个对象。

（2）在"对象操作"选项卡的"对象编辑"组的 Gallery 控件中，单击"对象运算"分组中的"求交"按钮，弹出"求交"对话框。

（3）在对话框中，设置要保留的对象。

3.4.1.31　组合

组合功能将当前图层中任意对象（相同类型或不同类型的几何对象）组合成一个复合对象。

1. 使用说明

• 对相同或不同类型对象进行组合操作生成一个新的复合对象。对于线和面图层中的相同类型的对象可以进行组合。对 CAD 复合图层中的不同类型的对象可以进行组合。

• 新生成的复合对象的属性信息中系统字段（除 SmUserID 外）由系统赋值，字段 SmUserID 和非系统字段继承参与组合的对象中 SmID 值最小的对象的相应信息。

• 支持对跨图层的几何对象进行组合。

• 在点数据集中，不支持点对象的组合。

• 对象重叠面个数为偶数时，组合后此区域显示为白色，是结果数据的一部分。

2. 操作步骤

（1）在图层可编辑状态下，选中两个或者多个对象。

（2）在"对象操作"选项卡上的"对象编辑"组的 Gallery 控件中，单击"组合"

按钮，对选中的对象进行组合。

　　或执行下列操作：单击鼠标右键，在弹出的右键菜单中选择"组合"命令即可。

　　3. 组合与合并的区别

　　● 合并只能对同一类型的对象进行操作，而组合可以对不同类型的对象进行操作。

　　● 合并不能对点对象进行操作，而组合能对文本对象、复合数据集中的点对象进行操作。

　　4. 注意事项

　　● 在面图层中进行组合操作后，面对象两两叠加的部分为白色，其为结果的一部分，并非缺失。

　　● 当进行组合的面对象之间存在包含关系时，按岛洞多边形处理，结果也与岛洞多边形结果一致。

　　3.4.1.32　分解

　　将一个或多个复杂对象或复合对象进行分解。分解的结果可以是单一对象，也可以是复杂对象。

　　1. 使用说明

　　● 分解功能适用于线图层、面图层、文本图层以及 CAD 图层。

　　● 只能对复杂对象或者复合对象进行分解，简单对象不能被分解。

　　● 对复杂对象（即含有多个子对象的非文本对象）进行分解，生成的多个单一对象均为简单对象；对复合对象进行分解，生成多个单一对象，如果生成的单一对象中仍有复合对象则可以继续对其进行分解，直至全为简单对象。

　　如图 3.45 所示为一个岛洞多边形，对它进行分解操作之后，得到的新对象为两个单一的对象。

分解前（一个复杂对象）　分解后（两个简单对象）　　　　　　移动后

图 3.45　分解复杂对象

　　● 对文本对象进行分解，可以选择将其简单分解或彻底分解。

　　◇ 简单分解：将复合文本对象分解为多个子对象文本字符串，如图 3.46（a）为两个子对象组合成的复合文本，简单拆分后，则变成了图 3.46（b）的两个文本对象。

　　◇ 彻底分解：将文本对象彻底分解成单个文字，如图 3.47（a）彻底分解之后，结果为图 3.47（b）的八个单个字的文本对象。

　　● 生成的新对象的属性信息中字段 SmUserID 和非系统字段继承源对象相应信息，其他系统字段由系统赋值。

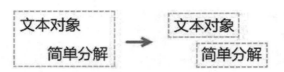

（a）一个组合文本对象　　　（b）两个文本对象

图 3.46　文本简单分解

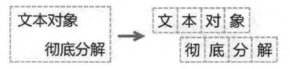

（a）一个组合文本对象　　　（b）八个文本对象

图 3.47　文本彻底分解

2. 操作步骤

（1）在图层可编辑状态下，选中一个或多个复杂对象或复合对象。

（2）在"对象操作"选项卡上的"对象编辑"组的 Gallery 控件中，单击"分解"按钮，执行分解操作。

或执行下列操作：单击鼠标右键，在弹出的右键菜单中选择"分解"命令即可。

（3）如果分解后的对象仍然包含复合对象，可以继续使用分解功能，对其进行分解，直到全部分解为单一对象。

3.4.1.33　异或

将两个或多个对象的共有部分除去，其余部分合并成一个对象。

1. 使用说明

在进行异或操作时，会出现多种情况，下面对这些情况分别进行说明。

● 如果参与运算的对象仅相交于点，则这些面对象被合并成一个复杂对象（如图 3.48 所示生成一个具有两个子对象的复杂面对象）。

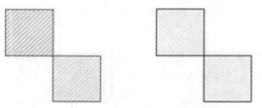

交集取反前（两个简单对象）　　交集取反后（一个复杂对象）

图 3.48　交集取反前后对比（1）

134

● 如果参与运算的对象仅相交于线，则这些对象间的相邻边线将消失，合并成一个简单对象，如图 3.49 所示。

交集取反前（两个简单对象）　　交集取反后（一个复杂对象）

图 3.49　交集取反前后对比（2）

● 如果参与运算的对象两两相交于面且不重合，则两两相交部分会被删除，然后合并成一个复杂对象（如图 3.50 所示生成一个具有两个子对象的复杂面对象）。

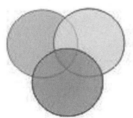 

交集取反前　　　　交集取反后

图 3.50　交集取反前后对比（3）

● 如果参与运算的对象相交于面，且无两两相交部分（即公共相交部分），则参与运算的对象会合并成一个简单面对象，如图 3.51 所示。

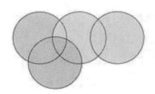 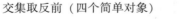 

交集取反前（四个简单对象）　　交集取反后（一个简单对象）

图 3.51　交集取反前后对比（4）

● 如果参与运算的对象相互重合，参与运算的对象全被删除。
● 如果参与运算的对象互不相交，则会生成一个复杂对象（如图 3.52 所示生成一个具有两个子对象的复杂面对象）。

2. 操作步骤

（1）在图层可编辑状态下，选中两个或者多个对象。

交集取反前（两个简单对象）　　交集取反后（一个复杂对象）

图 3.52　交集取反前后对比（5）

（2）在"对象操作"选项卡的"对象编辑"组的 Gallery 控件中，单击"异或"按钮，弹出"异或"对话框。

（3）在对话框中，设置要保留的对象。

（4）单击"确定"按钮，完成对象的异或操作。

3.4.1.34　擦除

擦除功能用来将目标对象（被擦除对象）中与擦除对象重叠的部分进行删除，如图 3.53 所示。

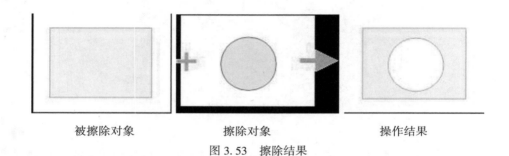

被擦除对象　　　　　　　擦除对象　　　　　　　操作结果

图 3.53　擦除结果

1. 使用说明

● 擦除功能只有在选中线对象或者面对象时可用。

● 擦除功能适用于线图层、面图层以及 CAD 图层。

● 被擦除和擦除对象不能是同一个对象。

● 被擦除对象可以是多个线对象或面对象，但擦除对象必须为一个面对象。

● 擦除操作支持跨图层操作。要求被擦除对象所在的图层必须为可编辑。在多图层编辑的情况下，擦除图层和被擦除图层可以同时处于可编辑状态。

● 擦除操作对数据规范性有一定的要求，不允许数据内部存在例如自相交等拓扑错误。建议对复杂的数据，在进行擦除操作前，先对数据进行拓扑检查，修正拓扑错误后再进行操作。

2. 操作步骤

（1）在图层可编辑状态下，选择一个或多个被擦除对象（面对象或者线对象）。

（2）在"对象操作"选项卡的"对象编辑"组的 Gallery 控件中，单击"擦除"

按钮，执行擦除操作。

（3）鼠标提示"请选择用来擦除的面对象"，选择一个擦除对象（必须是面对象），单击左键确定后，完成擦除操作。

### 3.4.1.35　填补缝隙

1. 使用说明

填补缝隙功能用于当两个对象之间存在缝隙时，需要将缝隙合并到其中一个对象中去，以消除缝隙。方便用户通过拓展当前面对象来填补该对象与周围面对象之间的缝隙。

- 填补缝隙操作需先选择对象作为被补基面。
- 填补缝隙操作支持跨图层操作。要求被补对象所在的图层必须为可编辑。

2. 操作步骤

（1）将当前面图层置于可编辑状态。在"对象操作"选项卡的"对象编辑"组的 Gallery 控件中，单击"填补缝隙"按钮，执行填补缝隙操作。

（2）在当前地图窗口中鼠标提示"请选择被补基面"，左键选择一个基面作为被补的面对象。

（3）选中被补基面后，鼠标变为十字光标提示"请绘制补缝隙范围！"此时，就可以绘制需要补缝的范围。绘制范围时需注意：

- 绘制范围的多边形必须与被补基面有交集，否则程序将提示"补缝隙失败，您绘制的补缝隙范围不符合要求，请重新绘制。"
- 当绘制的补缝隙范围大于相邻非被补基面对象时，程序会对两者重叠的部分进行删除，删除后的部分即为需要补缝的范围。

（4）单击右键结束补缝范围的绘制，程序将补缝范围与被补基面合并为一个对象。

## 3.4.2　交互式半自动化栅格矢量化

目前，SuperMap iDesktop 桌面支持半自动栅格矢量化功能。提供了栅格矢量化线、矢量化面、矢量化线回退等相关的操作，在进行半自动矢量化过程中，可以辅助用户更好地完成栅格矢量化工作。

1. 栅格矢量化设置

开始进行半自动栅格矢量化，需要先做一些准备工作：首先，至少存在一个配准好的栅格底图；其次，要有一个用于绘制矢量线或者面的数据集；再次，栅格底图和线/面数据叠加于同一个窗口中显示，且矢量数据集处于可编辑状态，栅格矢量化功能才可用。

在进行半自动栅格矢量化前，需要对栅格矢量化的参数进行设置。操作步骤如下：

（1）在"对象操作"选项卡的"栅格矢量化"组中，单击"设置"按钮，弹出"栅格矢量化"对话框。

或执行以下操作，也可完成相关设置：若在当前地图窗口中，存在一个影像图层以及可编辑的线、面或者 CAD 图层时，矢量化线、矢量化面功能可用，单击"矢量化线"或"矢量化面"按钮，会自动弹出"栅格矢量化"对话框。

（2）在该对话框中，对栅格矢量化的参数进行设置，参数如下：

• 栅格地图图层：设置用于栅格矢量化的栅格底图。当存在多个栅格图片时，可以通过下拉箭头切换需要矢量化的栅格图层。

• 背景色：设置栅格地图的背景色。在栅格矢量化过程中，将不会追踪栅格地图的背景色。默认背景色为白色。

• 颜色容限：栅格底图的颜色相似程度，在矢量化过程中，只要 RGB 颜色任一分量的误差在此容限内，则应用程序认为可以沿此颜色方向继续进行矢量化。取值范围为[0，255]，默认值为 32。

• 过滤像素数：设置去锯齿过滤参数，即光栅法消除线对象锯齿抖动的垂直偏移距离（单位为图像像素），默认值为 0.7。去锯齿过滤参数越大，过滤掉的点越多。

• 光滑系数：将栅格矢量化时，需要进行光滑处理。设置的光滑系数越大，则结果矢量线/面的边界的光滑度越高。

• 自动移动地图：如果处于选中状态，则表示自动移动地图。当矢量化至地图窗口边界上时，窗口会自动移动；反之，则表示需要手动移动地图。应用程序默认为选中状态。

（3）设置完成后，单击"确定"按钮，完成设置并退出该对话框；否则，将取消所有参数设置，并退出该对话框。

注意：用户在"栅格矢量化"窗口中所做的相关设置会自动保存，下次打开"栅格矢量化"窗口，可以基于上次设置的参数进行修改。

2. 矢量化线

通过多次人机交互，对栅格底图中的线进行矢量化。操作步骤如下：

（1）在"对象操作"选项卡的"栅格矢量化"组中，单击"矢量化线"按钮，会自动弹出"栅格矢量化"对话框，需要对矢量化的相关参数进行设置。如果已经完成了设置，直接单击"确定"按钮，进行矢量化操作。

（2）将鼠标移至需要矢量化的线上，单击鼠标左键开始矢量化该线对象。

（3）矢量化至断点或者交叉口，矢量化会停下来，等待下一次矢量化操作。此时跨过断点或者交叉口，在前进方向的底图线上双击鼠标左键，矢量化过程会继续，直到再次遇到断点或交叉口处停止。

（4）遇到线段端点，单击鼠标右键进行反向追踪。

（5）重复第三步，直到完成一条线的矢量化操作。

（6）再次单击鼠标右键结束矢量化操作。如果曲线是闭合的，则矢量化过程中会自动闭合该线，并结束此次矢量化操作。

矢量化操作图示说明如表 3.2 所示。

表 3.2　　　　　　　　　　　　　　矢量化操作图示说明

| 说明 | 示意图 |
|---|---|
| 移动鼠标到需要跟踪的图像线上,单击鼠标左键开始绘制该图像线。遇到线段端点,停止绘制。在前进方向的底图线上双击鼠标左键,矢量化过程会继续 | 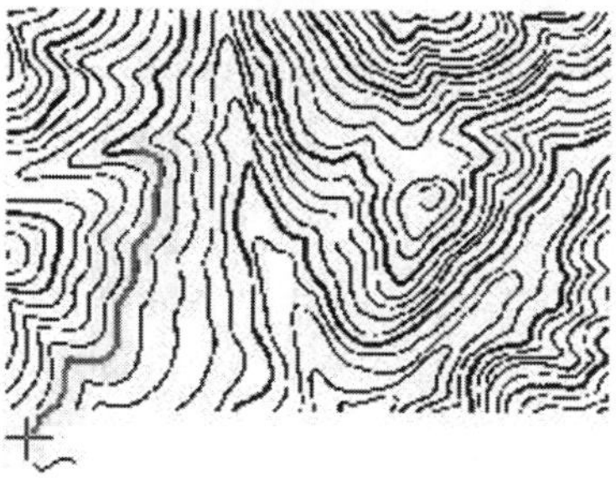 |
| 单击鼠标右键进行反向矢量化绘制,遇到另一个端点,矢量化绘制结束 | 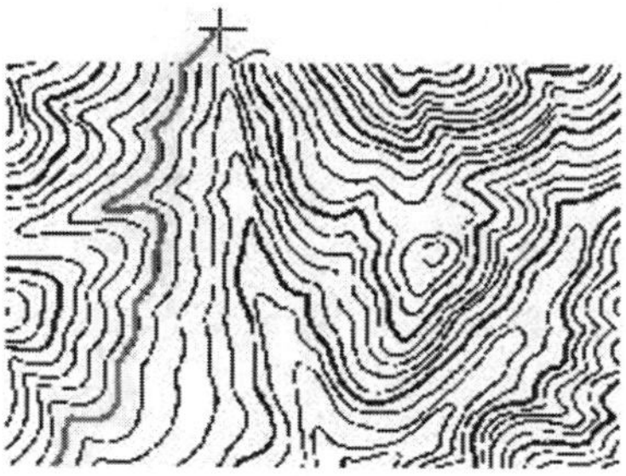 |
| 再次单击鼠标右键退出当前矢量化绘制,得到一个线对象 | 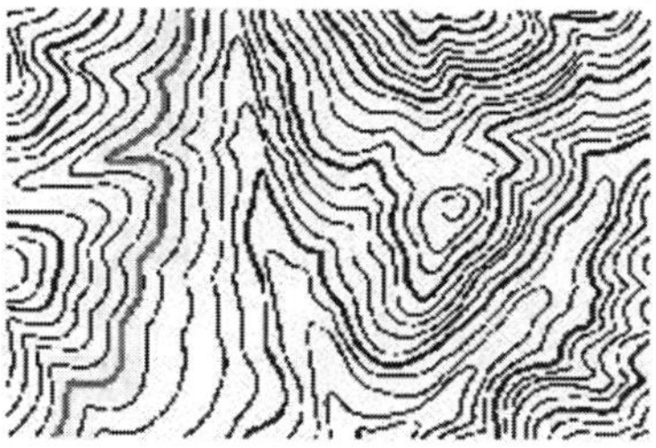 |

- 在矢量化跟踪过程中,由于栅格底图原因,可能对某些矢量化效果不太满意,可以点击"矢量化线回退"按钮,回退一部分线,单击鼠标左键确定,或单击右键,回到当前矢量化绘制状态。

- 如果栅格底图中线的大小不合适,可用"放大""缩小"等功能调整图像大小,以便能看清线的细节,然后单击鼠标右键,回到矢量化绘制状态。

- 在矢量化绘制过程中,单击 Esc 键或者在"栅格矢量化"组中单击"矢量化线"功能按钮,即可取消当前的绘制。

通过 Alt + Q 快捷键,可以快速便捷地使用矢量化线功能。

3. 矢量化线回退

在不结束矢量化绘制过程的情况下,绘制状态回退到之前绘制过的位置。操作步骤如下:

(1) 在"对象操作"选项卡的"栅格矢量化"组中,单击"线回退"按钮。

(2) 移动鼠标到需要回退的位置,单击鼠标左键确定,回退鼠标当前所在的位置。

（3）单击鼠标右键，取消回退操作，回到矢量化绘制状态，继续进行矢量化的操作。

注：

- 只有正在执行矢量化线操作时，矢量化线回退功能才可用。
- 通过 Alt + Z 快捷键，可以快速便捷地使用矢量化线回退功能。

4. 矢量化面

对栅格底图中的面进行半自动矢量化。操作步骤如下：

（1）在"对象操作"选项卡的"栅格矢量化"组中，单击"矢量化面"按钮，会自动弹出"栅格矢量化"对话框，需要对矢量化的相关参数进行设置。如果已经完成了设置，直接单击"确定"按钮，进行矢量化操作。

（2）将鼠标移动到需要矢量化的面对象处，单击鼠标左键，则经过此点的面对象被绘制出来。

（3）用同样的方法，对其他面进行矢量化。

注：通过 Alt + W 快捷键，可以快速便捷地使用矢量化面功能。

### 3.4.3　符号化制图

地图矢量化是获取地理数据的重要方式之一。为实现对影像数据或纸质地图数据的快速矢量化，SuperMap iDesktop 提供了符号化制图功能，根据用户指定的符号化模板，在地图中绘制要素对象后，SuperMap iDesktop 会自动将绘制对象存储到要素关联的数据集中，并自动赋予对象的默认属性值，可有效提高用户矢量化的工作效率。结合地图的图层风格，新绘制的对象以该图层风格进行显示，可帮助用户在矢量化过程中有效区分地理要素。

符号化制图提供了预定义的国情普查模板，该模板是根据国家国情普查工作标准GDPJ 03—2013《地理国情普查数据规定与采集要求》制定的，定义了各类要素的数据集名称、数据集类型、显示风格、部分属性等。若需要数字化国情普查的内容，可直接使用该模板进行对象绘制。

#### 3.4.3.1　模板管理

符号化制图的模板定义了地物要素的名称、编号、存储该要素的数据集及该要素的固定属性值，选中模板中的指定要素，即可在地图中绘制该要素。根据模板进行矢量化，可以便捷、清晰地绘制地物要素和属性录入，避免了在多要素绘制过程中来回切换图层管理器和属性面板，提高了矢量化的工作效率。

符号化制图提供了预定义的国情普查模板，用户可根据需要自定义模板，模板管理提供了模板新建、导入、导出、修改等功能，具体说明如下：

1. 新建模板

新建模板可在模板中添加指定要素的名称、编码，将要素与当前工作空间中的数据集建立关联关系，并支持设置数据集的默认固定属性，具体操作步骤如下：

（1）在当前工作空间中打开模板要素所要关联的数据源，并打开地图窗口。

（2）单击"对象操作"选项卡，在"对象绘制"分组中单击"符号制图"按钮，即可弹出"符号化制图"面板。

（3）单击"管理模板"下拉按钮，选择"新建模板"选项，即可弹出如图3.54所示的"管理模板"对话框，在对话框中可设置模板名称、添加要素，设置关联数据集等参数。

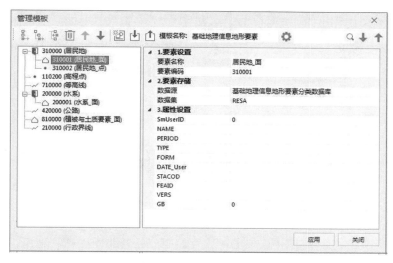

图 3.54　新建模板

（4）模板名称：在工具栏的"模板名称"文本框中，输入模板名称。

（5）添加节点：模板管理提供了三种添加节点的方式，即新建根节点、新建子节点、插入节点三种。

● 新建根节点：单击工具栏中的按钮，即可在模板树节点中新建一级节点，如图3.54中的居民地、高程点、水系。

● 新建子节点：单击工具栏中的按钮，即可为模板树节点中选中的节点新建一个子节点，如图3.54中的居民地_面、居民地_点。

● 插入节点：单击工具栏中的按钮，即可在模板树节点中新建一个一级节点，如图3.54中的居民地、高程点、水系。

（6）设置要素信息：添加要素节点之后，选中要素节点可设置要素名称、要素编码、关联数据集、默认属性值等信息。

● 要素设置：设置树节点中选中要素的名称和编码，树节点名称则会显示此处设置的要素编码和要素名称。

● 要素存储：设置与要素关联的数据集，在地图中绘制该要素对象之后，对象会直接存储到设置的数据集中。

● 属性设置：可设置该类要素的默认属性值，在地图中绘制该要素后，对象的属性值会自动赋予此处设置的默认值。未设置值域的字段支持直接输入属性值；若属性字段的值域为枚举型，则可通过下拉选项进行设置，如图 3.55 所示。此处默认显示了关联数据集中的所有非系统字段，当字段较多时，可单击工具栏中的"设置关键字段"按钮✿，勾选需显示的字段。

图 3.55　属性设置

（7）删除：单击工具栏中的"删除"按钮，可将当前选中的要素删除，删除要素节点后，将无法恢复，单击提示对话框中的"是（Y）"后，即可将选中的要素节点删除。

（8）上移、下移：可用于调整要素节点的显示顺序，选中待调整的节点，单击工具栏中的"上移"或"下移"按钮即可平级移动节点位置。

（9）保存：制作好模板之后，单击对话框右下角的"应用"按钮，即可将模板保存到当前工作空间中，在"符号化制图"面板中选择该模板，即可基于模板进行对象绘制，如图 3.56 所示。

2. 导入模板

符号化制图支持导入模板，可将已配置好的模板文件（＊.xml）导入当前工作空间中，节约了模板制作的时间成本。操作步骤如下：

（1）在"符号化制图"面板中，单击"管理模板"下拉按钮，在下拉选项中选择"导入模板"。

（2）弹出"打开"对话框后，在对话框中选择待导入的模板文件（＊.xml），单击"打开"按钮，即可将模板导入当前工作空间中。

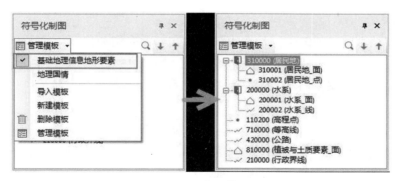

图 3.56　应用模板

（3）单击"符号化制图"面板中的"管理模板"按钮，选择导入的模板，即可切换当前模板，并可基于该模板进行绘制。

3. 导出模板

符号化制图提供了导出模板的功能，便于模板的分享，可将导出的模板分享给有需要的用户。在"管理模板"对话框工具栏中，单击"导出"按钮，在弹出的"另存为"对话框中，设置模板保存了路径和名称，单击"保存"按钮即可将模板导出为＊.xml 文件。

导出的＊.xml 文件记录了模板名称、要素名称、要素编码、存储数据集名称、类型等信息，模板文件格式如图 3.57 所示。

图 3.57　模板文件格式

4. 模板管理

符号化制图支持模板管理功能，模板管理支持的功能与新建模板一致。

3.4.3.2　符号化制图

1. 使用说明

本专题文档主要以预定义国情普查模板为实例，介绍如何利用符号化模板进行制图。该模板是根据国家国情普查工作标准 GDPJ 03—2013《地理国情普查数据规定与采集要求》制定的，定义了各类要素的数据集名称、数据集类型、显示风格、部分属性等。

2. 操作步骤

（1）在"对象操作"选项卡的"对象绘制"组中，单击"符号化制图"按钮，工作空间右侧弹出"符号化制图"功能界面。

（2）在"符号化制图"功能界面的"管理模板"处选择"地理国情"模板，列表中列出了所有的"地表覆盖""国情要素"的要素类型。

（3）单击选择某个具体要素后，即可在地图中绘制该要素对象，如图 3.58 所示。在开始绘制对象时，该要素类型所在数据集图层将开启可编辑状态。

图 3.58　绘制要素选择

● 选择绘制要素"温室大棚"，鼠标即为绘制面要素状态，默认绘制方式为任意多边形，单击鼠标右键结束当前绘制操作。弹出"要素属性"窗口，系统自动填充该要素的基本信息，其他属性信息需要用户手动输入，如图 3.59 所示。

● 选择绘制要素"乡村道路"，鼠标即为绘制线要素状态，默认绘制方式为折线，绘制完成后，系统自动填充该要素的基本信息，其他属性信息在"要素属性"窗口手动输入。

● 绘制要素"行政村"，鼠标即为绘制点要素状态，绘制过程同面要素及线要素。

● 支持搜索待绘制要素，当要素较多时可快速定位到指定要素；如在搜索框中输入"行政村"，自动定位至相应要素。

（4）在使用模板绘制过程中，支持调用桌面其他对象绘制工具，具体如下：

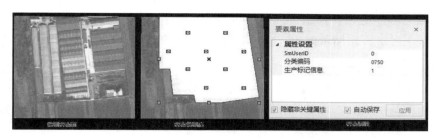

图 3.59　绘制面要素

● 支持切换绘制方式，例如绘制房屋面对象时，可以采用多边形、正交多边形、矩形等绘制方式；绘制线要素时，可切换至直线、曲线、圆弧等绘制方式。即在"对象绘制"组中切换对象绘制类型，切换类型后将鼠标移至地图窗口中继续绘制即可。

● 支持选择绘制设置工具，如：自动连接线、自动打断线、自动闭合线等工具，帮助用户在绘制过程中自动完成部分要素对象的处理工作，减少后期的编辑与数据处理操作。绘制结果如图 3.60 所示。

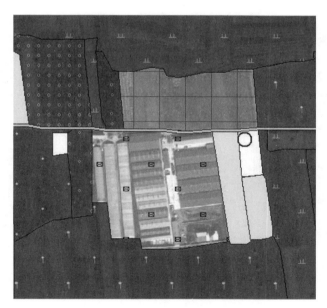

图 3.60　绘制结果

### 3.4.3.3　符号化制图属性编辑

SuperMap iDesktop 支持编辑数据集的属性字段信息，且提供了多种方式的属性录入方式，供用户灵活选择使用。

1. 编辑数据集的属性字段

按照符号化制图模板，数据集依照模板创建了固定的属性字段。通过单击某数据集右键，选择"属性"项，弹出"属性"对话框，用户可查看数据集属性字段。也支持用户对这些字段进行添加、修改、删除等操作。

2. 编辑数据集的属性字段值

在"符号化制图"功能界面中，单击选择某个具体要素绘制完成后，会自动填充该要素对应的基本信息，其他属性信息需要用户手动输入。具体填写属性的几种方式如下：

（1）在工作空间右侧的"要素属性"窗口中，可编辑或者输入其他属性信息，如图 3.61 所示。

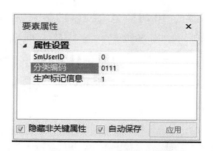

图 3.61　要素属性

（2）用户可双击某对象要素，或通过鼠标右键的"属性"项，打开对象要素的属性信息，可直接在"属性"窗口中，编辑字段信息。在对象属性窗口中，除了属性字段信息外，还可以查看空间信息和节点信息，如图 3.62 所示。

图 3.62　属性窗口

（3）用户可通过"属性刷"的方式，实现对象属性信息的快速赋值。例如，可先

146

对某一对象进行赋值，再使用属性刷对属性值相同的对象要素统一赋值。

（4）用户可通过批量赋值的方式修改对象要素属性，按住 Shift 键在地图中选择多个对象要素，并在要素"属性"对话框中输入或选择属性值，即可实现对象属性信息的批量修改。

也可以在选中多个属性对话框后，使用右键菜单中的"关联浏览属性"功能。该功能将结合属性表，以属性表记录集的方式显示多个对象的属性，关联浏览支持地图对象与记录集的联动显示，方便用户进行对应属性信息的修改。如图 3.63 所示。

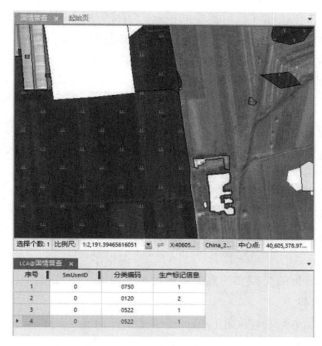

图 3.63　关联浏览属性

## 3.5　捕　　捉

捕捉功能能保证我们的编辑工作更加准确，不容易产生错误，对象的定位更加便捷容易。使用捕捉模块详细介绍了如何开启图层捕捉、如何使用捕捉以及 SuperMap 支持的捕捉类型。

1. 开启图层捕捉

"可捕捉"命令，用来控制该矢量图层是否可捕捉，即当在矢量图层中进行选择、编辑等操作时，鼠标是否可以捕捉到该矢量图层中的对象。

1）操作步骤

（1）右键单击图层管理器中的矢量图层节点，在弹出的右键菜单中单击选择"可捕捉"命令。

（2）单击后，"可捕捉"被激活，表示图层可捕捉，即图层中的对象可以被鼠标捕捉到；否则不可捕捉。

（3）在"图层属性"界面中，勾选"可捕捉"复选框，则图层中的对象可以被鼠标捕捉到。

2）注意事项

（1）图层管理器中矢量图层节点前的"捕捉"图标，也是用来控制矢量图层是否可捕捉，可通过单击该按钮实现可捕捉的控制。当按钮处于激活状态时，矢量图层可捕捉；当按钮处于置灰状态时，矢量图层中的对象不可以被捕捉到。

（2）图层只有处于可捕捉，且在可编辑状态下，当在图层中进行选择、编辑等操作时，鼠标才能捕捉到该图层中的对象。

2. 使用捕捉

用户在编辑和制图时，常常需要定位到特定位置处，但通常这些位置在实际制图时手动不能很轻松准确地定位到。基于这种需求，SuperMap 提供了强大的图形捕捉功能，由系统来进行智能捕捉定位，不仅提高了编辑和制图的精度和效率，而且还能避免出错。实际操作时，我们可以自由选择捕捉类型。当启用捕捉功能时，当前绘制的节点会自动捕捉到容限范围内的边、其他节点或者其他几何要素。

用户在编辑操作时，可在工具条和菜单栏中动态设置捕捉项。同时可通过单击"对象操作"选项卡上的"对象操作"组的"捕捉设置"按钮，弹出"捕捉设置"对话框。用户可以对捕捉的类型和捕捉参数进行相关设置。

1）捕捉类型设置

● "类型"选项卡用来控制相应的捕捉类型的开启和关闭。"类型"选项卡下面的列表中，列举了常用的 12 种捕捉关系。当某一捕捉类型被勾选时，表示开启相应的捕捉功能；当某一类型未被勾选时，表示相应的捕捉功能被关闭。

● 优先级：可设置列表中捕捉类型的优先级，捕捉类型在列表框中的排列顺序决定了捕捉类型的优先级，排在上面的捕捉类型优先级高于排在下方的捕捉类型，如图 3.64 所示。选中某一条或多条捕捉类型，可通过"优先级"右侧的置顶、置底、上移、下移按钮，调整选中项的优先级。

● 启用：选中"启用"复选框，表示启用所有的捕捉类型；取消勾选该复选框表示禁用全部的捕捉类型，如图 3.65 所示。

● 恢复默认：单击对话框中的"恢复默认"按钮，即可恢复系统默认选中的捕捉类型。

2）捕捉参数设置

"参数"选项卡用来对捕捉的相关参数进行设置。包括捕捉容限、角度、长度、捕捉对象数、捕捉长度、是否添加节点等设置内容，如图 3.66 所示。

148

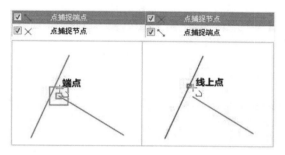

图 3.64　捕捉项优先级

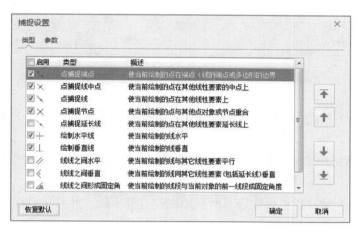

图 3.65　捕捉类型

- 捕捉容限：捕捉容限可设定的范围取值为 1~20，单位为像素，默认值为 15。如果设置的捕捉容限超过 20，则系统会提示大于最大值。若待捕捉对象与光标的距离在设定范围内，该对象即被捕捉。如对话框右下角的光标定位区示意图中所示，红色圆圈（即光标定位区）的大小随着捕捉容限设定值的不同而变化。

- 固定角度：固定角度可设定的范围为 0~360，单位为度，默认值为 90。如果设置的固定角度不在默认范围，则系统会有提示信息。画线时，如待画线段与其他线段的夹角等于设定的角度，系统会使用固定角度捕捉的图标予以提示。

- 固定长度：固定长度的单位与地图坐标单位一致，默认值为 1000。如待画线段的长度等于设定的长度，系统会使用固定长度捕捉的图标给出提示。

- 可忽略线长度：可设定的忽略的线长度的范围为 1~120，单位为像素，默认值为 50。如果设置的忽略的线长度范围不在默认范围内，则系统会有提示信息。可忽略的线长度的值即为捕捉线的最小长度。当线对象的长度小于设定值时，不会对其进行捕捉。

- 点捕捉到线上时添加节点：勾选该项，表示在点捕捉到线上时，会在线的捕捉

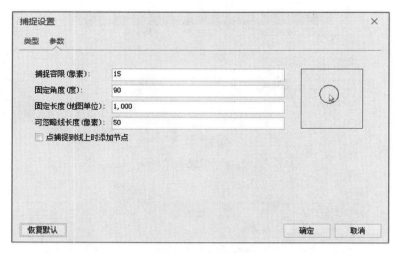

图 3.66　捕捉参数

点位置处插入一个节点；不勾选该项则表示在点捕捉到线上时，不会在捕捉位置处插入节点。

- 恢复默认：单击该按钮，即可将捕捉设置的参数恢复为默认的参数。

3）注意事项

捕捉设置为全局设置，设置后对所有地图窗口都生效，并且重启程序后会保存上一次关闭前的捕捉设置。

# 3.6　属　性　表

## 3.6.1　编辑属性表

"属性表"选项卡的"编辑"组，组织了对矢量数据集的属性表和纯属性数据集的数据进行编辑的功能，可以对属性表中的行和列数据进行整体和批量更新。

SuperMap iDesktop 支持属性表刷新功能，用户在编辑属性表后，可在属性表窗口中点击右键选择"刷新"按钮，刷新后可查看属性表最新的内容。

1. 删除行

"删除行"选项，用于删除矢量数据集的属性表或纯属性数据集中选中的一行或多行属性记录。

- 若使用"删除行"删除矢量数据集的属性表中的属性记录，被删除的记录对应的几何对象也会被一并删除，所以"删除行"按钮要慎用。

- 只有矢量数据集或纯属性数据集为非只读状态，"删除行"选项才可用，否则该选项会一直显示灰色，即为不可用状态。

功能入口：打开需要进行删除行操作的属性，选中矢量数据集的属性表或纯属性数据集中的一行或多行属性记录，或选中要删除行中的单元格。

- 单击属性表选项卡→选择"编辑"→"删除行"按钮，执行删除行操作。
- 单击右键，选择"删除行"选项，执行删除行操作。

2. 添加行

"添加行"选项，用于在纯属性数据集中添加属性记录。"添加行"只有在当前属性表窗口中是纯属性数据集且该数据集为非只读状态，才为可用状态。

功能入口：打开需要进行添加行操作的纯属性数据集。

- 单击属性表选项卡→选择"编辑"→"添加行"按钮，即可在当前纯属性数据集最后添加一行空的属性记录。
- 单击右键，选择"添加行"选项，执行添加行操作。

3. 重做/撤销

"重做/撤销"选项，用来回退和重做之前对某个属性表的更新操作。

功能入口：

- 单击属性表选项卡→选择"编辑"→"重做/撤销"按钮，即可执行对应操作。
- 单击右键，选择"重做/撤销"选项，执行对应操作。
- 同时支持通过快捷键 Ctrl+Z /Ctrl+Y 实现"重做/撤销"操作。

在"编辑"组的"设置"中可设置属性表编辑操作中重做和撤销操作的最大回退次数。

- 最大回退次数：勾选最大回退次数复选框，最大回退次数的设置有效，其右侧的文本框用来输入用户设置的最大重做和撤销属性表编辑操作的次数。

当用户对属性表的编辑次数超过了所设置的最大回退次数，则用户再次对属性表进行编辑操作时，将导致先前的属性表编辑操作不能够回退，即只能回退最近"最大回退次数"次的编辑操作。

当用户对属性表的编辑次数超过了所设置的最大回退次数，如果在"更新列"对话框中进行属性表的更新编辑操作时，将弹出对话框提示用户此次更新操作将导致先前的属性表编辑操作不能够回退，如果用户点击"是"按钮将执行更新操作；否则取消此更新操作。

- 单次回退最大对象数：勾选"单次回退最大对象数"复选框，单次回退最大对象数的设置有效，其右侧的文本框用来输入用户设置的一次回退操作可以作用的最大对象数。

在"更新列"对话框中进行属性表的更新编辑操作时，如果一次更新的记录数超过了所设置的单次回退最大对象数，则在应用更新操作时，将弹出对话框提示用户此次更新操作将不能够回退，如果用户点击"是"按钮将执行更新操作；否则取消此更新操作。

- 显示不能回退警告：勾选"显示不能回退"警告复选框，在用户进行属性表编辑操作时，如果编辑操作的次数或者单次编辑操作作用的记录数超过了上面所设置的限制，从而导致编辑操作不能回退，则将显示提示对话框，询问用户是否继续操作。

取消勾选该复选框，那么，在用户进行属性表编辑操作时，如果编辑操作的次数或者单次编辑操作作用的记录数超过了上面所设置的限制，从而导致编辑操作不能回退，则将不显示提示对话框并且此次编辑操作不能执行。

### 3.6.1.1 更新列

**1. 使用说明**

"更新列"选项，可以实现快速地按一定的条件或规则统一修改当前属性表中多条记录或全部记录的指定属性字段的值，方便用户对属性表数据进行录入和修改。

**2. 功能入口**

打开要进行更新的属性表，可以是矢量数据集属性表，也可以是纯属性数据集，若需更新选中的单元格内容，则需先在属性表中选中待更新的单元格。

- 单击属性表选项卡→选择"编辑"→"更新列"按钮，即可弹出"更新列"对话框。
- 单击右键，选择"更新列"选项，即可弹出"更新列"对话框。

**3. 参数描述**

- 待更新字段：点击右侧下拉按钮，选择需更新的字段。
- 更新范围：更新范围提供了整列更新、更新选中记录两种更新方式：
  ◇ 整列更新：表示对指定的待更新字段中的所有字段值进行更新；
  ◇ 更新选中记录：表示更新指定的待更新字段中的选中记录，即对属性表中所有选中的单元格的值按照指定的规则进行更新。
- 数值来源：用来指定用于更新属性表字段值的值来源，分为统一赋值、单字段运算、双字段运算以及函数运算。
- 反向：当数值来源为单字段运算或者双字段运算时，勾选该复选框后，可以交换表达式中运算符两侧的参数位置，然后再进行表达式的运算。
- 运算字段：当数值来源为单字段运算或者函数运算时，运算字段用来指定用于构建数学表达式或函数表达式的字段。
- 第一运算字段、第二运算字段：当数值来源为双字段运算时，用来指定参与构建运算表达式的两个字段。
- 运算方式：当数值来源为单字段运算或者双字段运算时，运算方式用来指定单字段与运算因子间或者双字段间的运算法则，可以为：加、减、乘、除、取模。
- 运算函数：当数值来源为函数运算时，用来指定运算的函数。
  ◇ 当数值来源为函数运算时，"运算函数"右侧的两个文本框可用来指定函数的其他参数信息。
  ◇ 当预置的函数不够用时，用户可以点击下拉列表中的"更多"项，在弹出的SQL表达式中编辑自定义的表达式。

● 运算方程式：用来显示和编辑需要构建的运算表达式。单击组合框右侧的按钮，即可弹出"SQL 表达式"对话框，可在弹出的对话框中构建字段表达式，或在"运算方程式"文本框中直接输入字段表达式。在指定的更新范围内，对某个待更新单元格所在的记录而言，根据用户构建的 SQL 表达式进行运算，返回的值就是待更新单元格更新后的值。

4. 注意事项

当属性表处于筛选状态时，进行更新列操作，仅会对筛选出来的记录字段值进行更新。

3.6.1.2　属性表复制粘贴

1. 使用说明

属性表的复制和粘贴功能，用于复制或粘贴属性表中多个单元格或整行整列的属性记录。支持将属性表中选中的单元格内容，复制到 Word、Excel、Text 等文件中。同时，也支持将 Word、Excel、Text 等文件内容复制粘贴到属性表中。

属性表的复制粘贴操作可分为以下几种方式：

● 多个单元格复制粘贴：选中属性表中的多个单元格，单击右键选中"复制"选项，或按快捷键 Ctrl + C 复制单元格属性值，在目标单元格处单击右键选择"粘贴"选项，或按快捷键 Ctrl + V 将属性值复制到目标单元格中。

● 整行或整列复制：选中属性表集中的某几行或某几列属性记录，单击右键选中"复制"选项，或按快捷键 Ctrl + C 复制属性记录，选中目标行或列，单击右键选择"粘贴"选项，或按快捷键 Ctrl + V 将属性记录复制到目标行或列中。

● 复制至其他文档：在属性表中选中需进行复制的单元格，单击右键选中"复制"选项，或按快捷键 Ctrl + C 复制单元格属性值，在 Word、Excel、Text 文件中执行"粘贴"操作即可将属性表中的属性值复制到这些文档中。

● 外部文件内容复制至属性表：在 Word、Excel、Text 等外部文件中，选中需复制的内容，并通过右键"复制"或快捷键 Ctrl + C 进行复制，在属性表中选中目标单元格，通过右键"粘贴"或快捷键 Ctrl + V 进行粘贴即可。

注：可通过"撤销"或"重做"功能，来回退或重做之前的属性表复制粘贴操作。

2. 注意事项

（1）属性表的复制粘贴只能对可编辑非二进制字段的内容进行操作，不可将复制内容粘贴至系统字段。

（2）若复制的内容超过了所要粘贴到的字段值域、长度，或字段类型不匹配，则该单元格内容会粘贴失败，并保持原值。

（3）属性表在进行粘贴时，会以属性表中选中的左上角单元格为起始位置，进行粘贴。

3.6.1.3　属性表拖曳

1. 使用说明

鼠标拖曳操作可以简化逐个输入数据的繁琐操作，属性表中的拖曳操作可实现复制、等差赋值、等比赋值等效果。

属性表支持在同一列进行拖曳操作，选中单元格后，将鼠标移至右下角，当鼠标状态变为"十"字时，进行拖曳即可实现自动赋值。选中一个和多个单元格实现的效果不同，具体的操作说明如下：

● 选中一个单元格，将鼠标移至右下角，当鼠标状态变为"十"字时，往上或者往下拖曳可实现复制效果。

● 选中两个连续单元格，将鼠标移至右下角，当鼠标状态变为"十"字时，可往上或者往下进行拖曳，若单元格中的值为数字，则往下或往上拖曳单元格的值会根据数值的等差规律赋值。

● 选中两个连续单元格，将鼠标移至右下角，当鼠标状态变为"十"字时，按住Ctrl键往下或往上拖曳，可实现单元格复制的效果。

● 选中两个连续单元格，将鼠标移至右下角，当鼠标状态变为"十"字时，可往上或者往下进行拖曳，若单元格中的值为数字，则按住Shift键往下或往上拖曳，单元格会根据数值的等比规律赋值。

● 选中多个连续单元格，将鼠标移至右下角，当鼠标状态变为"十"字时，往上或者往下拖曳可实现选中单元格整体复制的效果。

● 选中文本型或宽字符型的两个连续单元格，若单元格值只有数值不一致，文本内容一致，则当鼠标状态变为"十"字时，往下或往上拖曳单元格中的第一个数值会根据等差规律赋值，文本内容保持不变。例如，选中两个相邻单元格，单元格内容依次为"第1天""第2天"，则往下拖曳后的内容依次为"第3天""第4天""第5天"等。

2. 注意事项

（1）属性表拖曳赋值操作支持除二进制以外的其他所有类型的可编辑字段。

（2）若选中的两个连续单元格中有一个单元格为空，往上或者往下拖曳可实现选中单元格整体复制的效果。

### 3.6.2 统计分析属性表

在"属性表"选项卡的"统计分析"组和属性表右键菜单中的"统计分析"组中，组织了对矢量数据集的属性表以及纯属性数据集进行统计分析的7种功能，包含：总和、平均值、最大值、最小值、方差、标准差及单值个数。

● 只有当属性表窗口中有可视的选中列，统计分析组中的统计功能按钮才可用。

● 所选择的统计字段必须为数值型字段，统计才有意义。若属性表中选中的列为非数值型字段，统计后，在状态栏中最右侧的区域会显示提示信息，提示"选中字段为非数值类型，不符合统计要求"。

属性表中的统计分析功能操作相同，以下以"总和"为例：

功能入口：在打开的属性表中，点击要统计的字段的字段名称来选中该列，并且所选择的字段必须为数值型字段。

单击"属性表"选项卡→选择"统计分析"→"总和"选项，或单击右键选择"统计分析"→"总和"选项。在属性表窗口底部的状态栏和输出窗口中将输出统计结果，结果包含选中列的字段类型、别名以及所有属性值的总和，如图 3.67 所示。

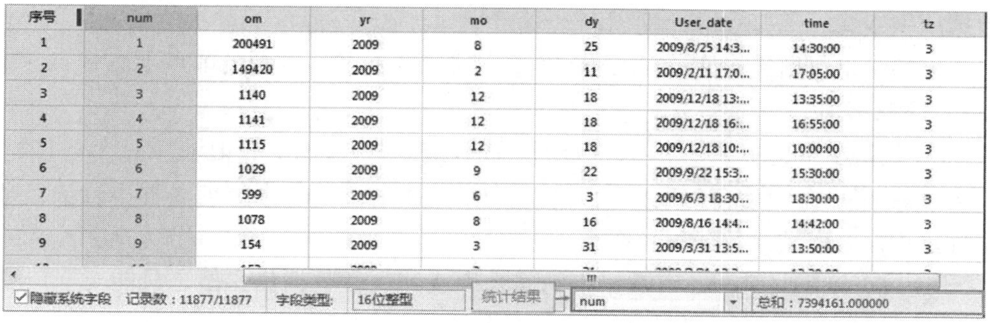

| 序号 | num | om | yr | mo | dy | User_date | time | tz |
|---|---|---|---|---|---|---|---|---|
| 1 | 1 | 200491 | 2009 | 8 | 25 | 2009/8/25 14:3... | 14:30:00 | 3 |
| 2 | 2 | 149420 | 2009 | 2 | 11 | 2009/2/11 17:0... | 17:05:00 | 3 |
| 3 | 3 | 1140 | 2009 | 12 | 18 | 2009/12/18 13... | 13:35:00 | 3 |
| 4 | 4 | 1141 | 2009 | 12 | 18 | 2009/12/18 16:... | 16:55:00 | 3 |
| 5 | 5 | 1115 | 2009 | 12 | 18 | 2009/12/18 10:... | 10:00:00 | 3 |
| 6 | 6 | 1029 | 2009 | 9 | 22 | 2009/9/22 15:3... | 15:30:00 | 3 |
| 7 | 7 | 599 | 2009 | 6 | 3 | 2009/6/3 18:30... | 18:30:00 | 3 |
| 8 | 8 | 1078 | 2009 | 8 | 16 | 2009/8/16 14:4... | 14:42:00 | 3 |
| 9 | 9 | 154 | 2009 | 3 | 31 | 2009/3/31 13:5... | 13:50:00 | 3 |

☑隐藏系统字段　记录数：11877/11877　字段类型：16位整型　统计结果　num　总和：7394161.000000

图 3.67　属性表选项卡

### 3.6.3　输出属性表

支持将属性表另存为数据集或保存为 Excel 文件。

1. 另存为数据集

另存为数据集是以记录行为操作单位将矢量数据集属性表存储的全部或部分空间信息或属性信息输出为新的数据集或者纯属性数据集，或者将纯属性表的全部或部分属性信息输出为新的纯属性数据集。

1）功能入口

在打开的属性表中，选择需要输出的记录行（只要记录行中有一个单元格被选中，即选中了该记录行），可配合使用 Ctrl 键或 Shift 键进行选择。

● 在"属性表"选项卡的"输出"组中，单击"另存为数据集"按钮，弹出"另存为数据集"对话框。

● 单击右键，选择"另存为数据集"，弹出"另存为数据集"对话框。

2）参数描述

● 字段信息：将选中的字段值保存在另存为数据集中。

● 数据源：输出的结果数据集所保存的数据源。

● 数据集：输出的结果数据集的名称。

● 结果数据集类型：设置将矢量数据集的属性表输出为新的数据集还是输出为纯属性数据集。如果当前属性表为矢量数据集的属性表，将其输出为新的数据集时，数据集的类型与该数据集的类型相同；如果当前属性表为纯属性数据集的属性表，则只能将其输出为纯属性数据集。

- 编码方式：将矢量数据集的属性表输出为新的数据集时，可以重新设置数据集的编码方式。

在将矢量数据集（除了点数据集）的属性表输出为新的数据集时，系统提供了四种矢量数据压缩编码方式供用户选择：单字节、双字节、三字节、四字节，分别指的是使用 1 个、2 个、3 个、4 个字节存储为一个坐标值。用户可根据实际需要选择一种矢量数据压缩方式。

生成的结果数据集将显示在工作空间管理器所保存的数据源的节点下。

3）注意事项

- 在默认没有选中单元格时，应用程序将输出属性表的所有记录。
- 如果用户在"另存为数据集"对话框中输入的结果数据集的名称不合法，则系统会提示用户修改结果数据集名称。
- 用户可以同时打开几个数据集的属性表或纯属性数据集，但是只能对当前属性表窗口中显示的属性表或纯属性数据集进行输出操作。

2. 保存为 Excel

"保存为 Excel"是将矢量数据集或者纯属性表数据集属性表保存为 Excel。将数据集保存为 Excel 时，可将整个属性表保存为 Excel，也可只保存选中的记录。

1）功能入口

在打开的属性表中，选择需要输出的记录行（只要记录行中有一个单元格被选中，即选中了该记录行），可配合使用 Ctrl 键或 Shift 键进行选择。

- 在"属性表"选项卡的"输出"组中，单击"保存为 Excel"按钮，弹出"保存为 Excel"对话框。
- 单击右键，选择"保存为 Excel"，弹出"保存为 Excel"对话框。

2）参数描述

- 字段列表：在字段列表中勾选要输出的字段，可通过工具栏中的全选、反选、选择系统字段、选择非系统字段功能进行选择。默认勾选非系统字段。
- 文件名：输出结果 Excel 的名称。
- 路径：输出结果所保存的路径。
- 仅保存选中记录：选中该复选框表示，仅将选中记录保存为 Excel；若不勾选则将全部记录保存为 Excel。

3）注意事项

- 若没有选中属性表单元格，应用程序将保存属性表的所有记录。
- 用户可以同时打开几个数据集的属性表或纯属性数据集，但是只能对当前属性表窗口中显示的属性表或纯属性数据集进行保存为 Excel 操作。

### 3.6.4 属性表设置

支持对属性表进行隐藏系统字段设置、列宽设置及颜色设置等。

1. 隐藏系统字段

"隐藏系统字段"选项，用来隐藏属性表中的系统字段。

功能入口：

- 在"属性表"选项卡的"设置"组中，单击"隐藏系统字段"按钮。
- 勾选属性表左下角"隐藏系统字段"复选框，隐藏当前属性表的系统字段。

2. 列宽设置

"列宽设置"选项，用来设置属性表的列宽度。

1）功能入口

在"属性表"选项卡的"设置"组中，单击"列宽设置"按钮，弹出"列宽设置"对话框。若只需要修改某一列或某几列的列宽，可先选中需设置列宽的整列或列中的任意单元格，可配合使用 Ctrl 键或 Shift 键进行选择，再单击"列宽设置"按钮。

2）参数说明

列宽设置方式有三种，分别为：最合适列宽、标准列宽、自定义列宽，具体说明如下：

- 最合适列宽：选中"最合适列宽"单选框，表示属性表列宽将根据单元格内容和字段名称长度自动调整列宽。
- 标准列宽：选中"标准列宽"单选框，表示属性表列宽将设置为标准列宽，SuperMap 设定的标准列宽为：100 个像素。
- 自定义列宽：选中"自定义列宽"单选框，可在右侧文本框中输入列宽像素个数。列宽的值域为［2，+∞），像素单位一般为整数，则输入的列宽需为整数。

若勾选了"仅修改选中列"复选框，则表示设置的列宽只对选中列或选中单元格所在列生效；若未勾选该复选框，则表示设置的列宽对属性表中所有列都生效。

3. 颜色设置

属性表的"颜色设置"功能，可设置属性表可编辑区域、不可编辑区域、窗口区域等背景色，同时支持设置文本颜色和选中区域蒙板颜色。

1）功能入口

在"属性表"选项卡的"设置"组中，单击"颜色设置"按钮，弹出"颜色设置"对话框。

2）参数说明

在"颜色设置"对话框中设置背景颜色或文本颜色时，单击组合框右侧下拉按钮，在弹出的颜色板中选择需要的颜色即可。其中，选中区域支持设置蒙板颜色透明度，可直接在文本框中输入数值，或单击右侧下拉按钮通过移动滑动条进行设置。

完成设置后，单击对话框中的"确定"按钮，即可将颜色设置应用到所有属性表中。若需将属性表颜色恢复默认设置，单击对话框中的"默认"按钮即可。

3）注意事项

属性表颜色设置为全局设置，该设置对程序所有的属性表窗口都生效。

4. 高亮选中对象

"高亮选中对象"用于关联浏览属性表时，选中属性表整列后用来设置是否在关联地图中显示选中的所有对象。当数据量比较大或者在与地图进行关联浏览地图时，选中整列不高亮显示关联对象可提高用户的操作效率。

属性表与地图关联之后，选中属性表列头选中整列后，单击鼠标右键，在右键菜单中选择"高亮选中对象"，即可在关联地图中高亮显示所有对象。高亮显示选中的关联对象不适用于数据量较大的数据。注意：当地图和属性表进行关联浏览时，默认不关联显示整列对象，即单击属性表列头选中整列时，地图窗口的所有对象也不会高亮显示。

# 3.7 矢量数据集

## 3.7.1 数据集融合

1. 使用说明

将一个线数据集、面数据集、文本数据集中符合一定条件的对象融合成一个对象。该功能的适用对象为二维线数据集、二维面数据集、三维线数据集以及文本数据集。

数据集融合时需要遵循如下条件：

- 数据对象间某字段的值相同。
- 线对象须端点重合才可以进行融合。
- 面对象必须相交或相邻（具有公共边）。

数据集融合功能中包括融合、组合、融合后组合三种处理方式。注：文本数据集融合默认只支持"组合"的处理方式。

- 融合功能的效果如图 3.68 所示。

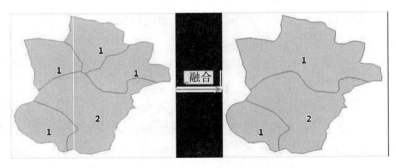

图 3.68　对编号为 1 的对象进行融合

如图 3.68 结果显示编号为 1 的地区被融合，但是不相邻的对象不进行融合。
- 组合功能的效果如图 3.69 所示：

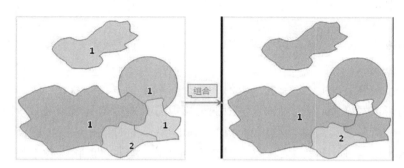

图 3.69　编号为 1 的对象组合成一个复合对象

如图 3.69 结果显示组合是把多个子对象组成一个复合对象，其中对象的交集部分按照异或运算进行处理。

2. 功能入口
- 单击"数据"选项卡→选择"数据处理"→"矢量"→"融合"。
- 单击"工具箱"→选择"数据处理"→"矢量"→"融合"。（iDesktopX）

3. 参数描述
- 源数据：显示了所选数据源下所有的线、面数据集。选择需要融合的数据集。
- 参数设置：

◇融合模式：系统提供了三种融合模式。

◇融合：将具有相同属性字段值且相交或距离在融合容限范围内的对象融合成一个整体对象。

◇组合：将具有相同属性字段值的对象组成一个对象，重叠部分进行删除处理。

◇融合后组合：将具有相同属性字段值且相交/相切的对象融合成一个简单对象，融合后若对象的融合字段值相同，将其组合成一个复杂对象。

◇融合容限：融合后若两个或多个节点之间的距离在此容限范围内，则被合并为一个节点。默认数值为数据集边界范围的一百万分之一（最大容限为默认容限的 100 倍），单位为数据集原有单位。

注：文本数据集融合时，只支持融合方式为组合，且融合容限不可设置（无意义）。
- 过滤表达式：只有满足此条件的对象才参加融合运算。
- 处理融合字段值为空的对象：选中此复选框，则融合字段值为空的对象参加融合运算。
- 结果数据：命名及保存融合结果数据集，并选择该数据集所在的数据源。
- 融合字段：数据集中具有相同字段值的字段。根据此字段的值进行数据的融合、组合。

◇ 统计字段：对融合的对象进行字段统计（生成新的字段存储统计值），统计类型可以是"最大值""最小值""总和""平均值""第一个对象""最后一个对象"。

◇ 最大值：对融合/组合对象求字段的最大值，只对数值型字段和时间型字段有效。

◇ 最小值：对融合/组合对象求字段的最小值，只对数值型字段和时间型字段有效。

◇ 总和：对融合/组合对象求字段的和，只对数值型字段有效。

◇ 平均值：对融合/组合对象求字段的平均值，只对数值型字段有效。

◇ 第一个对象：得到融合/组合对象中 SmID 最小的对象相应的字段值。

◇ 最后一个对象：得到融合/组合对象中 SmID 最大的对象相应的字段值。

4. 注意事项

● 融合字段值相同的情况下，有三条（或以上）线段的端点重合于一点时，系统将不进行融合。

### 3.7.2　数据集追加列

1. 使用说明

数据集追加列主要用于向目标数据集属性表中追加新的字段。该字段值来自源数据集的属性表。

在操作过程中，需要设置一对连接字段，这对连接字段分别来自源数据集和目标数据集，连接字段中具有相同的数据值时，才能完成数据值的顺利追加。

2. 功能入口

● 单击"数据"选项卡→选择"数据处理"→"矢量"→"追加列"。

● 单击"工具箱"→选择"数据处理"→"矢量"→"追加列"。（iDesktopX）

3. 参数说明

● 目标数据：在"目标数据"区域选择要追加的目标数据集，再选择其连接字段。

● 源数据：在"源数据"区域选择提供属性字段的源数据集及其连接字段。此处设置的连接字段的字段类型要保持和目标数据集的连接字段类型相同。

确保源数据连接字段的数据值与目标数据中连接字段的数据值相同时，可将追加字段对应的数据值一同追加到目标数据集的追加字段中。

● 追加字段：在"追加字段"区域选择需要追加到目标数据集的字段，如图 3.70所示。

4. 注意事项

● 源数据集必须具备目标数据集中所没有的字段，否则操作失败。

● 两个连接字段的字段名称可以不同，但字段类型必须相同且其中有相同的字段值。

● 系统会过滤掉源数据集中与目标数据集已有字段相同的字段和系统字段及

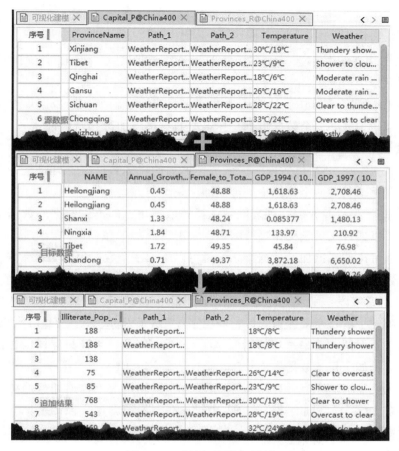

图 3.70 "追加字段"区域

SmUserID 字段,其余的用户字段会在"追加字段"列表框中列出这些字段供选择。

- 用于连接的字段其字段类型不能是二进制型。
- 用户字段是非系统字段及 SmUserID 字段的其他属性字段。
- 对于 SQLPlus 数据源,目标数据集中若已存在数据且创建了图库索引,在追加操作完成后,建议对新产生的数据集手动删除图库索引,重新创建。

### 3.7.3 数据集追加行

1. 使用说明

实现把一个或几个数据集中的数据追加到另一个数据集中。

适用数据集:点、线、面、文本、CAD、模型数据集、属性表数据集。暂不支持网络/路由数据集的追加。

要求源数据集与目标数据集属性表中追加字段的字段名称和字段类型都相同,才能追加成功。

2. 功能入口

- 单击"数据"选项卡→选择"数据处理"→"矢量"→"追加行",弹出"数据集追加行"对话框。

- 单击"工具箱"→选择"数据处理"→"矢量"→"追加行",弹出"数据集追加行"对话框。(iDesktopX)

- 在工作空间管理器中,选中一个数据集直接拖动到另一个数据集上,或者选中多个数据集拖动到另外一个数据集上,弹出"数据集追加行"对话框。

3. 参数说明

- 目标数据:在"目标数据"区域选择追加的目标数据集,可以是一个已有的数据集,也可以手动新建一个数据集进行追加。

- 源数据:在"源数据"列表区域选择源数据集,即提供数据的数据集。列表框内的数据集可以通过工具条按钮进行编辑,单击"添加"按钮,弹出"选择"对话框,通过该对话框可以选择追加的数据集。这里可以添加一个数据集作为源数据,也可以同时添加多个数据集。

- 保留新增字段:用来设置是否保留源数据中其他字段。在追加行过程中,目标数据完全匹配的字段将全部保留。保留新增字段用来设置源数据中存在而目标数据中不存在的字段是否保留。选中"保留新增字段",予以保留,否则只保留与目标数据中相匹配的字段。例如,目标数据集 NewDataset1 存在字段 F1,源数据集 NewDataset2 存在字段 F2,其他字段名称完全相同。在保留新增字段的情况下,追加行的结果为目标数据集中既存在 F1 字段,同时也存在 F2 字段;在不保留新增字段的情况下,追加行的结果为目标数据集中只存在 F1 字段。

追加行结果如图 3.71 所示。

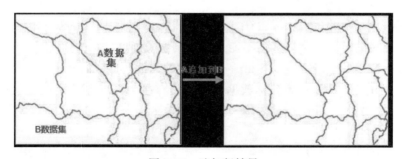

图 3.71　追加行结果

4. 注意事项

- 目标数据集为 CAD 数据集,源数据集可以为点、线、面、文本、CAD 数据集;目标数据集为属性表数据集,源数据集可以为点、线、面、文本、CAD 矢量数据集;目标数据集为其他类型时,源数据集必须与目标数据集同类型才能进行此操作,如点数据集必须与点数据进行追加。

● 当操作数据集为点、线、面、文本时，源数据集的几何对象也会追加至目标数据集中。当操作数据集为属性表时，仅会对属性表进行操作。

● 对于 SQLPlus 数据源，目标数据集中若已存在数据且创建了图库索引，在追加操作完成后，建议对新产生的数据集手动删除图库索引，重新创建。

### 3.7.4　数据集光滑处理

1. 使用说明

对线数据集、面数据集和网络数据集进行边界光滑处理。

2. 功能入口

● 单击"数据"选项卡→选择"数据处理"→"矢量"→"线面光滑"，弹出"数据集光滑处理"对话框。

● 单击"工具箱"→选择"数据处理"→"矢量"→"线面光滑"，弹出"数据集光滑处理"对话框。（iDesktopX）

3. 参数说明

通过工具栏添加要进行光滑处理的数据集。

◇ 单击"添加"按钮，弹出"选择"对话框，通过该对话框可以选择待光滑的数据集。

◇ 光滑系数：是光滑处理时向两个相邻节点间插入的节点数目，是大于等于 2 的整数。插入的节点的位置通过 B 样条方法确定。插值点越多，处理后的折线越光滑。建议取值范围为 [2，10]。不同光滑系数光滑处理的结果如图 3.72 所示。

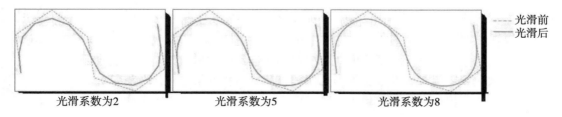

图 3.72　不同光滑系数光滑处理结果

### 3.7.5　数据集属性更新

1. 使用说明

根据空间关系更新数据集中对象的属性。

"数据集属性更新"功能内提供了两种选择更新目标数据的操作方式，第一种是选择数据集按条件进行更新；第二种是在地图窗口中选中要更新的几何对象，然后勾选"仅对选中对象进行更新"，只针对选中的几何对象进行数据更新（只能操作一个数据

163

集中的几何对象）。

2. 功能入口

• 单击"数据"选项卡→选择"数据处理"→"矢量"→"属性更新"，弹出"属性更新"对话框。

• 单击"工具箱"→选择"数据处理"→"矢量"→"属性更新"，弹出"属性更新"对话框。（iDesktopX）

3. 参数描述

• 提供属性的数据：在"属性更新"对话框"提供属性的数据"区域选择提供属性数据，有"选择数据集"和"选中对象"两种方式：在"数据源"和"数据集"处选择提供属性的数据集。若在工作空间管理器中选中了数据集，则会默认该数据集为提供属性的数据。

• 目标数据：在"目标数据"区域设置待更新的数据集及其所在的数据源。

◇ 保存统计信息：统计满足源数据集与目标数据集中指定空间关系的几何对象个数，将该信息保存在目标数据集中的某个整型字段里。

勾选"保存统计信息"然后选择一个字段用来存储更新对象的数量，建议用户新建一个字段来存储该信息以免破坏原有数据。

◇ 过滤表达式：单击右侧按钮，在弹出的"SQL 表达式"对话框中设置字段过滤条件，更新属性时过滤掉目标数据集中符合表达式条件的对象，不将源数据集中的字段信息更新到这些对象属性中。

◇ 选中对象：若在地图窗口中选中了几何对象，则"属性更新"对话框中会默认勾选"仅选中对象提供属性进行更新"复选框，表示只有选中的几何对象提供属性，注意：只能对一个数据集中的几何对象进行操作。

• 空间关系：空间关系是指提供属性几何对象相对于目标几何对象的空间关系，有"包含""被包含""相交"三种关系。"空间关系"说明如下：

◇ 包含：提供属性数据集中几何对象包含目标数据集中几何对象。

◇ 被包含：提供属性数据集中几何对象被目标数据集中几何对象包含。

◇ 相交：提供属性数据集中几何对象与目标数据集中几何对象相交。

• 边界处理：用于判定空间关系是否将面对象的边界归属于面内。可设置为面边界为面外、面边界为面内两种方式。

◇ 该组合框只有在需要进行面与点的包含关系判定时，或面与线的相交关系判定时才会被激活。

◇ 若选择"面边界为面内"，表示位于面边界上的点属于面所包含的点，线上的点与面边界上的点重合时，表示面与该线相交。

◇ 若选择"面边界为面外"，表示位于面边界上的点不属于面所包含的点，线上的点只与面边界上的点重合而不位于面内，此时不算相交。

• 取值方式：如果满足条件并可提供属性数据的对象有多个，则提供属性对象通过某种"取值方式"处理后赋给目标对象。

  ◇ 直接赋值：随机取其中一个的属性数据用于更新。该方式适合一对一赋值。

  ◇ 平均值：取其平均值用于更新。对数值类型的字段有效。

  ◇ 求和：取各个对象的属性和用于更新。对数值类型的字段有效。

  ◇ 最大值：取各个对象属性中最大的值用于更新。对数值类型的字段有效。

  ◇ 最小值：取各个对象属性中最小的值用于更新。对数值类型的字段有效。

  ◇ 最大 SmID：取具有最大 SmID 的对象属性值用于更新。

  ◇ 最小 SmID：取具有最小 SmID 的对象属性值用于更新。

  ● 在"字段设置"列表中勾选要进行数据更新的"源字段"，在对应的"目标字段"中选中后再次单击，就可以进行选择设置（选择需更新到的目标字段）。

  注意：支持跨字段类型存储更新结果，减少用户对更新结果的二次处理，同时支持新建目标字段进行属性更新。

  ● 忽略系统字段：复选框用于设置是否忽略系统字段，若勾选该复选框则字段列表中不显示系统字段，若不勾选则显示系统字段。

  ● 更新完成后，目标数据集属性表中的字段（新建或者已存在的字段）会更新源数据集中对应的字段值。

  4. 注意事项

  ● 在设置字段时，要求源字段与目标字段类型必须相同。字段类型不同无法进行赋值。

  ● 不同的统计方法需要对应不同的统计字段。直接赋值、最大 SmID 和最小 SmID 为数值类型或文本类型，不支持布尔类型、备注类型和日期类型。平均值、求和、最大值和最小值为数值型字段。

### 3.7.6　矢量数据集重采样

  1. 使用说明

  当对象节点过于密集时，重新采集坐标数据，可按照一定规则剔除一些节点，以达到对数据进行简化的目的。数据集重采样支持线、面、网络数据集，同时可批量处理多个数据集。

  2. 功能入口

  ● 单击"数据"选项卡→选择"数据处理"→"矢量"→"矢量重采样"。

  ● 单击"工具箱"→选择"数据处理"→"矢量"→"矢量重采样"。（iDesktopX）

  3. 参数说明

  在"矢量数据集重采样"对话框左侧列表框中添加要进行重采样处理的数据集，通过工具可进行"添加""全选""反选""移除"的操作。

  ● 在"参数设置"区域设置重采样的方法以及相关参数。

● 重采样方法：应用程序提供了两种重采样的方法供用户选择，分别是：光栅法、道格拉斯-普克法。

● 重采样距离：是指重采样的容限，重采样距离越大，采样结果数据越简化。重采样距离支持以下两种方式：

● 根据比例尺：单击下拉按钮，可根据显示比例尺对应的分辨率距离设置重采样距离，该距离标准出自《地理信息公共服务平台电子地图数据规范》（CH/Z 9011—2011），具体标准如表3.3所示。

表3.3
地图瓦片金字塔

| 级别 | 地面分辨率（米/像素） | 显示比例 | 数据源比例尺 |
|---|---|---|---|
| 1 | 78271.52 | 1：295829355.45 | 1：100万 |
| 2 | 39135.76 | 1：147914677.73 | 1：100万 |
| 3 | 19567.88 | 1：73957338.86 | 1：100万 |
| 4 | 9783.94 | 1：36978669.43 | 1：100万 |
| 5 | 4891.97 | 1：18489334.72 | 1：100万 |
| 6 | 2445.98 | 1：9244667.36 | 1：100万 |
| 7 | 1222.99 | 1：4622333.68 | 1：100万 |
| 8 | 611.5 | 1：2311166.84 | 1：100万 |
| 9 | 305.75 | 1：1155583.42 | 1：100万 |
| 10 | 152.87 | 1：577791.71 | 1：100万 |
| 11 | 76.44 | 1：288895.85 | 1：25万 |
| 12 | 38.22 | 1：144447.93 | 1：25万 |
| 13 | 19.11 | 1：72223.96 | 1：5万 |
| 14 | 9.55 | 1：36111.98 | 1：5万 |
| 15 | 4.78 | 1：18055.99 | 1：1万 |
| 16 | 2.39 | 1：9028.00 | 1：1万 |
| 17 | 1.19 | 1：4514.00 | 1：5000 |
| 18 | 0.60 | 1：2257.00 | 1：2000 |
| 19 | 0.2986 | 1：1128.50 | 1：2000 |
| 20 | 0.1493 | 1：564.25 | 1：500 |

● 自定义：用户可根据实际需求在数值框中输入重采样的距离，单位为米。

注意：重采样距离应大于0.0000000001，小于数据集范围的1/10。

◇ 保留小对象："小对象"是指重采样后的几何对象的面积为0的面对象，"保留小对象"操作只对面对象起作用；勾选该设置后，则会恢复重采样后面积为 0 的"小对象"的边界。

◇ 线交点不变：当处理数据为线数据集时，支持设置"线交点不变"，保证了对象之间拓扑关系的正确性。（仅 iDesktopX 支持）

◇ 拓扑预处理：勾选该选项，设置"节点捕捉容限"，对复杂面数据集进行拓扑预处理。对数据集进行重采样时，线数据集和网络数据集不需要进行拓扑预处理，面数据集可以选择是否进行拓扑预处理。进行拓扑预处理可以保持面数据集的拓扑关系，以保证对公共边界进行重采样时不会出现缝隙。

在 SuperMap 应用程序中，"节点捕捉容限"的默认值与数据集的坐标系有关。

该功能主要处理相交或相邻的面几何对象；相邻（相交）边界两边有不同数量的节点，当节点到邻近边界的垂直距离小于"节点捕捉容限"的时候，对边界两边进行位置合并，且通过增加节点方式统一相邻（相交）两边节点数量。

由于此操作直接在被操作数据集中进行，信息提醒按钮❶会提示用户，该操作会修改参与重采样的数据集。用户若不想修改源数据，请在拓扑预处理之前进行数据的备份工作。

● 结果数据集：勾选该复选框则表示将重采样的结果数据集另存，设置结果数据保存的数据源和名称即可；若不勾选该选项则表示在源数据上进行重采样，建议事先对数据集进行备份。

### 3.7.7 碎面合并

1. 使用说明

将面积较小的多边形合并到大面积的多边形上。

在数据制作和处理过程中，很可能产生一些细碎的多边形，称之为碎多边形。可以通过"碎多边形合并"功能将这些细碎多边形合并到相邻的大多边形中，或者将孤立的碎多边形删除（孤立碎多边形没有与其他多边形邻近或者相切，不容易合并），以达到简化数据的目的。

一般来说，面积远远小于数据集中其他面对象的多边形才可以认为是"碎多边形"，通常是同一个数据集中面积最大的多边形面积的百万分之一到万分之一之间，但在实际操作中可以根据实际的需求设置合适的最小多边形容限。节点捕捉容限用来判断多边形是否邻接。如果对相邻的面对象设置了较大的容限或者对实际上邻接的多边形设置过大的容限都是不合理的，都可能导致碎多边形合并失败。

如图 3.73 所示是一个面数据进行"碎多边形合并"处理后的结果。图（b）是碎多边形合并到相邻的大多边形中的效果。

对于面积小于指定的最小多边形容限的孤立多边形，选择了"删除孤立多边形"的效果，如图 3.74 所示。

2. 功能入口

● 单击"数据"选项卡→选择"数据处理"→"矢量"→"碎面合并"。

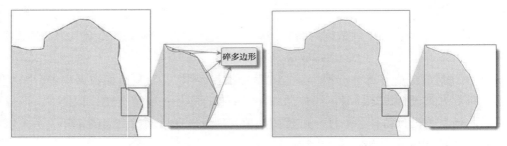

（a）碎多边形合并前　　　　　　　　（b）碎多边形合并后

图 3.73　碎多边形合并前后

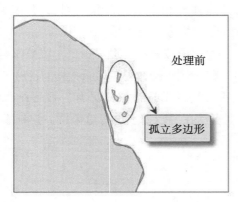

图 3.74　删除孤立多边形

- 单击"工具箱"→选择"数据处理"→"矢量"→"碎面合并"。（iDesktopX）

3. 参数说明

在"碎多边形合并"对话框中，通过工具栏添加要进行碎多边形合并处理的数据集并且可以进行统一赋值。在列表框中设置相关参数，包括节点捕捉容限、最小多边形面积、删除孤立多边形。

- 节点捕捉容限：若两个节点之间的距离小于此容限值，则合并过程中系统会自动将这两个节点合并为一个节点。默认容限值与数据集的坐标系有关。

- 最小多边形面积：小于此面积值的多边形才作为碎多边形予以合并。系统会根据添加的数据集自动设置最小多边形面积字段值为该数据集最大对象面积的百万分之一，用户可以重新设置该字段值，建议输入该字段值的范围为该数据集最大对象面积的百万分之一至万分之一。如果超出该范围，则会在此字段最左边出现数值超出范围的红色标记，双击此标记，可以查看最小值和最大值。也可以输入一个不在此建议范围内的数值，系统会合并小于此面积的多边形。

- 删除孤立多边形：选中某数据集中此复选框，则若遇到孤立的多边形（没有与其他多边形相交或者相切），系统会自动删除这些多边形。

### 3.7.8 点抽稀

1. 使用说明

点抽稀功能是指根据指定的抽稀半径，以数据集中的一个点为中心，其圆内所有的点都会被抽稀，然后使用一个点表示所有点，抽稀后的点不一定是被抽稀点集的中心点，具有一定的随机性。

2. 应用场景

● 可用于在小比例尺下制图，若点数据集中的点较为密集，则在小比例尺下显示会存在相互压盖叠加显示的情况，通过该功能将点对象进行抽稀，可在体现点数据的整体信息的情况下，提高地图的性能和显示效果。

3. 功能入口

● 单击"数据"选项卡→选择"数据处理"→"矢量"→"点抽稀"。

● 单击"工具箱"→选择"数据处理"→"矢量"→"点抽稀"。（iDesktopX）

4. 参数描述

在"点抽稀"对话框中设置如下参数：

● 源数据

◇ 数据源：用于显示和设置要进行抽稀的点数据集及其数据源。

◇ 仅对选择对象进行点抽稀：若选中了点数据集中的点对象，即可勾选该复选框，只对选中对象进行抽稀，且只保留选中对象抽稀后的结果，未选中的点对象不保留在结果数据集中。

● 参数设置

◇ 抽稀半径：用于设置抽稀点的半径，表示在该半径圆范围内只随机保留一个点，半径越大则结果数据集中的点对象越稀疏。

统计类型：对抽稀半径范围内保留的结果点的原字段值，选取某种统计类型重新计算，在结果数据集中新增一个统计字段，将计算结果赋予该字段。支持的统计类型有8种，分别是：平均值、最大值、最小值、样本标准差、样本方差、标准差、方差、总和。

◇ 随机保存抽稀点：勾选"随机保存抽稀点"，从抽稀半径范围内随机取一点保存；否则取抽稀半径范围内点集中距离之和最小的点。

● 结果数据：用于显示和设置结果数据集及所要保存在的数据源。

● 在对话框右侧的属性字段列表框中，显示抽稀的点数据集中包含的字段类型为整型的属性字段。可选择和设置参与抽稀的点数据集的属性值字段及抽稀后结果数据集的属性字段名称及其统计类型。

● 设置好以上参数之后，单击"确定"按钮，即可对指定的点数据集进行抽稀，执行成功后，输出窗口会有相应的提示，并提示点抽稀的压缩率，得到的抽稀结果如图3.75所示，图（a）为抽稀之前根据点数据集制作的热力图，可以看到点数据密集之处有压盖的现象，且热力图渲染效果不明显；图（b）为根据抽稀后的点数据集制作的热力图，相比图（a）点对象要稀疏一些，并且没有相互压盖的现象，且渲染效果较好。

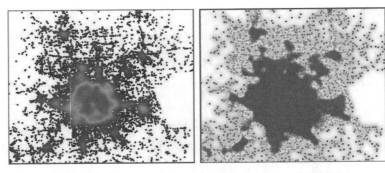

(a) 点抽稀前　　　　　　　　(b) 点抽稀后

图 3.75　点抽稀前后

### 3.7.9　点密度聚类

1. 使用说明

点密度聚类功能是指根据密度聚类的算法，将空间位置分布较为密集的点划分为一簇，或将同一簇点构成一个多边形。点聚类之后会在源数据集中生成一个"ResultType"字段，用于统计聚类类别信息。

2. 应用场景

该功能适用于大数据量的数据，应用于根据点的空间关系的亲疏程度进行分类，去除噪声点，也可将地理位置较紧密的一簇点构建为面对象，具体应用场景如下：

● 去除点云数据噪声点：在获取点云数据时，会受到人为、仪器、环境、测量方法等因素的影响和干扰，获取到的点云数据中会含有噪声点。而获取到的被测物体的点云通常是沿表面连续分布的，噪声点一般位于点云外随机分布，因此，可通过点密度聚类功能，将噪声点去除。

● 根据通信信号的监测数据构建信号较弱的区域：通信监控系统会实时监控通信信号的强度，可根据信号强弱情况，将信号低于某个强度的点提取出来，通过密度聚类功能构建信号较弱的区域，可作为新建信号塔选址的参考。

3. 功能入口

● 单击"数据"选项卡→选择"数据处理"→"矢量"→"点密度聚类"。

● 单击"工具箱"→选择"数据处理"→"矢量"→"点密度聚类"。（iDesktopX）

4. 参数说明

在"点密度聚类"对话框中设置如下参数：

● 源数据：用于显示和设置要进行密度聚类的点数据集及其所在的数据源。

只处理选中对象：若选中了点数据集中的点对象，即可勾选该复选框，只对选中对象进行聚类。

● 参数设置：

◇ 聚类半径：设置点密度聚类的半径。指定半径范围内，点的数目大于等于阈值时，则表示这些点为一个类别，即新增的 ResultType 属性值一样。半径单位可单击右侧下拉按钮进行设置。

◇ 点数目阈值：用于显示和设置聚类为一簇的最少点个数，该值必须大于或等于2。阈值越大表示能聚类为一簇的条件越苛刻。推荐值为4。

● 结果数据：用于显示和设置结果数据集及所要保存在的数据源。

执行成功后，输出窗口会有相应的提示，并提示聚类类别保存在数据集的字段名，得到的聚类结果如图3.76所示，不能构成面的点即为离散点（噪声点），即图（b）中深色的点，其 ResultType 属性值为0。

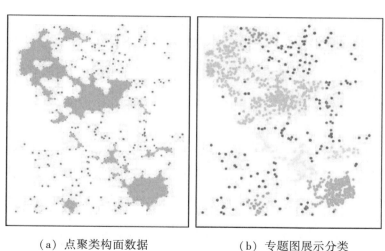

（a）点聚类构面数据　　　　　（b）专题图展示分类

图 3.76　聚类结果

5. 注意事项

若勾选了"只处理选中对象"，则聚类后只会生成面数据集，不会在源数据集中增加分类字段。

### 3.7.10　提取边界线

1. 使用说明

提取边界线就是将面对象的边界线提取出来，并将结果数据保存为线数据集。如果某条线同时存在左、右多边形，则该条线为面对象的公共边界，只会被提取一次；如果只存在左或者右单个多边形，则该条线属于面数据集的外轮廓线。

2. 功能入口

- 单击"数据"选项卡→选择"拓扑"→"提取边界线"。
- 单击"工具箱"→选择"数据处理"→"矢量"→"提取边界线"。

（iDesktopX）

3. 参数说明

在"提取边界线"对话框中设置如下参数：

- 通过工具栏可添加或删除要提取边界线的源数据集及其所在数据源。
- 拓扑预处理：勾选此项，则在提取边界线之前对面数据集进行拓扑预处理操作，建议用户勾选"拓扑预处理"选项。此处的拓扑预处理会对面数据集进行线段间求交插入节点、调整多边形走向、在节点与线段间插入节点、捕捉节点四种方式处理。避免了假节点、冗余节点、悬线、重复线等错误数据的产生，提高了结果数据的质量、可用性。

由于此操作直接在待检查的数据集中进行，信息提醒按钮会提示用户，该操作会修改参与提取边界线的源数据集。用户若不想修改原始数据，请在拓扑预处理之前进行数据的备份工作。

4. 注意事项

- 该功能只适用于矢量面数据集，不适用于 CAD 数据集。
- 建议用户在提取边界线时，勾选"拓扑预处理"选项，以保证结果数据的质量。

### 3.7.11 双线提取中心线

1. 使用说明

双线提取中心线是指根据给定的宽度从非闭合的双线中，提取两条线之间的中心线，并将结果保存为线数据集。双线提取中心线多用于道路线数据，双线平行或近乎平行时，提取效果较好。

2. 功能入口

- 单击"数据"选项卡→选择"数据处理"→"矢量"→"双线提取中心线"。
- 单击"工具箱"→选择"数据处理"→"矢量"→"双线提取中心线"。

（iDesktopX）

3. 参数说明

在"双线提取中心线"对话框中设置如下参数：

- 在"源数据"区域中选择数据源及要提取中心线的线数据集。
- 在"结果数据"区域中设置结果数据存放的数据源及数据集名称，默认将结果数据集命名为"CenterLineResult"。
- 用户需在"参数设置"处设置提取的最大宽度和最小宽度。
- ◇ 最大宽度：需提取中心线的双线间最大宽度值（大于0），默认值为30，单位与源数据集相同。用户可通过"地图"选项卡"量算"组中的"距离"选项，量算双线的最大宽度。建议用户设置的最大宽度略大于实际量算的距离，这样提取的结果会更准确。

◇ 最小宽度：需提取中心线的双线间最小宽度值（大于或等于 0），当双线间距离小于最小宽度时，不提取该处中心线，默认值为 0，单位与源数据集相同。

注意：最大最小宽度与源数据集单位一致。最大宽度必须大于 0，且必须设置最大宽度。双线宽度在最大和最小宽度之间时会提取其中心线；双线宽度小于最小宽度时不提取中心线；双线宽度大于最大宽度时提取其边界线。

● 设置好结果数据集之后，即可执行提取操作，结果如图 3.77 所示，提取到的中心线数据集属性表中，会保留源双线数据的属性信息，字段名称会通过 L 和 R 区分中心线左右两边的线对象。

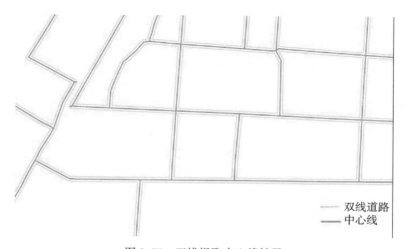

图 3.77 双线提取中心线结果

4. 注意事项

● 该功能适用于非封闭的线数据集，若双线是封闭的，需先将双线某个端点打断，留一个开口。

● 双线间最大宽度的设置会影响结果数据的准确性，用户须准确输入最大宽度值。

● 对于双线道路中比较复杂的交叉路口，如立交桥、五叉六叉等情况，提取的结果可能不理想。

### 3.7.12 面提取中心线

1. 使用说明

面提取中心线是指提取面数据集中所有面对象的中心线，并将结果保存为线数据集，一般用于提取道路面的中心线。

2. 功能入口

● 单击"数据"选项卡→选择"数据处理"→"矢量"→"面提取中心线"。

● 单击"工具箱"→选择"数据处理"→"矢量"→"面提取中心线"。

173

（iDesktopX）

3. 参数说明

在"双线提取中心线"对话框中设置如下参数：

• 源数据：选择数据源及要提取中心线的面数据集。

若未勾选"只提取选中的面对象"复选框，则会提取数据集中所有面对象的中心线，同时可重新指定需提取中心线的面数据集和所在数据源。

若勾选了"只提取选中的面对象"复选框，则只会提取选中对象的中心线，数据集和数据源不可修改。

• 结果数据：设置结果数据存放的数据源及数据集名称，默认将结果数据集命名为"CenterLineResult"。

• 在"参数设置"处设置提取的最大宽度和最小宽度：

◇ 最大宽度：需提取中心线的面对象边界线之间最大宽度值（大于0）。当面对象边界线之间距离大于最大宽度时，提取该处边界线，默认值为30，单位与源数据集相同，最大宽度应大于最小宽度。用户可通过"地图"选项卡"量算"组中的"距离"选项，量算面对象的最大宽度。

建议：设置的最大宽度可略大于实际量算的距离，这样提取的结果会更准确。

◇ 最小宽度：需提取中心线的面对象边界线之间的最小宽度值（大于或等于0），当面对象边界线之间距离小于最小宽度时，不提取该处中心线，默认值为0，单位与源数据集相同，最小宽度应小于最大宽度。

注意：面对象宽度在最大和最小宽度之间时会提取其中心线；面对象宽度小于最小宽度时不提取中心线；面对象宽度大于最大宽度时提取其边界线。

设置好结果数据集之后，即可执行提取中心线操作，结果如图3.78所示，结果数据集属性表中，会保留源面对象的属性信息，便于用户查看对比。

4. 注意事项

• 面对象边界线间最大、最小宽度的设置会影响结果数据的准确性，用户须准确输入最大、最小宽度值。

• 对于道路中比较复杂的交叉路口，如立交桥、五叉六叉等情况，提取的结果可能不理想。

### 3.7.13 图幅接边

1. 使用说明

图幅接边是指将相邻图幅的边缘线对象进行衔接，在分幅编绘、测绘地图后，在将地图拼接成一幅图时，通常会存在图幅边缘对象不衔接的问题，可通过该功能将线对象进行接边。

该功能适用于二维线数据集，图幅接边方式有向一边接边、中间位置接边、交点位置接边三种。

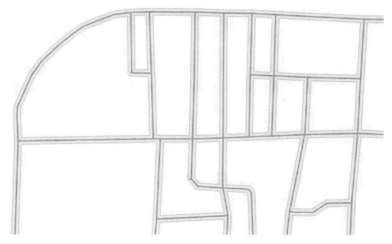

图 3.78　面提取中心线结果

2. 功能入口

• 单击"数据"选项卡→选择"数据处理"→"矢量"→"图幅接边"。

• 单击"工具箱"→选择"数据处理"→"矢量"→"图幅接边"。(iDesktopX)

3. 参数说明

• 设置源数据：设置源数据集及其所在的数据源，源数据集的坐标系须与目标数据集坐标系一致。

• 设置目标数据：设置目标数据集及其所在数据源，需注意的是图幅接边将直接修改目标数据集，建议在进行该操作前对目标数据集进行备份。

• 接边参数设置：

◇接边模式：用于设置接边模式，应用程序提供了三种接边模式，具体说明如下：

■向一边接边：接边连接点为目标数据集中接边关联记录的端点，源数据集中接边端点将移动到该连接点上。

■中间位置接边：接边连接点为目标数据集和源数据集接边端点的中点，源数据集和目标数据集中的接边端点将移动到该连接点。

■交点位置接边：接边连接点为目标数据集和源数据集中接边端点的连线和接边线的交点，源数据集和目标数据集中接边端点将移动到该连接点。

◇接边线：若接边模式设置为"交点位置接边"，则可勾选"接边线"复选框，通过选择线或绘制线的方式，确定接边的交点。

◇接边容限：用于设置源数据与目标数据中线接边的容限值，若线对象相邻端点之间的距离在此容限范围内，则认为这两条线是相接的。容限默认值为1，单位与源数据集的坐标单位保持一致。

◇接边融合：勾选该复选框表示将接边关联的源数据对象和目标数据对象融合，

源数据的其他对象追加到目标数据中。

◇ 属性保留：支持设置保留参与接边融合对象的属性值，可选择保留非空属性、源字段属性或目标字段属性。

■ 非空属性：保留源数据和目标数据接边对象中非空的属性值。若源数据与目标数据接边对象均为非空属性，则保留源数据接边对象的属性值。

■ 源字段属性：保留源字段的属性值。

■ 目标字段属性：保留目标字段的属性值。

● 接边关联数据：勾选该复选框，可将接边辅助线保存为线数据集，该辅助线描述了源数据和目标数据在进行接边时对象端点的处理轨迹，支持设置该数据集的名称及其所在的数据源。

设置好以上参数后，即可执行图幅接边操作。

4. 注意事项

● 源数据集和目标数据集的坐标系相同，才可进行接边处理。

● 若选择"交点位置接边"方式进行接边，但两图层中的线对象没有交点，且没有绘制或选择接边线，则应用程序会按"向一边接边"的方式进行接边。

### 3.7.14　计算凹多边形

1. 使用说明

凹多边形，是指一个多边形的所有边中，有一条边向两方无限延长成为一直线时，其他各边不都在此直线的同旁，那么这个多边形就叫作凹多边形，其内角中至少有一个优角（即大于180°而小于周角360°的角）。如图 3.79 中的图（a）所示的凹多边形，其中∠ABC 为优角；延长 AB 线，该多边形其他各边不都在 AB 延长线的同旁。与凹多边形对应的另一类多边形为凸多边形，是指一个多边形的所有边中，任意一条边向两方无限延长成为一直线时，其他各边都在此直线的同旁，那么这个多边形就叫作凸多边形，其所有内角小于等于180°，任意两个顶点间的线段位于多边形的内部或边上，如图 3.79 中的图（b）。

● 当需要用多边形表示一定区域的点位覆盖时，通常用凹多边形表示，因为凸多边形会包含更多的空白多余区域，凹多边形较凸多边形更能表达真实的点位分布。

● SuperMap iDesktop 支持通过指定点集合或点数据集和凹多边形最小内角角度，计算指定点集中所有点对象的凹多边形。凹多边形最小内角影响生成凹多边形的面积大小，通常情况下角度越小面积越小。为得到包含指定点对象的最小凹多边形，并不是设置的角度越小越好，因为设置的角度越小，多边形越尖锐，并不能最优地反映真实的点对象分布，如图 3.80 所示。

2. 功能入口

● 单击"数据"选项卡→选择"数据处理"→"矢量"→"计算凹多边形"。

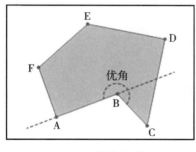
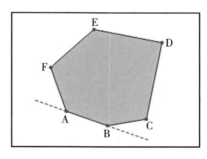

（a）凹多边形 （b）凸多边形

图 3.79 凹多边形和凸多边形

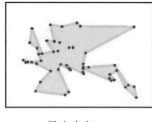
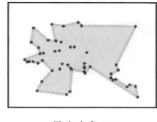
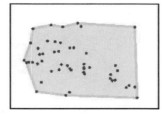

最小内角 20° 最小内角 45° 最小内角 90°

图 3.80 设置角度

- 单击"工具箱"→选择"数据处理"→"矢量"→"计算凹多边形"。（iDesktopX）

3. 参数说明

- 选择点数据集：在"源数据"区域选择数据源及要计算凹多边形的点数据集。

- 只计算选中对象：只对点数据集中部分点对象计算凹多边形。该复选框只有在地图窗口已选择点对象时，会被默认勾选。如该复选框未被勾选，则计算的是整个点数据集的凹多边形。

- 角度：生成凹多边形内角的最小角度。可设置的角度有效范围为 0°～180°（不包含 0°和 180°），程序默认为 45°。

- 结果数据：在"目标数据源"设置存储多边形的数据源，数据集可选择数据源中已存在的目标数据集，也可支持在新建数据集处新建一个数据集。

完成参数设置，即可执行计算凹多边形的操作，执行完成后，将在当前地图窗口直接打开该数据。

示例：某物流公司预根据包裹派送点位划分派送片区范围，选择包裹派送点数据集计算凹多边形，角度设置为 45°，得到如图 3.81 所示结果。

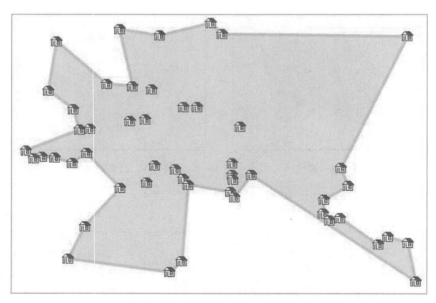

图 3.81　计算凹多边形结果

### 3.7.15　计算面积

1. 使用说明

支持计算矢量面数据集的面积，可选中矢量数据集中的多个对象进行面积计算。同时支持设置计算单位，程序提供平方千米、平方米、公顷、公亩、顷、亩、平方英尺、英亩等十余种单位供用户换算选择。

2. 功能入口

● 单击"数据"选项卡→选择"数据处理"→"矢量"→"计算面积"。

● 单击"工具箱"→选择"数据处理"→"矢量"→"计算面积"。(iDesktopX)

3. 参数说明

在"计算面积"对话框中，设置如下参数：

● 选择计算面积的数据集：在"源数据"区域选择数据源及要计算面积的面数据集。

● 只计算选中对象：支持用户选择数据集中的一个或多个对象进行面积计算，用户可在当前地图窗口中打开数据集，选择参与面积计算的对象。该复选框只有在地图窗口已选择一个或多个矢量面对象时，才会被勾选。如该复选框未被勾选，则计算的是整个矢量数据集的面积。

● 设置面积单位：默认计算面积的单位为"平方米"，可点击"平方米"右侧的下拉按钮，切换其他计算单位。

● 计算：单击"计算"按钮，面积结果在"计算结果"框中显示。同时在输出窗口输出计算结果。

4. 注意事项

"计算面积"对话框为非模态对话框，可以在打开该对话框后再进行打开数据集、选择对象等其他交互操作。

### 3.7.16 三维插值

1. 使用说明

"三维插值"功能实现对三维线、三维面的边线插入更多的点数据，方便后期匹配时精度更高。

2. 功能入口

- 单击"数据"选项卡→选择"数据处理"→"矢量"→"三维插值"。

3. 操作步骤

在"三维插值"对话框中设置如下参数：

- 通过工具栏添加要进行三维插值处理的数据集。
- 在列表框中设置相关参数，包括粒度、目标数据集、目标数据源。
- ◇ 粒度：默认粒度值为 0.0001，双击此处，可修改数值。
- ◇ 目标数据集：系统自动生成以"_SubDivisionResult"结尾的数据集名，双击此处，可进行修改。
- ◇ 目标数据源：单击此处，弹出下拉菜单，支持选择所有已经打开的数据源。
- 完成参数设置，即可执行"三维插值"操作。

## 3.8 投 影

由于地理数据的获取方式不同，在数据处理过程中，经常会遇到数据的坐标系不同的问题。此时，为了方便不同投影坐标系数据之间的处理、分析、显示等操作，可以通过 SuperMap 提供的投影转换功能，对数据进行投影变换。SuperMap iDesktop 提供了三种投影转换方式，即数据集投影转换、批量投影转换、坐标点转换。用户可根据自身需求，选择不同的方式进行投影转换。其中：

- 数据集投影转换主要适用于单个数据集的投影转换，投影转换后的结果数据会另存为一个新的数据集，不会破坏源数据。
- 批量投影转换适用于同时将多个数据集投影转换为与某数据源一致的投影，并将转换后的数据集保存在该数据源下。
- 坐标点转换用于将某一点的坐标转换为另一坐标系下的坐标，得到该点在其他坐标系下的坐标值。
- 转换模型参数计算用于将 1954 北京坐标系、1980 西安坐标系等不同坐标系控制点坐标与 2000 国家大地坐标系控制点坐标通过重合点选取、坐标转换模型、精度评价等操作获取坐标转换参数，从而利用该转换参数最终实现将数据成果转换到 2000 国家大地坐标系。

### 3.8.1　数据集投影转换

1. 使用说明

单个数据集进行投影转换，矢量数据集转换后的结果数据可另存为一个数据集，也可直接转换源数据集投影；栅格、影像或模型数据集转换投影后，结果数据集需另存为新的数据集。

2. 功能入口

• 单击"开始"选项卡→选择"数据处理"组→"投影转换"→"数据集投影转换"项，弹出"数据集投影转换"对话框。

• 在工作空间管理器中选择需要转换投影的数据集，右键选择"属性"，弹出数据集属性对话框，在"坐标系"面板中单击"投影转换"按钮，弹出"数据集投影转换"对话框。

3. 操作步骤

在"数据集投影转换"对话框中设置如下参数：

（1）源数据：设置需进行投影转换的数据集及其所在的数据源。"源坐标系"区域显示了源数据集坐标系的详细描述信息。

（2）转换方法：单击"转换方法"标签右侧的下拉按钮，弹出的下拉菜单列表显示了系统提供的十几种参考系转换的方法，用户可选择一种合适的参考系转换方法。

注意：支持平面坐标系数据集进行坐标转换，提供四参数转换方法。不支持平面坐标系与地理坐标系之间的转换。

（3）投影转换参数：选择不同的转换方法，点击"设置"按钮，在"投影转换参数设置"对话框中可以自定义的参数不同。

• 当选择三参数转换法，如 Geocentric Translation、Molodensky 或 Molodensky Abridged，则"投影转换参数设置"对话框中，用户需要设置三个平移参数，即 $\Delta X$，$\Delta Y$，$\Delta Z$。此种转换实质上是一种地心变换，从一个基准面的中心（0，0，0）转换到另一个基准面中心（$\Delta X$，$\Delta Y$，$\Delta Z$）。三参数变换是线性的平移变换，单位为米。

• 当选择七参数转换法，如 Position Vector、Coordinate Frame 或 Bursa-wolf，则"投影转换参数设置"对话框中，用户需要设置七个参数，即三个线性平移参数（$\Delta X$，$\Delta Y$，$\Delta Z$）、绕轴旋转的三个角度参数（$Rx$，$Ry$，$Rz$）和比例差（$S$）。平移参数以"米"为单位；旋转参数以"角度秒"为单位；而比例差为百万分之一。

（4）导入、导出投影转换参数文件：单击"投影转换参数设置"对话框下方的"导入"按钮，即可导入一个后缀名为 ctp 的投影转换参数文件，即可将投影转换参数文件中保存的参数信息导入，作为当前投影转换的参数设置；单击"投影转换参数设置"对话框下方的"导出"按钮，即可将当前在"投影转换参数设置"对话框已设置好的参数导出到指定路径，之后需要使用时导入即可。

（5）在"结果另存为"处可设置投影转换后的结果数据集保存名称，及其所保存的数据源。

（6）目标坐标系提供了三种设置方式，具体操作如下所述。设置好目标投影之后，"目标坐标系"处会显示目标投影的详细信息。

- 重新设定坐标系：单击"重新设定坐标系"按钮，在下拉菜单中选择"更多"，可在"坐标系设置"对话框中设置目标投影。

- 复制坐标系：单击"复制坐标系"按钮，弹出"复制坐标系"对话框，可选择从数据源复制或从数据集复制。

- 从数据源复制：选择"来自数据源"单选框，单击组合框下拉按钮，选择一个数据源，将该数据源的坐标系设置为目标坐标系。

- 从数据集复制：选择"来自数据集"单选框，单击组合框下拉按钮，选择一个数据集，将该数据集的坐标系设置为目标坐标系。

- 导入坐标系：单击"导入坐标系…"按钮，在弹出的"选择"窗口中，选择投影信息文件并导入即可。支持导入 shape 投影信息文件（＊.shp；＊.prj）、MapInfo 交换文件（＊.mif）、MapInfo TAB 文件（＊.tab）、影像格式投影信息文件（＊.tif；＊.img；＊.sit）、投影信息文件（＊.xml）。

（7）模型转换顶点选项：只有当源数据是模型数据集时，模型转换顶点选项可用。对于模型数据集，默认勾选"模型转换顶点"，防止对象坐标转换后存在错位。

（8）完成各项投影转换参数设置后，单击"转换"按钮，即可完成投影转换的操作。用户可在输出窗口中，查看投影转换结果。

4. 备注

（1）任何投影都有投影变形，因而不同投影间的变换过程通常不是完全可逆的，即能把地图数据从它的原投影转换到某些其他投影，但不是总能非常精确地把它转换回来，因此用户在进行投影转换前应将原文件备份。而且在进行投影变换时应尽量减少投影变换的次数，以确保投影变换结果更精确。

（2）每种投影都被设计用于减少给定区域在给定特性上的变形量，因而各种投影有一定的适用范围，在进行投影变换时，应尽可能在相近坐标系范围间进行变换，否则投影变换结果的精度难以保证。如一幅墨卡托投影的世界地图转换为高斯投影，其结果只能保证在中央经线附近地区是精确的，在远离中央经线的区域将导致巨大的变形。

（3）在实际的工作中，采用哪种转换方法要视具体情况而定。对于各个参数的确定，请使用权威的测量数据，或者通过两个坐标系统中已知控制点的坐标对参数的正确性进行验证。

（4）对文本对象投影转换后，文本对象的字高和角度会相应地转换。如果用户不需要这样的改变，需要对转换后的文本对象重新设置一下字高和角度。

### 3.8.2 批量投影转换

1. 使用说明

批量投影转换是指同时对数据源下的多个数据集进行投影转换，转换后指定数据集的坐标与目标数据源的坐标系一致。

2. 功能入口

- 单击"开始"选项卡→选择"数据处理"组→"投影转换"→"批量投影转换"项，弹出"批量投影转换"对话框。

- 在工作空间管理器中选择数据源，单击右键，在右键菜单中选择"批量投影转换"，弹出"批量投影转换"对话框。

3. 操作步骤

（1）源数据设置：

◇ 数据源：单击"数据源"组合框下拉按钮，选择需进行投影转换的数据集所在的数据源。

◇ 坐标系信息：用于显示数据源坐标系的详细描述信息。

（2）目标数据设置：

◇ 数据源：单击"数据源"组合框下拉按钮，选择用于保存投影转换结果数据集的数据源。

◇ 坐标系信息：用于显示目标数据源坐标系的详细描述信息。

（3）对于源数据源和目标数据源的坐标系需注意以下几点：

◇ 平面坐标系不支持投影转换。在右侧数据集列表中，会自动过滤掉源数据源中坐标系为平面坐标系的数据集。在数据集右键属性面板上的"坐标系"页面，可以设置数据集的坐标系。

◇ 一般建议源数据源中的数据集，坐标系和源数据源的保持一致。如果源数据源存在与源数据源不同坐标系的数据集，在实际转换该数据集时，将使用数据集的实际坐标系作为源坐标系。

◇ 目标数据源会自动过滤掉平面坐标系的数据源。在数据源右键属性面板上的坐标系页面中，可以设置数据源的坐标系。

（4）参照系转换设置：

◇ 转换方法：单击"转换方法"标签右侧的下拉按钮，弹出的下拉菜单列表显示了系统提供的十余种参考系转换的方法，用户可选择一种合适的参考系转换方法。

◇ 投影转换参数：选择不同的转换方法，在"投影转换参数设置"对话框中可以自定义的参数不同。

（5）在"数据集列表"处可选择需进行投影转换的数据集，在"目标数据集"列中可修改目标数据集的保存名称。

（6）完成各项投影转换参数设置后，单击"转换"按钮，即可完成投影转换的操作。用户可在输出窗口中，查看投影转换结果。

4. 其他情况说明

（1）任何投影都存在着投影变形，因而不同投影间的变换过程通常不是完全可逆的，即能把地图数据从它的原投影转换到某些其他投影，但不是总能非常精确地把它转换回来，因此用户在进行投影转换前应将原有文件另存。而且在进行投影变换时应尽量减少投影变换的次数，以求投影变换结果的精确性。

（2）每种投影都被设计用于减少给定区域在给定特性上的变形量，因而各种投影有一定的适用范围，在进行投影变换时，应尽可能在相近坐标系范围间进行变换，否则投影变换结果的精度难于保证。如一幅墨卡托投影的世界地图转换为高斯投影，其结果只能保证在中央经线附近地区是精确的，在远离中央经线的区域将导致巨大的变形。

（3）在实际的工作中，采用哪种转换方法要视具体情况而定。对于各个参数的确定，请使用权威的测量数据，或者通过两个坐标系统中已知控制点的坐标对参数的正确性进行验证。

（4）对文本对象投影转换后，文本对象的字高和角度会相应地转换。如果用户不需要这样的改变，需要对转换后的文本对象重新设置一下字高和角度。

### 3.8.3　坐标点转换

1. 使用说明

若需将某一点的坐标转换为另一坐标系下的坐标，可通过"坐标点转换"功能进行转换，从而得到该点在其他坐标系下的坐标值。坐标点转换支持在两个地理坐标系之间、两个投影坐标系之间，同时也支持地理坐标系与投影坐标系之间的相互转换。

2. 功能入口

● 在"开始"选项卡→选择"数据处理"组→"投影转换"→"坐标点转换"项，弹出"坐标点转换"对话框。

3. 操作步骤

（1）源数据点：直接输入点的经纬度或 X/Y 坐标值，若源坐标点投影为地理坐标系，还可切换为"以度：分：秒形式显示"，输入点坐标经纬度具体的度、分、秒数值。

（2）源坐标系：可在"源坐标系"处设置源数据的坐标系，坐标点转换功能不支持平面坐标转换，源数据和目标数据坐标系只能设置为地理坐标系或投影坐标系。坐标系设置有以下三种方式：

● 重新设定坐标系：单击"重新设定坐标系"按钮，在下拉菜单中选择"更多"，可在"坐标系设置"对话框中设置目标投影。

● 复制坐标系：单击"复制坐标系"按钮，弹出"复制坐标系"对话框，可选择从数据源复制或从数据集复制。

● 导入坐标系：单击"导入坐标系…"按钮，选择投影信息文件并导入即可。

（3）目标坐标系：可在"目标坐标系"处设置结果坐标点投影坐标，将结果坐标系设置为与源坐标系不同的一种地理坐标系或投影坐标系，设置方式与"源坐标系"投影设置方式一致。

（4）参照转换设置：单击"转换方法"标签右侧的下拉按钮，弹出的下拉菜单列表显示了系统提供的十余种投影转换的方法，用户可选择一种合适的投影转换方法。

（5）投影转换参数：选择不同的转换方法，在"投影转换"对话框中可以自定义的参数不同。

● 当选择三参数转换法时，如 Geocentric Translation、Molodensky 或 Molodensky Abridged，则"投影转换"对话框需设置 $X$、$Y$、$Z$ 方向的"偏移量"的参数。

用户需要设置三个平移参数，即 $\Delta X$，$\Delta Y$，$\Delta Z$。此种转换实质上是一种地心变换，从一个基准面的中心（0，0，0）转换到另一个基准面中心（$\Delta X$，$\Delta Y$，$\Delta Z$）。三参数变换是线性的平移变换，单位为米。

● 当选择七参数转换法时，如 Position Vector、Coordinate Frame 或 Bursa-wolf，则需设置比例差、旋转角度、偏移量几个参数。

用户需要设置七个参数，即三个线性平移参数（$\Delta X$，$\Delta Y$，$\Delta Z$）、绕轴旋转的三个角度参数（$Rx$，$Ry$，$Rz$）和比例差（$S$）。平移参数以米为单位；旋转参数单位为"角度秒"；而比例差为百万分之一。

● 导入、导出投影转换参数文件：单击"投影转换"对话框下方的"导入"按钮，即可导入一个后缀名为 *.ctp 的投影转换参数文件，可将投影转换参数文件中保存的参数信息导入，作为当前投影转换的参数设置；单击"投影转换"对话框下方的"导出"按钮，即可将当前在"投影转换"对话框中已设置好的参数导出到指定路径，之后需要使用时导入即可。

（6）完成各项投影转换参数设置后，单击"转换"按钮，即可完成坐标点转换的操作。用户可在"坐标点转换"对话框的"结果坐标点"处，查看坐标点转换结果，若目标坐标系为地理坐标系，可切换度：分：秒形式显示结果坐标点坐标。

4. 其他情况说明

（1）坐标点转换是在不同的地理坐标系或投影坐标系之间进行的，若源坐标系与目标坐标系相同，则不进行转换，同时会有"坐标点转换失败"弹出框提示。

（2）在实际工作中，采用哪种转换方法要视具体情况而定。对于各个参数的确定，请使用权威的测量数据，或者通过两个坐标系统中已知控制点的坐标对参数的正确性进行验证。

# 3.9　配　　准

### 3.9.1　数据配准

#### 3.9.1.1　第一步：新建配准

以下主要通过数据配准实例，介绍如何使用 SuperMap iDesktop 桌面应用系统进行数据配准，现有一份预配准数据，为北京某区域的矢量数据，其中包含地铁数据集

（subway_ln_wgs84）、道路数据集（RoadCent_ln_wgs84）。由于数据发生了偏移，无法表示其真实位置，需要将以上数据集按照高清的影像数据进行配准，以纠正偏移误差。

1. 操作步骤

（1）点击功能区→单击"开始"选项卡→选择"数据处理"组→"配准"按钮，选择"新建配准"，弹出数据配准的向导对话框，根据向导提示进行数据配准的操作。

（2）选择配准数据：在该对话框中单击"添加"按钮，在"选择"对话框中选择需要配准的数据：

- 支持添加多个数据集进行配准；
- 同时支持选择地图作为配准数据，选择某一个地图，则地图中的所有图层均被选择为配准数据。

此处添加地铁数据集（subway_ln_wgs84）、道路数据集（RoadCent_ln_wgs84）两个矢量数据集。

（3）选择参考数据：支持选择某一数据集，同时支持选择工作空间中已配置好的地图作为参考数据。此处选择该区域高清的影像图层作为参考图层。

（4）点击"完成"按钮，完成新建配准的向导操作，进入配准状态。界面会自动切换到"配准"选项卡下的配准窗口，如图3.82所示。

图 3.82　配准窗口

注：若需要对已添加的配准图层和参考图层进行新增、删除、排序等操作时，可在相应配准窗口的图层管理器进行操作。同时支持拖曳工作空间管理器中的数据集或地图至配准图层窗口或参考图层窗口直接打开数据。

（5）设置影像拉伸方式：当用户的配准图层或参考图层中存在影像数据时，支持在"配准"选项卡"影像拉伸"组，分别对配准图层和参考图层的影像数据设置拉伸方式，以便用户在配准刺点过程中获得最佳的图层显示效果。

应用程序提供以下几种拉伸方式：无拉伸、最值拉伸、标准差拉伸、高斯拉伸。

2. 相关主题

● 新建完一个配准窗口以后，可以进入配准第二步：选择控制点。

● 如果已有控制点的配准信息文件（*.drfu），可直接导入该控制点文件。

### 3.9.1.2 第二步：添加控制点

在配准过程中，添加控制点是非常重要的步骤。由于配准图层和参考图层反映了相同或部分的空间位置的特征，因此需要在配准图层的特征点位置添加配准控制点，同时在参考图层的相应特征位置寻找该点的同名点。

此过程实质是识别一系列控制点（ $x$ , $y$ 坐标），以将配准数据集的位置与参考数据的位置链接起来。控制点是在配准数据集和实际坐标中可以精确识别的位置。

选择的控制点精度、数量以及这些点的分布位置在很大程度上决定了数据配准的精度。选择控制点时应该注意以下几点：

（1）控制点一般应选择标志较为明确、固定，并且在配准图层和参考图层上都容易辨认的突出地图特征点，比如道路的交叉点、河流主干处、田地拐角等；

（2）控制点在图层上必须均匀分布，否则配准较密集的区域精度好，而比较稀疏的地方，配准的精度就差，并且能通过控制点反映整个图像的趋势；

（3）控制点的数量应适当，控制点不是越多越好，应该根据实际情况适当选取。而且必须满足相应配准算法的数目要求。

控制点提供了刺点和导入两种添加方式，具体操作方式说明如下：

1. 刺点

（1）在配准窗口，可通过"配准"选项卡"浏览"组中，使用"放大""缩小"或者"漫游"等按钮进行浏览操作，还可修改配准窗口及参考窗口的背景色。

（2）在"配准"选项卡"控制点设置"中，点击"刺点"按钮，鼠标状态变为十字光标，找准定位的特征点位置，点击鼠标左键，完成一次刺点操作。可以看到在鼠标点击位置，用蓝色十字丝标记（默认当前所刺的控制点为选中状态）。同时在控制点列表中，系统会自动给配准控制点编号，同时将其坐标值显示在控制点列表中，即源点 $X$ 和源点 $Y$ 两列中的内容。

（3）同样的操作方法，在参考图层的同名点位置，点击鼠标左键，完成参考图层的一次刺点操作。可以看到在鼠标点击位置，用蓝色十字丝标记（默认当前所刺的控制点为选中状态）。同时在控制点列表中，系统会自动给配准控制点编号，同时将其坐标值显示在控制点列表中，即目标点 $X$ 和目标点 $Y$ 两列中的内容。

（4）重复（2）～（3）步的操作过程，完成多个控制点的刺点操作。根据此次实例中采用的配准算法，至少需要选择 4 个控制点，这些点的分布情况如图 3.83 所示。

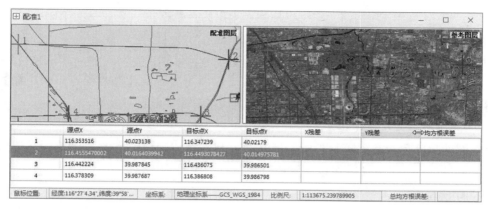

| | 源点X | 源点Y | 目标点X | 目标点Y | X残差 | Y残差 | ←一均方根误差 |
|---|---|---|---|---|---|---|---|
| 1 | 116.353516 | 40.023138 | 116.347239 | 40.02179 | | | |
| 2 | 116.4555470002 | 40.0164039942 | 116.4493078427 | 40.014975781 | | | |
| 3 | 116.442224 | 39.987845 | 116.436075 | 39.986501 | | | |
| 4 | 116.378309 | 39.987687 | 116.386808 | 39.986798 | | | |

鼠标位置： 经度:116°27'4.34",纬度:39°58'… 坐标系: 地理坐标系——GCS_WGS_1984 比例尺: 1:113675.239789905 总均方根误差:

图 3.83　点的分布情况

2. 导入控制点

导入控制点是指将当前工作空间中的点数据集导入为配准点和参考点。

（1）功能入口有如下三处：

● 在"配准"选项卡"控制点设置"中，点击"导入"按钮；

● 在配准地图窗口中单击鼠标右键，选择"导入控制点"选项；

● 在配准控制点列表窗口中单击鼠标右键，选择"导入控制点"选项。

（2）在弹出的导入控制点对话框中，设置以下参数：

● 配准点：设置是否导入配准点，若勾选该复选框，则选择当前工作空间中的点数据集作为配准点。

● 参考点：设置是否导入参考点，若勾选该复选框，则选择当前工作空间中的点数据集作为参考点。

● 清除当前控制点：若勾选该复选框，则会清除当前地图中的控制点；若未勾选，则表示保留地图中的控制点。

（3）点击"确定"按钮，即可将指定的控制点导入当前地图窗口中。

3. 导出控制点

导出控制点是指将刺的控制点导出为点数据集。

（1）功能入口有如下三处：

● 在"配准"选项卡"控制点设置"中，点击"导出"按钮；

● 在配准地图窗口中单击鼠标右键，选择"导出控制点"选项；

● 在配准控制点列表窗口中单击鼠标右键，选择"导出控制点"选项。

（2）在弹出的"导出控制点"对话框中，设置以下参数：

● 配准点：设置是否导出配准点，若勾选该复选框，可将当前地图中的配准点导出为点数据集。

● 参考点：设置是否导出参考点，若勾选该复选框，可将当前地图中的参考点导出为点数据集。

（3）点击"确定"按钮，即可将控制点导出为点数据集。

4. 相关主题

• 完成控制点的选择操作后，可以进行第三步：计算误差。

• 如果需要导入已有的控制点文件，或者需要将所刺的控制点保存下来以备再次使用，可以使用控制点列表中的导入控制信息或者导出控制信息功能。

### 3.9.1.3　第三步：计算误差

在配准图层和参考图层上选择了足够的控制点后，选项卡中的"计算误差"按钮变亮，通过设置配准算法，可以计算所有控制点的误差。

1. 操作步骤

（1）选择配准算法：在"配准"选项卡"运算"组中，应用程序提供了常用的四种算法：线性配准、二次多项式配准、矩形配准和偏移配准。方便用户根据实际需要，选择合适的算法，对待配准数据集进行配准操作。不同算法对于配准控制点数要求不同。

（2）在"配准"选项卡的"运算"组中，点击"计算误差"按钮，进行误差计算，同时在控制点列表中列出了各个控制点的误差。这些误差包括 $X$ 残差、$Y$ 残差以及均方根误差，同时在配准窗口中的状态栏会输出总均方根误差值，如图 3.84 所示。

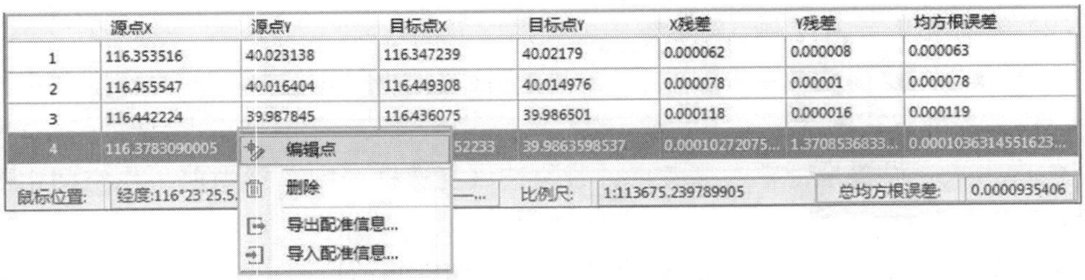

| | 源点X | 源点Y | 目标点X | 目标点Y | X残差 | Y残差 | 均方根误差 |
|---|---|---|---|---|---|---|---|
| 1 | 116.353516 | 40.023138 | 116.347239 | 40.02179 | 0.000062 | 0.000008 | 0.000063 |
| 2 | 116.455547 | 40.016404 | 116.449308 | 40.014976 | 0.000078 | 0.00001 | 0.000078 |
| 3 | 116.442224 | 39.987845 | 116.436075 | 39.986501 | 0.000118 | 0.000016 | 0.000119 |
| 4 | 116.3783090005 | | | …52233 | 39.9863598537 | 0.00010272075… | 1.3708536833… | 0.0001036314551623… |

编辑点
删除
导出配准信息…
导入配准信息…

鼠标位置：经度:116°23'25.5…　　　比例尺:1:113675.239789905　　总均方根误差　0.0000935406

图 3.84　控制点列表

（3）误差的单位和当前数据平面坐标系的单位是一致的。通常情况下，配准的精度要求是要小于 0.5 个像元。如果影像的分辨率是 30m，那么要求总均方根误差要小于15m。

（4）在配准精度的要求上，各个项目的要求是不同的。当某些控制点的均方根误差大于可接受的总均方根误差时，可以通过删除或重新编辑该控制点，减小总体均方根误差，提高配准精度。此操作可通过右键菜单对控制点进行编辑和删除。

（5）调整控制点位置精度，再次进行误差计算，直至误差在精度要求范围内。

（6）在控制点列表中的任意位置单击鼠标右键，在弹出的右键菜单中选择"导出配准信息"命令，将所有控制点的配准信息保存为配准信息文件（＊.drfu）。下次使用只需要将保存的配准信息文件导入即可。

2. 相关主题

计算完误差后，可以进行下面的操作，请参见第四步：执行配准。

3.9.1.4  第四步：执行配准

"配准"选项卡中"运算"组的"配准"按钮用来执行配准功能。只有当控制点列表中的控制点数目满足当前配准算法要求的最少控制点数目时，"配准"按钮才为可用状态。

1. 操作步骤

（1）在"配准"选项卡的"运算"组，点击"配准"按钮，会弹出"配准结果设置"对话框。如果是对栅格/影像数据集进行批量配准，还需要设置是否进行重采样、重采样的模式以及像素大小等内容。

（2）执行配准：如果是进行矢量配准，并且配准方式为线性配准或者二次多项式配准，在配准结束后，应用程序会在输出窗口中显示配准转换的公式及各个参数值，以便用户查阅。如图 3.85 所示。

图 3.85  输出窗口

（3）将配准后的矢量数据叠加在影像上，查看配准结果，放大至道路交叉口，可看到配准前道路偏移严重，而配准后与影像道路重合，配准成功。如图 3.86 所示。

3.9.1.5  导入/导出配准信息文件

1. 使用说明

配准信息文件（*.drfu）保存了配准算法信息以及控制点的信息等内容。每个控制点信息节点下都包含源点的 $X$ 坐标和 $Y$ 坐标信息，以及目标点的 $X$ 坐标和 $Y$ 坐标信息。

2. 操作步骤

1）导入配准信息文件

应用程序支持利用已有的控制点信息对配准窗口中的图层进行配准，用户只需导入已有控制点的配准信息文件（*.drfu）即可。导入入口有两处：

● 在"配准"选项卡"运算"组中，点击"导入"按钮，导入配准信息文件。

● 在配准窗口下的控制点列表中点击右键，在右键菜单中选择"导入配准信息文件"。

2）导出配准信息文件

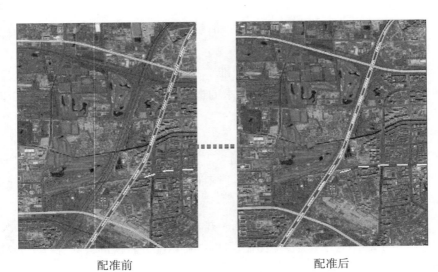

配准前　　　　　　　　　　　　　配准后

图 3.86　配准前后

同时支持对配准窗口的控制点信息文件进行导出保存，方便用户在进行同一区域或快速配准文件时使用该控制点信息，免去了用户重复刺点的过程。导出时请参看导入配准信息文件。

### 3.9.2　快速配准

1. 使用说明

"快速配准"，无须指定参考数据集，而是利用已有配准信息文件（＊. drfu）中的控制点坐标，对同一区域、同一坐标系下的多个数据集进行批量快速配准。支持对点、线、面数据集、文本数据集、CAD 数据集、网络数据集、栅格或者影像数据集进行快速配准。

配准信息文件（＊. drfu）是快速配准数据集的依据，包含了控制点的信息、参考点的信息以及配准算法信息等内容。因此必须有相应的配准信息文件，才能批量配准数据集。

2. 功能入口

单击"开始"选项卡→选择"数据处理"→"配准"→"快速配准"。

3. 操作步骤

（1）在"快速配准"对话框中，通过"添加"按钮添加需要进行快速配准的数据集。

（2）添加配准信息文件：选择导入配准信息文件，应用程序会读取相应的配准算法。

（3）结果设置：如果勾选"另存结果数据"复选框，则会将配准结果保存为新的数据集，此时需要指定配准结果要保存的数据源；或者通过配准数据集列表中的"另存"列，对单个数据集保存进行设置。

（4）如果是对栅格/影像数据集进行批量配准，用户还需要设置是否进行重采样、重采样的模式以及像素大小等内容。

（5）设置完成后，单击"确定"按钮，即可执行批量配准操作。批量配准的结果会输出在输出窗口中。

# 第4章 自动制图

## 4.1 自动制图流程

1. 使用

SuperMap iDesktop专业版和高级版提供自动制图功能。自动制图过程中根据国土基础信息数据分类与代码对数据要素进行分类，分为八大类：定位基础、水系、居民地及设施、交通、管线、境界与政区、地貌、植被与土质，每一类要素配以相应的地图表达标准符号、要素标注，自动生成符合国家标准的电子地图。同时自动制图提供整套扩展制图方案，支持用户数据编码和制图方式扩展。

2. 操作

1）第一步：打开自动制图数据源

打开需要配图的数据源。

在制图时，对数据的要求，同一个比例尺的只能放在同一个数据源中，不支持分散在多个数据源中。

2）第二步：设置自动制图符号库

在"开始"选项卡的"浏览"组中，点击"地图"按钮，新建一个空白地图窗口。在"地图"选项卡的"制图"组中，选中"自动制图"按钮，弹出"自动制图符号库"导入提示对话框，开始向导式自动制图第一步。

在对话框中点击"是"，将系统默认标准电子地图符号库覆盖追加到当前符号库中，系统默认标准电子地图符号库是参照1992年和2006年国家标准要素编码绘制的。如果勾选"导入时覆盖当前符号库"，对于编码相同的符号自动替换为当前导入的对应符号；如果不勾选，则遇到符号编码相同的不替换，跳过追加。

在对话框中点击"否"，不对当前符号库做任何修改，在用户当前符号库基础上进行制图。

3）第三步：设置制图显示比例尺

设置好配图所需的符号库后，开始下一步的操作，会弹出自动制图数据比例尺选择窗口。

根据自己的数据选择相应的数据比例尺。在这里用户可以选择多个比例尺，每个比例尺配以对应的数据。用户选择比例尺有两种选择方式：第一种方式是直接设置对话框右上方的双滑块，设置地图显示层级。另一种方式是直接选择对话框左边表格中的比例尺层级，支持鼠标拖动顺次选中多个比例尺层级，但是不支持间隔选中。

4）第四步：处理国标

设置完制图比例尺后点击"下一步"，弹出国标选择和要素标识字段的创建页面，如图4.1所示。将国标字段转为要素标识字段 FeatureID。

图4.1　"自动制图构建要素标识字段"对话框

（1）先选择左边的数据源的国标类型。目前支持 GB/T 13923—2006 等国家标准。

（2）对话框表格中列出了数据源下面所有的数据集，默认只要是数据集中有国标字段的全部勾上，表示全部都参与制图。如果用户只需要其中的某几个数据集参与制图可以设置勾选所需数据集。

（3）再点击"构建要素标识字段"按钮，创建自动制图要素编码字段。表格下方有个"跳过已创建字段的数据集"复选框，默认是勾选的。如果取消勾选，则重新构建所有数据集的要素标识字段。

5）第五步：自定义要素入库

对于用户数据中存在未匹配的 GB 要素，需要用户自定义入库。如果没有，跳过此步。点击对话框中的"自定义要素入库"按钮，系统将会检查这些未匹配的 GB 记录。检查完成后将弹出如图4.2所示的"自定义要素入库"对话框。

（1）对于需要用户自定义的要素，系统默认给定的符号为红色，目的是给用户制图过程中很清楚的提示以及制图后在地图中让用户明显地看到这些没有指定合适符号的要素。符号名称和编码默认为国标码加上对应比例尺段两位扩展位。例如需要用户自定

图 4.2 "自定义要素入库"对话框

义的是 1∶500 比例尺下 GB 为 380411 的要素,这时系统默认赋给该要素匹配的符号的编码和名称都为 38041101。用户根据实际情况给这些要素指定相应的名称。

（2）对于自定义要素符号的指定,通过点击符号右键选择"编辑"或"导入"。"编辑"是指用户修改当前符号为所需符号;"导入"是指用户从外面导入一个符号文件作为该要素的符号。

6）第六步:处理待分类数据集

要素自定义入库完成后点击"确定"后再点击"下一步"按钮,进入数据分类和要素检查页面。

● 点击"检查"按钮,会自动检查出每个数据集中与所属大类不匹配的对象,这些不匹配的对象组成一个新的数据集,新数据集的名称在原数据集名称的基础上带上要素编码,这些新的数据集被放到新的大类中。

● 对话框左下角复选框"处理已勾选的要素",默认是勾选的,在点击下一步"开始制图"后,检查出来的与当前大类不匹配的数据集中的对象会自动处理,提取到一个新的数据集中并归到新的大类中;如果不勾选,在点击下一步"开始制图"后则跳过不处理这些分类不准确的对象。

● 对话框左侧树结构,将数据源中的数据集按照八大类分别划分到定位基础、水系、居民地及设施、交通、管线、境界与政区、地貌、植被与土质中。并新增一个"未识别"大类,将除八大类之外的编码的要素数据集归为此类。

7）第七步:处理标注

要素检查和处理完成后就可以开始制图了,点击"开始制图"按钮开始自动制图。

自动制图完成后弹出"标注字段管理"对话框,如图4.3所示。用户可以选择对应的标注字段。"原字段"为系统读取的默认标注字段。用户可以在"新字段"中选取并更改为有实际意义的标注字段。

图4.3 "标注字段管理"对话框

8)所有操作完毕后自动制图完成。制图结果会即时显示到地图窗口,同时制图结果会自动保存到地图中。

3. 应用实例

已知有一份 GB/T 13923—2006《基础地理信息要素分类与代码》标准的1:500比例尺的标准数据,现在希望制作一幅符合国家标准的电子地图。自动制图的步骤如下:

(1)启动 SuperMap iDesktop,加载用户数据。

(2)打开自动制图功能窗体,选择1:500数据比例尺。

(3)点击"下一步",选择 GB/T 13923—2006 国标类型。点击"构建要素标识字段",此时将创建与符号库中符号编码匹配的要素字段。如果有未匹配的要素,这种需要用户自定义的要素点击"自定义要素入库",根据实际数据给定相应的要素名称和对应的符号。

(4)点击"下一步"进行要素检查,系统自动将归类错误的要素对象归到相应的大类中。

(5)点击"开始制图",自动制图开始。制图完成后弹出标注管理功能窗体,选择对应标注的字段即可完成地图要素的标注。图4.4为自动制图的结果展示。

195

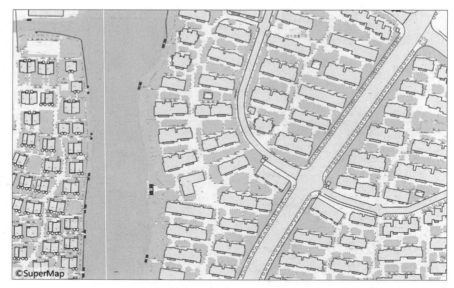

图 4.4　自动制图的结果展示

# 4.2　自动制图专题

**1. 自动制图概念**

电子地图配图是指电子地图符号化的过程。自动制图是根据国家公共地理框架电子地图数据和规范的电子地图符号库,对原始数据要素符号化、自动匹配检查、要素标注等,自动生成符合规范的电子地图。

电子地图数据是针对在线浏览和专题标图的需要,对矢量数据、影像数据进行内容选取组合所形成的数据集,经符号化处理、图面整饰、分级缓存后形成重点突出、色彩协调、符号形象、图面美观的视屏显示地图。电子地图矢量数据集的源数据包括1∶100万、1∶25万、1∶5万、1∶1万、1∶5000、1∶2000、1∶1000、1∶500等不同比例尺的基础数据。

**2. 自动制图价值**

传统的地图制图有许多弱点,生产难度大、成本高、周期长、不能反映空间地理事物的动态变化、信息难以共享等。因此,自动化制图技术应运而生。地图制图的自动化可以大大提高制图的效率和规范性。SuperMap iDesktop 推出一套完整的解决方案,帮助用户成功创建地图,清楚、准确、高效地展示地理数据。

**3. 自动制图原理**

自动制图的参考标准如表4.1所示:

表 4.1　　　　　　　　　　　　　　　　自动制图的参考标准

| 制图参考标准 | 内　　容 |
|---|---|
| 《国家公共地理框架数据电子地图数据规范》 | 电子地图数据的定义、分级内容组合方案、地图瓦片制作及在线发布显示设定要求、地图表达符号与注记等 |
| GB/T 13923—92《国土基础信息数据分类与代码》 | 规定了 1992 国土基础信息数据分类与代码，用以标识数字形式的国土基础信息，保证其存储及交换的一致性 |
| GB/T 13923—2006《基础地理信息要素分类与代码》 | 规定了 2006 国土基础信息数据分类与代码，用以标识数字形式的国土基础信息要素类型 |
| GB/T 20257.1—2017《国家基本比例尺地图图式 第 1 部分：1∶500 1∶1000 1∶2000 地形图图式》 | 国家基本比例尺地图图式规定了地形图上表示的各种自然和人工地物、地貌要素的符号和注记的等级、规格和颜色标准、图幅整饰规格，以及使用这些符号的原则、要求和基本方法。是地图符号表达的参考 |
| GB/T 20257.2—2017《国家基本比例尺地图图式 第 2 部分：1∶5000 1∶10000 地形图图式》 | |
| GB/T 20257.3—2017《国家基本比例尺地图图式 第 3 部分：1∶25000 1∶50000 1∶100000 地形图图式》 | |
| GB/T 20257.4—2017《国家基本比例尺地图图式 第 4 部分：1∶250000 1∶500000 1∶1000000 地形图图式》 | |
| GB/T 20258.1—2019《基础地理信息要素数据字典 第 1 部分：1∶500 1∶1000 1∶2000 比例尺》 | 规定了基础地理信息要素数据字典的内容结构与要素的描述。描述的内容包括要素名称、要素描述、要素分类代码、要素属性表、几何表示、几何表示示例与制图表示示例、相关要素和关系。是地图符号类型的参考 |
| GB/T 20258.2—2019《基础地理信息要素数据字典 第 2 部分：1∶5000 1∶10000 比例尺》 | |
| GB/T 20258.3—2019《基础地理信息要素数据字典 第 3 部分：1∶25000 1∶50000 1∶100000 比例尺》 | |
| GB/T 20258.4—2019《基础地理信息要素数据字典 第 4 部分：1∶250000 1∶500000 1∶1000000 比例尺》 | |

● 补充说明：以上参考标准，通过《国家公共地理框架数据电子地图数据规范》提取每个比例尺下显示的要素；通过《国土基础信息数据分类与代码》提取要素的国标码，以及如何通过国标扩展要素编码；通过《国家基本比例尺地图图式》获得不同比例尺下要素具体的符号显示样式；通过《基础地理信息要素数据字典》得到不同比例尺下要素的符号类型，如点、线、面等。

● SuperMap 自动制图，已录入所有要素及其国标码，并根据要素字典和图示做了一套自动制图标准电子符号库。自动制图根据《国土基础信息数据分类与代码》将数据要素分为八大类：定位基础、水系、居民地及设施、交通、管线、境界与政区、地

貌、植被与土质。根据数据比例尺对应匹配比例尺级别，即相应的显示比例尺。某一比
例尺级别所对应的要素内容严格遵从《国家公共地理框架数据电子地图数据规范》。自
动制图对各比例尺级别下数据中的所有要素配以相应的地图表达标准符号、要素标注，
自动生成符合国家标准的电子地图。

4. 比例尺和符号编码

为了向用户提供色彩协调、符号形象、图面美观的视屏显示地图，需要设定不同显
示比例下要素显示符号（包括要素及注记的样式、规格、颜色等），这时就涉及比例尺
和符号编码。

1）比例尺相关

● 不同比例尺级别下，对应的显示比例尺和数据源比例尺如表4.2所示。

表 4.2 显示比例尺和数据源比例尺

| 级别 | 地面分辨率（米/像素） | 显示比例 | 数据源比例尺 |
|---|---|---|---|
| 1 | 78271.52 | 1：295829355.45 | 1：100 万 |
| 2 | 39135.76 | 1：147914677.73 | 1：100 万 |
| 3 | 19567.88 | 1：73957338.86 | 1：100 万 |
| 4 | 9783.94 | 1：36978669.43 | 1：100 万 |
| 5 | 4891.97 | 1：18489334.72 | 1：100 万 |
| 6 | 2445.98 | 1：9244667.36 | 1：100 万 |
| 7 | 1222.99 | 1：4622333.68 | 1：100 万 |
| 8 | 611.5 | 1：2311166.84 | 1：100 万 |
| 9 | 305.75 | 1：1155583.42 | 1：100 万 |
| 10 | 152.87 | 1：577791.71 | 1：100 万 |
| 11 | 76.44 | 1：288895.85 | 1：25 万 |
| 12 | 38.22 | 1：144447.93 | 1：25 万 |
| 13 | 19.11 | 1：72223.96 | 1：5 万 |
| 14 | 9.55 | 1：36111.98 | 1：5 万 |
| 15 | 4.78 | 1：18055.99 | 1：1 万 |
| 16 | 2.39 | 1：9028.00 | 1：1 万 |
| 17 | 1.19 | 1：4514.00 | 1：5000 |
| 18 | 0.60 | 1：2257.00 | 1：2000 |
| 19 | 0.2986 | 1：1128.50 | 1：2000 |
| 20 | 0.1493 | 1：564.25 | 1：500 |

显示比例尺：自动制图后结果地图的显示比例尺；

数据源比例尺：电子地图矢量数据集的源数据比例尺。

• 某一比例尺级别所对应的要素内容在《国家公共地理框架数据电子地图数据规范》中都有详细说明，表 4.3 以第 8 级别，显示比例尺为 1：2311166.84，数据源比例尺为 1：100 万为例，展示其对应要素内容的选取。

表 4.3 第 8 级别的详细说明

| 级别 | 显示比例 | 数据源比例尺 | 要素内容 |
|---|---|---|---|
| 8 | 1：2311166.84 | 1：100 万 | 水系（全球一至四级水系）、境界与政区（国界线、国外一级行政中心界线、省级界线、地级界线）、居民地（首都、国外一级行政中心、省级政府、地级政府、县级政府）、交通（一级公路、未分级的其他公路、铁路）、注记（首都、省级政府、地级政府、县级政府）、定位基础 |

2）数据要素符号编码

• 按照《国家基本比例尺地图图式》以及《基础地理信息要素数据字典》，要素符号比例尺分为四段，如表 4.4 所示。

表 4.4 四段比例尺

| 第 1 段比例尺 | 第 2 段比例尺 | 第 3 段比例尺 | 第 4 段比例尺 |
|---|---|---|---|
| 1：500 1：1000 1：2000 | 1：5000 1：10000 | 1：25000 1：50000 1：100000 | 1：250000 1：500000 1：1000000 |

SuperMap 自动制图要素符号编码为八位，第八位扩展位一般用来表示比例尺位，用 1、2、3、4 表示，特殊符号除外。

1 表示 1：500 1：1000 1：2000 比例尺段要素扩展位编码；

2 表示 1：5000 1：10000 比例尺段要素扩展位编码；

3 表示 1：25000 1：50000 1：100000 比例尺段要素扩展位编码；

4 表示 1：250000 1：500000 1：1000000 比例尺段要素扩展位编码。

例如，符号编码为"11040201"的要素表示第 1 段比例尺 1：500 1：1000 1：2000比例尺段要素符号。

3）要素符号制作

具体点符号的制作请参考：新建点符号，如图 4.5 所示。

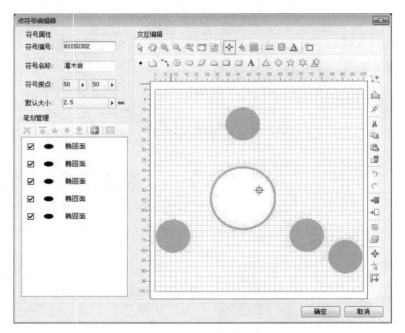

图 4.5　新建点符号

具体线符号的制作请参考：新建线符号，如图 4.6 所示。

图 4.6　新建线符号

具体面符号的制作请参考：新建面符号，如图 4.7 所示。

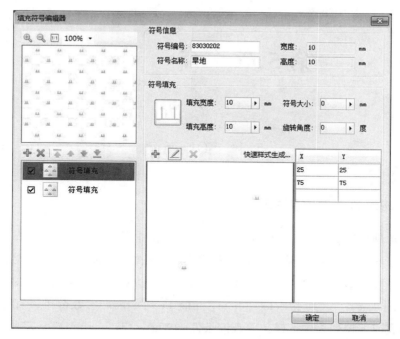

图 4.7 新建面符号

# 第5章　查　　询

## 5.1　SQL 查询

### 5.1.1　构建 SQL 查询表达式

SQL 语句是标准的计算机查询语句，SuperMap 中的许多查询功能都是通过构建 SQL 语句来完成的。一般情况下，SQL 表达式的语法为"Select … （需要输出的字段名）from … （数据集名）where… （查询条件）（order by … ascending/descending）（结果排序字段，可选）"。其中 Select，from，order by 等后面的参数都可以直接在 SQL 对话框中的列表或下拉列表中选择，而查询条件（Where-Clause 语句）是需要我们自己构建的。本章将主要介绍一些常用的查询条件的构建。

需要注意的是，由于文件型数据源中的属性信息是以 Access 格式存储的，因此，在对文件型数据进行查询时使用的通配符，可能与通常在 SQL 或 Oracle 等数据库中查询使用的通配符不大一致，下面以示范数据 PopulationAndEconomy 工作空间中的 Province_R 数据集为例进行详细介绍。

1. 数值的查询

对数值进行查询可以使用 =，<>，>，<，<=，>=，Between…and，等等。

例如：

Province_R. Pop_2014 Between 5000 and 10000

查询的是 Pop_2014 字段值（2014 年人口）在 5000 万到 10000 万之间的省份。

2. 模糊查询

模糊查询使用 like，而且不同类型的数据源使用的匹配符不尽相同。

例如：

（1）部分匹配，使用"﹡"。（注：数据库型和 UDB/UDBX 数据源中的通配符为%，使用单引号、双引号都可）

Province_R. Name like "山%"，Province_R. Name like ′山%′

查询的是 Province_R 数据集中 Name 字段中，名字以"山"开头的省份。

（2）完全匹配。（注：数据库型数据源中只能使用单引号；UDB/UDBX 数据源使

202

用单引号或双引号均可）

Province_R. Name like "北京"，Province_R. Name like '北京'

查询的是 Province_R 数据集中 Name 字段值为"北京"的行政区。

（3）单字匹配，使用"_"。（注：数据库型数据源和 UDB/UDBX 数据源中的通配符为_)

Province_R. Name like '河__'

查询的是 Province_R 数据集中 Name 字段值为"河"后面加两个字符的省份。

3. 查询特定值

使用 in，确定表达式的值是否等于指定列表内若干值中的任意一个值。

例如：

Province_R. Name in ("北京市"，"上海市")

查询的是 Province_R 数据集中 Name 字段值为"北京市"、"上海市"的一个或几个行政区。

Province_R. ColorID in（1，4）

查询的是 Province_R 数据集中 ColorID 字段值为 1 或 4 的省份。

注意：对于字符型字段的查询需要将查询值使用单引号（''）或者双引号(" ")括起来，而数值型字段的查询不需要。对于数据库型数据源，字符型字段的值只能使用单引号。

4. 查询某个字段值是否为空

查询某个字段值是否为空使用 is NULL（is not NULL）。

例如：

Province_R. Name is NULL

查询的是 Province_R 数据集中 Name 字段值为空的那些省份。（有可能这些省份该字段忘记被赋值了）

5. 通过构造语句进行查询

例如：

Province_R. GDP_2014 > Province_R. GDP_2009 ＊ 2

查询的是 Province_R 数据集中 2014 年 GDP 大于 2009 年 GDP 两倍的省份。

当然，在设置查询语句的时候，我们也可以使用（）设置其优先级。例如：

（Province_R. GDP_2014-Province_R. GDP_2013）＞（Province_R. GDP_2013-Province_R. GDP_2012）

查询的是 Province_R 数据集中，2014 年的 GDP 增长比 2013 年 GDP 增长多的省份。

6. 组合语句

使用 and，将两个或者多个查询语句组合起来。

例如：

Province_R. GDP_2014 > 10000 and Province_R. IncomeLevel > 20000

查询 2014 年 GDP 大于 1 万亿，并且人均收入大于 2 万的省份。

7. 比较运算符在字符型字段中的应用

比较运算符，如>，<，>=，<=，<>，等等。

例如：

Province_R. Name >= "芬兰"

查询的是 Province_R 数据集中 Country 字段值的首字母在 F 到 Z 之间的那些省份。对于数据库型数据源，字符型字段的值只能使用单引号。

8. 日期型字段的查询

为 Province_R 数据集创建一个日期型字段 DataDate，用于存储每条数据的统计时间。对日期型字段进行查询时，采用如下方式：

Province_R. DataDate = #2019-08-10 12：25：00#，Province_R. DataDate like #2019-08-10 %#

注：

• SQL（SQL+）数据源中，查询语句为：Province_R. DataDate = ′2019-08-10 12：25：00′；

• ORACLE 数据源中，查询语句为：Province_R. DataDate = TO_DATE（′2019-08-10′,′YYYY-MM-DD′）；

• UDB/UDBX 数据源中，查询语句为：Province_R. DataDate = to_date（2019-08-10 12：25：00）。

查询的是 Province_R 数据集中 DataDate 字段为 2019-08-10 的记录，即 2019-08-10 当天 12：25：00 的记录。

Province_R. DataDate Between #2019-01-01 0：0：0# and #2019-12-31 0：0：0#

查询的是 Province_R 数据集中 2019 年全年的记录。

9. 布尔型字段查询

布尔型字段属性值为 True 或者 False，SQL 查询时用 1 表示 True，0 表示 False。

例如：

Province_R. Coastal = 1

查询的是 Province_R. 数据集中沿海的城市，Coastal 为新建的布尔型字段。

10. 派生字段

例如：

Province_R. SmArea / Province_R. SmArea

在查询结果属性表中会列出该临时字段。另外，根据需要还可以给临时字段表达式起一个别名，只需在原字段表达式后键入空格，再加上"as"和别名即可，格式如下：

Province_R. SmArea / Province_R. SmArea as Pop_Density

别名是任选的，若给字段表达式起一个别名，则在属性表窗口显示时该别名将作为该临时字段名出现在对应列的顶部。若不给定别名，系统则使用表达式内容本身作为临时字段名。若指定多个派生字段表达式，可用逗号分隔。

注意事项：对双精度（Double）类型数值进行比较查询时，当使用" = "符号查询时，由于精度问题，可能查询不到结果。不推荐直接使用" = "进行查询。

### 5.1.2  通过 SQL 语句进行查询

1. 使用说明

SQL 查询可从已有的数据中，查询出满足特定条件的数据（记录数的子集、属性字段的子集、相关的统计等），查询条件主要是通过对数据集的属性进行查询，与空间位置无关。支持查询的数据类型有：点、线、面、文本、CAD、属性表、三维点、三维线、三维面、网络、路由数据集。

2. 功能入口

• 菜单栏：空间分析选项卡 → 查询→SQL 查询按钮；

• 工具箱：查询→SQL 查询工具。（iDesktopX 提供）

3. 操作说明

（1）根据上述功能入口，打开 SQL 查询对话框，如果是第一次使用 SQL 查询功能，对话框数据列表区域会弹出提示信息，提示指定需要进行查询的数据。

（2）选择要查询的数据后，在字段信息列表区域会自动列出指定数据段所有字段信息。需要指定查询字段。

（3）对话框中其他参数含义及操作说明如下：

• 参与查询的数据：编辑框显示当前工作空间所有的数据集，用户可指定参与 SQL 查询的数据集。单击选中某数据集后，下面的字段信息框中将相应地显示该数据集属性表的所有字段。

• 字段信息：用于显示当前选中数据集的所有字段，并显示字段的类型。查询字段、分组字段、排序字段以及构建条件表达式都可从字段信息框中选择字段。在字段信息列表的最下方有"设置关联字段"，双击关联字段按钮弹出连接表设置对话框（参数设置请参阅连接表设置），可以设置使用关联属性表中的字段来进行查询。

• 查询模式：提供了两种查询模式——查询空间和属性信息、查询属性信息。前者的查询结果保留空间和属性信息，后者只保留属性信息；若不保存查询结果，后者的查询速度会快一些。可通过单击选择不同的查询模式。

- 运算符号、常用函数：提供用于构造 SQL 查询条件的运算符号和常用函数，用户可以单击下拉列表，选择相应的运算符号和函数。常用函数包括聚合函数、数学函数、字符函数及日期函数。

- 获取唯一值：用于显示某一字段的所有值，方便查看这个字段有哪些记录值。用户在字段信息栏选中字段后，单击获取唯一值按钮可以将这个字段的值（不含重复值）罗列到下面的列表框中，也可以在定位标签右侧的文本框中输入感兴趣的字段值，系统会在列表框中实时定位。例如，如果一个字段的值为从 1 到 100 的数字，在此输入 50，则下面的列表框会自动定位到 50。同时，在构造查询条件时，双击列表中的字段值也可以直接出现在查询条件中。

- 定位：在获取某一字段的所有值后，可以在定位标签右侧的文本框中输入某一字段值，会在字段值列表框中实时定位到该字段值。注意：只有选中某一字段，并获取了该字段的唯一值后，定位功能才能使用。

- 查询字段：列出要查询的字段，各个字段以英文的逗号分隔，这些字段会出现在结果数据集中。

用户添加查询字段有三种情况：

①光标定位到查询字段后的文本框中，在左下角字段信息框中双击选择字段，默认情况下是"数据集.属性字段"的格式。如想将查询结果单独保存为一个新的字段，可以使用"数据集.属性字段 as 数据集.属性字段"语句，as 后的内容用来自定义查询结果中字段的名称。

②光标定位到查询字段后的文本框中，选择列表中的第一个字段（带"＊"号）使结果中保留所有字段。

③光标定位到查询字段后的文本框中，选择常用函数生成字段的表达式。

- 查询条件：指定查询条件表达式。用户将光标定位到查询条件后的文本框中，可以直接输入，也可以通过从字段信息、运算符号和常用函数下拉列表框中选择相关信息来构造查询条件表达式。注意：查询条件可保留上一次的查询记录，可在历史查询条件的基础上，继续修改查询条件，进行多次查询。

查询条件的构造有两种情况：

①对于使用常用函数构造的查询条件，不同数据引擎对各函数支持的程度有所不同。

②对于直接输入的查询条件，可根据当前数据源的引擎类型所支持的函数来指定。

- 分组字段：将查询结果中的记录按指定字段来分组，所以分组字段必须是查询字段之一。同时，聚合函数也是对同一组内的数据进行统计计算。用户将光标定位到分组字段后的文本框中，从字段信息列表中选择字段。

- 排序字段：查询结果属性表将根据该字段的指定顺序排列记录，可依据多个不同字段进行升序或降序排列。当指定多个排序字段时，系统首先按第一个字段对记录排序，当第一个字段有相同值的记录，就按其第二个字段的值进行排序，依次类推，最后得到按照这个顺序排列的查询结果。

用户可将光标定位到排序字段的文本框中，双击文本框，新增一条排序字段，并在文本框下拉菜单中指定具体字段，同时支持输入排序字段。或从字段信息列表中选择字段，默认情况下是升序。用户可以单击升序字样，出现升序与降序的选择列表，进行选择设置。每一行行尾处有删除按钮 ×，单击该按钮，删除该行排序信息。

注意：用于排序的字段必须为数值型。

● 结果显示：用于设置结果的显示情况。

◇ 浏览属性表：选中此项，则查询结果以属性表形式打开。

◇ 地图中高亮：选中此项，则可在地图窗口中高亮显示查询到的结果。此选项可设置的前提条件是：当前地图窗口中存在着被查询数据集；查询模式为"查询空间和属性信息"。

◇ 场景中高亮：选中此项，则可在场景窗口中高亮显示查询到的结果。此选项可设置的前提条件是：当前场景窗口中存在着被查询数据集；查询模式为"查询空间和属性信息"。

（4）保存查询结果：用于设置查询结果所要保存至的数据源和数据集名称。

（5）导入：用来导入 SQL 查询模板（*.xml）文件。导入后，会根据 SQL 模板文件中记录的查询语句和查询条件，自动填写 SQL 查询界面的相应参数，用户单击"查询"按钮，即可完成 SQL 查询。

（6）导出：用来将 SQL 查询对话框中设定的查询条件和参数等信息保存为 SQL 查询模板（*.xml）文件，并进行输出，保证用户下次可以继续使用。

（7）查询：构建好查询语句以及设置好各项参数后，单击"查询"按钮，则执行 SQL 查询操作。如果查询失败，请检查 SQL 语句构造是否正确。如需修改查询条件，单击"清除"按钮，清除原有的查询参数，即可重新进行查询。

4. 其他情况说明

当使用函数作为查询结果中的字段时，请为函数添加别名，如 Len（World. COUNTRY）as Length，则浏览结果中属性表中字段名即为 Length，保存的结果数据集的属性表中字段名也为 Length；否则，如果没有指定别名，则查询结果中不会保存相应函数查询结果的字段值，但对于不同引擎其默认命名及浏览属性表中字段名不同。

不同引擎对别名的处理方式：

（1）对于 SQL Server Plus 数据源的查询，如果对于查询函数没有指定别名，那么系统不会给出默认的别名，即字段名为空。此时，在"结果显示"中勾选"浏览属性表"时，在打开的属性表中可以看到对应函数的字段无字段名，但有查询结果数据；而"保存查询结果"中保存的查询结果里没有相应函数的查询结果。这是数据库的差异引起的。

（2）对于 UDB/UBDX、Oracle 数据源的查询，如果对于查询函数没有指定别名，那么系统会默认将查询结果中对应函数的字段命名为查询时的函数名，如 Atan（Region2. SMID）；此时，在"结果显示"中勾选"浏览属性表"时，在打开的属性表中可以看到对应函数查询结果的字段名为函数名 Atan（Region2. SMID），且有查询结果数据；但"保存查询结果"中保存的查询结果里没有相应函数的查询结果。这是数据库的差异引起的。

## 5.2　查　询　实　例

### 5.2.1　SQL 属性查询实例

本节以查询 1994 年人口多于 1 亿及地图颜色为绿色（4）的国家分布为例来说明如何进行属性查询。

第一步，打开世界数据工作空间：World. smwu，查询数据集为 World。

第二步，选择"空间分析"选项卡，点击"查询"组中的"SQL 查询"，弹出"SQL 查询"对话框。

第三步，在"SQL 查询"对话框中做如下设置：

查询模式：查询空间和属性信息；查询字段：World. ＊；查询条件：World. POP_1994 > 100000000 AND World. COLOR_MAP Like "4"；在结果显示中勾选地图中高亮；保存查询结果。如图 5.1 所示。

第四步，浏览查询结果。

地图窗口会自动切换成"关联浏览"模式，并列显示世界地图和查询结果的属性表；同时，查询结果会高亮显示在世界地图中，选择属性表中某一个国家，则地图窗口会自动定位到该国家。

其他情况说明：

（1）已知存储各个国家地图颜色的字段为 World. COLOR_MAP，存储 1994 年人口信息的字段为 World. POP_1994，并且两个条件同时发挥作用，用 AND 连接。

（2）查询时，"参与查询的数据"列表框中选中的数据集需要为本次查询的数据集，否则应用程序会提示查询失败。

（3）如果我们在结果属性表中选择了一条记录后，相应的几何对象没有在地图窗口中高亮显示出来，这可能是由于我们在制作地图时，为了美观而设置了图层的可见比例尺范围。这个时候需要首先清除图层的可见比例尺范围的设置。

图 5.1  "SQL 查询"对话框

### 5.2.2  SQL 关联查询实例

本节以查询存储在不同数据集中的深灰城市 7 月的平均气温为例,说明如何进行连接表设置,实现不同数据集间的关联查询。

1. 数据简要介绍

(1) 在 Temperature_July_P 数据集中有各城市气象站点 7 月的平均气温数据 (Temperature Average),气象站点名称(Name)包括省会城市的名称。

(2) 在 ProvinceCapital_P 数据集中有省会城市(Name)。

2. 实现思路

通过省会城市名称字段,关联 Temperature_July_P 数据集,查询出省会城市 7 月份的平均气温信息,生成新的数据集。

3. 具体步骤

第一步,打开示范数据工作空间:Temperature. smwu,打开"中国 1981—2010 年 1 月平均气温分布图"。

第二步,单击空间分析→"查询"→"SQL 查询"按钮,弹出"SQL 查询"对话框。

第三步,设置"参与查询的数据"为 ProvinceCapital_P 数据集,单击对话框左下方的"设置关联字段…"按钮,打开"连接表设置"对话框。

第四步,在"连接表设置"对话框中进行如下设置:外接表 Temperature_July_P,

本表字段 Name，外接表字段 Name，连接方式左连接。设置好之后，SQL 查询对话框，在"字段信息"中添加了关联数据集的字段信息，如图 5.2 所示。

图 5.2 SQL 查询对话框，添加关联数据集的字段信息

第五步，"SQL 查询"对话框中的其他参数设置如下（图 5.3）：

图 5.3 "SQL 查询"对话框中的其他参数设置

- 查询模式：查询空间和属性信息；
- 查询字段：

ProvinceCapital _ P. Name，Temperature _ Jan _ P. TemperatureAverage as Temperature Average_Jan；

◇ 查询条件不进行设置，表示无条件；

◇ 结果显示区中勾选"地图中高亮"；

◇ 保存查询结果：设置所要保存的数据源和数据集名称。

第六步，浏览查询结果。

查询结果是与 ProvinceCapital_P 同类型的数据集（点数据集），其属性表中存储省会名称和一月份的平均气温以及系统字段（以 Sm 打头的字段）。

地图窗口会自动切换成"关联浏览"模式，并列显示未命名地图和查询结果的属性表；同时，查询结果会高亮显示。

### 5.2.3　SQL 空间查询实例

本节以示范数据 China.udb 数据源中的道路、湖泊、行政区划图层为例，查询：

- 湖南省包含哪些湖泊；
- 经过湖南省境内且公路代码为 G320 的公路有哪几条。

具体操作步骤为：

（1）在当前工作空间中，打开示范数据 China.udb 数据源。

（2）新建一个地图窗口，将 Provinces_R、Lake_R 和 ProvinceRoad_L 三个数据集添加到新建的地图窗口中。

（3）在地图窗口中，选中 Provinces_R 图层中的湖南省行政区划面，该面即为空间查询的搜索对象。

（4）单击"空间分析"选项卡，再选择查询组中的"空间查询"按钮，弹出"空间查询"对话框。

（5）在被搜索图层列表中，设置需要进行搜索的空间查询条件和属性查询条件。

- 在 Road_L 图层列表中，单击"空间查询条件"下拉按钮，设置空间查询算子为"相交_面线"，即查询哪些公路穿过湖南省境内。

- 在 Road_L 图层列表中，单击"属性查询条件"下拉按钮，在下拉列表中单击"表达式…"按钮，弹出 SQL 表达式对话框，在对话框中设置被搜索的公路需要满足属性条件：Road_L.CODE = "G320"。

- 在 Lake_R 图层列表中，单击"空间查询条件"下拉按钮，设置空间查询算子为"包含_面面"，即查询湖南省区划范围内包含哪些湖泊。

（6）选中 Road_L 和 Lake_R 图层，在"结果显示"区域中勾选"在属性表中浏览查询结果""在地图窗口中高亮显示查询结果""在场景窗口中高亮显示查询结果"三个复选框。

（7）选中 Road_L 图层，勾选"保存查询结果"复选框，设置将对 Road_L 图层的查询结果保存到 China.udb 数据源，并对结果数据集名称重命名为：湖南省公路_G320。

（8）同样方式，将 Lake_R 图层的查询结果数据集命名为：湖南省湖泊。

（9）单击"查询"按钮，执行空间查询操作。

（10）在属性表、地图、场景窗口中，同时浏览查询结果。在查询结果属性表中任意选中一条记录，在地图窗口和场景窗口中会自动定位到相应对象，实现二维三维关联浏览，如图 5.4 所示。

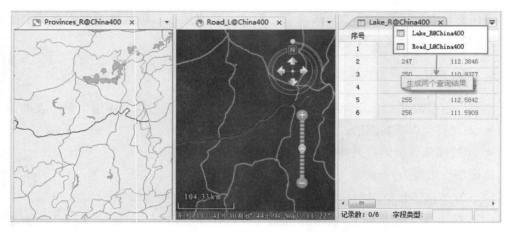

图 5.4　浏览空间查询结果

# 第 3 部分　空间分析篇

# 第6章　矢量数据的空间分析

## 6.1　缓冲区分析

### 6.1.1　生成单重缓冲区

1. 使用说明

单重缓冲区是指在点、线、面实体周围自动建立的一定宽度的多边形。生成的缓冲区结果可以继续参与后面的分析操作。

- 目前，只支持对点、线、面数据集生成缓冲区，不支持对 CAD 数据集、网络数据集和路由数据集生成缓冲区。

- 由于数据类型的不同，在生成缓冲区时的参数设置也完全不相同。对线数据集生成缓冲区，可以选择圆头缓冲或平头缓冲两种缓冲类型；而对点/面数据只能生成圆头缓冲。在缓冲类型为平头缓冲时，可以对线数据集生成左右半径不等或者只有左缓冲或者右缓冲的缓冲区。

- 通过"数值型"方式指定缓冲区距离时，面数据集允许使用负值，点、线数据集只能为正值。但是点、线、面数据集都不允许缓冲距离为 0。

- 通过"字段型"方式指定缓冲区距离时，如果对象指定的字段值为空或者 0 时，不会对该对象生成缓冲区；当指定的字段为负值时，点、线数据集按照正值处理；对线数据生成平头缓冲时，如果线数据左（右）半径字段为负值，则按该数值的绝对值作为右（左）半径进行处理。

2. 操作步骤

（1）在"空间分析"选项卡上的"矢量分析"组中，单击"缓冲区"按钮，在弹出的下拉菜单中选择"缓冲区"项，弹出"生成缓冲区"对话框，如图 6.1 所示。

（2）选择需要生成缓冲区的数据类型。

可以对点/面数据集或者线数据集生成缓冲区。对线数据集生成缓冲区时需要设置缓冲类型，可以是圆头缓冲或者平头缓冲，而对点/面数据集生成缓冲区时则不需要。所以，在对线数据集生成缓冲区时，"生成缓冲区"对话框中会多出一些选项。下面以对线数据集生成缓冲区为例，对"生成缓冲区"对话框中的参数予以说明。

（3）设置缓冲数据。

图 6.1 "生成缓冲区"对话框

- 数据源：选择要生成缓冲区的数据集所在的数据源。
- 数据集：选择要生成缓冲区的数据集。

系统根据生成缓冲区的数据类型，自动过滤选中的数据源下的数据集，只显示该数据源下的线数据集。如果是对点/面数据生成缓冲区，则只会显示相应的数据源下面的点或者面数据集。

只针对被选中对象进行缓冲操作：在选中某一数据集中的对象情况下，"只针对被选中对象进行缓冲操作"前面的复选框可用。勾选该项，表示只对选中的对象生成缓冲区，同时不能设置数据源和数据集；取消勾选该项，表示对该数据集下的所有对象进行生成缓冲区的操作，可以更改生成缓冲区的数据源和数据集。

（4）设置缓冲类型。缓冲类型不同，需要设置的参数也不大相同。

圆头缓冲：在线的两边按照缓冲距离绘制平行线，并在线的端点处以缓冲距离为半径绘制半圆，连接生成缓冲区域。默认缓冲类型为圆头缓冲。

平头缓冲：生成缓冲区时，以线数据的相邻节点间的线段为一个矩形边，以左半径或者右半径为矩形的另外一边，生成形状为矩形的缓冲区域。

线数据在生成平头缓冲的时候，可以生成左右缓冲距离不等的缓冲区，或者生成单边的缓冲区。

- 左缓冲：对线数据的左边区域生成缓冲区。
- 右缓冲：对线数据的右边区域生成缓冲区。

只有同时勾选"左缓冲"和"右缓冲"两项，才会对线数据生成两边缓冲区。默认为同时生成左缓冲和右缓冲。

216

（5）设置缓冲单位。

缓冲距离的单位，可以为毫米、厘米、分米、米、千米、英寸、英尺、英里、度、码等。

（6）选择缓冲距离的指定方式。

● 数值型：勾选"数值型"，表示通过输入数值的方式设置缓冲距离大小。输入的数值为双精度型数字，小数点位数为 10 位。最大值为 $1.79769313486232 \times 10^{308}$，最小值为 $-1.79769313486232 \times 10^{308}$。如果输入的值不在以上范围内，会提示超出小数位数。

左半径：在"左半径"标签右侧的文本框中输入左边缓冲半径的数值大小。

右半径：在"右半径"标签右侧的文本框中输入右边缓冲半径的数值大小。

● 字段型：勾选"字段型"，表示通过数值型字段或者表达式设置缓冲距离大小。

左半径：单击右侧的下拉箭头，选择一个数值型字段或者选择"表达式"，以数值型字段的值或者表达式的值作为左缓冲半径生成缓冲区。

右半径：单击右侧的下拉箭头，选择一个数值型字段或者选择"表达式"，以数值型字段的值或者表达式的值作为右缓冲半径生成缓冲区。

（7）设置结果选项。需要对生成缓冲区后是否合并、是否保留原对象字段属性、是否添加到当前地图窗口以及半圆弧线段数值大小等项进行设置。

合并缓冲区：勾选该项，表示对多个对象的缓冲区进行合并运算。取消勾选该项，表示保留生成的缓冲区结果，不进行合并操作。如图 6.2 所示，对两个圆（蓝色）生成多缓冲区。生成的缓冲区结果如图（a）所示，将生成的结果移动，发现两个缓冲区合并为一个复杂对象，图（b）为合并后的缓冲区。注意：在不勾选合并缓冲区的情况下，不同对象的缓冲区不会进行合并，为单独的两个简单对象。

（a）单重缓冲区结果　　　　　　（b）合并后的缓冲区

图 6.2　单重缓冲区和合并后的缓冲区结果

保留原对象字段属性：勾选该项，表示生成的每一个缓冲区会保留相应的原对象的非系统属性字段信息。取消勾选该项将会丢失原对象的非系统字段属性信息。默认为勾选该项。注意：当勾选"合并缓冲区"时，该项不可用。

在地图窗口中显示结果：勾选该项，表示在生成缓冲区后，会将其生成的结果添加到当前地图窗口中。取消勾选该项，则不会自动将结果添加到当前地图窗口中。默认为勾选该项。

半圆弧线段数（4~200）：用于设置生成的缓冲区边界的平滑度。数值越大，圆弧/

弧段均分数目越多，缓冲区边界越平滑。取值范围为 4~200。默认的数值大小为 100。

（8）设置结果数据。

数据源：选择生成的缓冲区结果要保存的数据源。

数据集：输入生成的缓冲区结果要保存的数据集名称。如果输入的数据集名称已经存在，则会提示数据集名称非法，需要重新输入。

（9）设置好以上参数后，点击"确定"按钮，执行生成缓冲区的操作。

3. 其他情况说明

关于缓冲半径的说明：缓冲半径有两种设置方式，数值型和字段型。

- 数值型

◇ 点、线数据不支持负半径，面数据支持负半径。

- 字段型

◇ 此种方式只对数据集和记录集进行缓冲分析时有效，且需指定除系统字段之外的合法字段。

◇ 对于点和线数据集，当缓冲半径字段中包含了负值，则取其绝对值生成缓冲区。

◇ 缓冲半径为字段或字段表达式时：对于面数据，若合并缓冲区，则取其绝对值，若不合并，则按照负半径处理。

◇ 缓冲半径为字段表达式时：仅对数据集进行缓冲分析时有效。即当勾选"只针对被选对象进行缓冲操作"选项时，不支持缓冲半径设置为"字段型"中的"表达式…"进行分析，会提示分析失败。

### 6.1.2　生成多重缓冲区

1. 使用说明

多重缓冲区是指在几何对象周围的指定距离内创建多个缓冲区。生成的缓冲区结果可以继续参与后面的分析操作。

- 目前，应用程序不支持对 CAD 数据集和网络数据集生成多重缓冲区。
- 对线数据生成多重缓冲区，可以选择圆头缓冲或平头缓冲两种缓冲类型；而对点/面数据系统默认只能生成圆头缓冲。

2. 操作步骤

（1）在"空间分析"选项卡上的"矢量分析"组中，单击"缓冲区"按钮，在弹出的下拉菜单中选择"多重缓冲区"项，弹出"生成多重缓冲区"对话框，如图 6.3 所示。

（2）设置缓冲数据。

数据源：选择要生成多重缓冲区的数据集所在的数据源。

数据集：系统支持对点、线、面数据生成多重缓冲区，故"数据集"下拉列表中，显示出所选择数据源中的所有点、线、面数据集。此处，选择一个需要生成多重缓冲区的数据集。

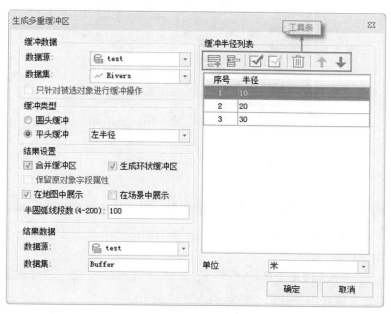

图 6.3 "生成多重缓冲区"对话框

只针对被选中对象进行缓冲操作：若在当前地图窗口中，已选中了点、线或面对象，"只针对被选中对象进行缓冲操作"复选框被勾选。勾选该项，表示只对选中的对象生成多重缓冲区，此时，不能设置生成多重缓冲区的数据源和数据集；取消勾选该项，表示对该数据集中的所有对象生成多重缓冲区，并且可以更改生成多重缓冲区的数据源和数据集。

（3）在对话框右侧的缓冲区半径列表中，设置多重缓冲区的缓冲半径。

可使用工具条中的批量添加、插入、删除等按钮进行缓冲半径的设置。在缓冲区半径列表中，从上到下依次排列的缓冲半径对应多重缓冲区。在缓冲区半径列表中，单击"半径"列表中的数值，即可修改缓冲半径。

批量添加：单击工具条中的"批量添加"按钮，弹出"批量添加"对话框，可设置具有一定递增/递减规则的缓冲半径值，各级缓冲半径都是以缓冲对象为基准生成缓冲区，如图 6.4 所示，系统默认为创建 10～30m 的间隔为 10m 的缓冲区。已添加的缓冲半径值会依次显示在缓冲半径列表中。

① "批量添加"对话框说明：

● 起始值：设置最内层缓冲区的半径值。

● 结束值：设置最外层缓冲区的半径值。

● 步长：设置各级缓冲区之间的间隔距离，即缓冲半径差。

● 段数：设置生成多重缓冲区的层级数。

● 自动更新结束值：勾选该复选框，则系统自动根据输入的起始值、步长和段数，

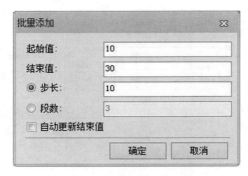

图 6.4　设置多重缓冲区的缓冲半径

计算生成的多重缓冲区中最外层缓冲区的半径值。若不勾选该复选框，则系统默认按照输入的结束值生成最外层缓冲区的半径值。

②　工具条说明：

● 插入：选中一个或多个缓冲区半径，单击"插入"按钮，即可在选中的缓冲区半径之前增加一个缓冲区半径值，默认插入的值为 10。

● 全选：单击"全选"按钮，全选缓冲半径列表中所有的缓冲半径。

● 反选：单击"反选"按钮，反选缓冲半径列表中所有的缓冲半径。

● 删除：选中需要删除的缓冲半径，单击"删除"按钮，删除所有选中的缓冲半径。

● 上移：选中一个或多个缓冲区半径，单击"上移"按钮，即可将所有选中的缓冲半径上移一层。

● 下移：选中一个或多个缓冲区半径，单击"下移"按钮，即可将所有选中的缓冲半径下移一层。

（4）单击"单位"标签右侧的下拉按钮，设置缓冲半径的单位。

可供选择的缓冲半径单位包括：毫米、厘米、分米、米、千米、英寸、英尺、英里、度、码等。

（5）设置多重缓冲区的缓冲类型。

若对线对象生成缓冲区，缓冲类型区域中的参数设置为可用状态，可设置对线对象生成多重缓冲区的类型。

圆头缓冲：生成多重缓冲区时，在线的两边按照缓冲距离绘制平行线，并在线的端点处以缓冲距离为半径绘制半圆，连接生成缓冲区域。默认缓冲类型为圆头缓冲。

平头缓冲：生成多重缓冲区时，以线对象的相邻节点间的线段为一个矩形边，以左半径或者右半径为矩形的另外一边，生成形状为矩形的缓冲区域。线数据在生成平头缓冲时，可以生成单个方向的多重缓冲区。

● 左半径：基于缓冲半径在线数据的左边区域生成多重缓冲区。

● 右半径：基于缓冲半径在线数据的右边区域生成多重缓冲区。

（6）设置结果选项。

在结果设置区域，设置生成的多重缓冲区是否合并、是否保留原对象字段属性、是否添加到当前地图窗口以及半圆弧线段数值大小等。

合并缓冲区：勾选该项，表示对缓冲半径相同的缓冲区进行合并运算。取消勾选该项，表示保留生成的缓冲区结果，不进行合并操作。如图6.5所示，对两个扇形生成两重缓冲区。为了更直观地显示缓冲区效果（图（a）），对生成的结果按照缓冲半径制作专题图。将生成的结果移动，发现相同缓冲半径的缓冲区合并为一个复杂对象，图（b）为其中一组合并后的缓冲。注意：在不勾选合并缓冲区的情况下，相同缓冲半径的缓冲区不会进行合并，为单独的两个简单对象。

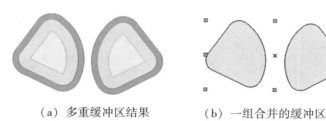

（a）多重缓冲区结果　　　　（b）一组合并的缓冲区

图6.5　设置结果

保留原对象字段属性：勾选该项，表示生成的每一个缓冲区会保留相应的原对象的非系统属性字段信息。取消勾选该项将会丢失原对象的非系统字段属性信息。默认为勾选该项。注意：当勾选"合并缓冲区"时，该项不可用。

生成环状缓冲区：勾选该项，表示生成多重缓冲区时外圈缓冲区是以环状区域与内圈数据相邻的。取消勾选该项后的外围缓冲区是一个包含了内圈数据的区域。默认为勾选该项。

在地图窗口中显示结果：勾选该项，表示生成多重缓冲区后，会将缓冲分析结果添加到当前地图窗口中。取消勾选该项，则不会自动将缓冲分析结果添加到当前地图窗口中。默认为勾选该项。

半圆弧线段数（4~200）：用于设置生成的缓冲区边界的平滑度。数值越大，圆弧/弧段均分数目越多，缓冲区边界越平滑。取值范围为4~200。默认的数值为100。

（7）设置结果数据。

数据源：选择生成的多重缓冲区结果要保存的数据源。

数据集：输入生成的多重缓冲区结果要保存的数据集名称。如果输入的数据集名称已经存在，则会提示数据集名称非法，需要重新输入。

（8）设置完以上参数后，单击"确定"按钮，执行生成多重缓冲区的操作。

### 6.1.3　三维缓冲区

1. 使用说明

三维缓冲区是指在三维点周围根据指定半径建立的球体，或在三维线数据周围根据指定半径建立的圆柱体。

- 目前，该功能只支持对三维点、三维线数据集生成缓冲区。
- 由于数据类型的不同，在生成缓冲区时的参数设置也不同。对线数据生成缓冲区，可以选择圆头缓冲或平头缓冲两种缓冲类型；而对点数据只能生成圆头缓冲。

2. 应用场景
- 爆炸物的危险范围分析；
- 网络信号覆盖范围；
- 辐射源辐射范围。

3. 操作步骤

（1）在"空间分析"选项卡上的"矢量分析"组中，单击"缓冲区"按钮，在弹出的下拉菜单中选择"三维缓冲区"项，弹出"生成缓冲区"对话框，如图6.6所示。

图6.6　"生成缓冲区"对话框

（2）选择需要生成缓冲区的数据的类型。

可选择三维点数据集或者三维线数据集生成缓冲区。对三维线数据集生成缓冲区时需要设置缓冲类型，可以是圆头缓冲或者平头缓冲。下面以对三维线数据集生成缓冲区为例，对"生成缓冲区"对话框中的参数予以说明。

（3）设置缓冲数据。

数据源：选择要生成缓冲区的数据集所在的数据源。

数据集：选择要生成缓冲区的数据集。系统自动过滤选中的数据源下的数据集，只显示该数据源下的三维点和线数据集。

只针对被选中对象进行缓冲操作：在选中某一数据集中的对象情况下，"只针对被选中对象进行缓冲操作"前面的复选框可用。勾选该项，表示只对选中的对象生成缓冲区，同时不能设置数据源和数据集；取消勾选该项，表示对该数据集下的所有对象进行生成缓冲区的操作，可以更改生成缓冲区的数据源和数据集。

（4）设置缓冲类型。缓冲类型不同，需要设置的参数也不大相同。

圆头缓冲：在线的两边按照缓冲距离绘制平行线，并在线的端点处以缓冲距离为半径绘制半圆，连接生成缓冲区域。默认缓冲类型为圆头缓冲。

平头缓冲：生成缓冲区时，以线数据的相邻节点间的线段为一个矩形边，以左半径或者右半径为矩形的另外一边，生成形状为矩形的缓冲区域。

（5）在"缓冲半径"文本框中输入数值可设置缓冲距离大小。输入的数值为双精度型数字，小数点位数为 10 位。最大值为 $1.79769313486232 \times 10^{308}$，最小值为 $-1.79769313486232 \times 10^{308}$。如果输入的值不在以上范围内，会提示超出小数位数。

（6）半圆弧线段数（4~200）：用于设置生成的缓冲区边界的平滑度。数值越大，圆弧/弧段均分数目越多，缓冲区边界越平滑。取值范围为 4~200。默认的数值大小为 100。

（7）在场景中展示：勾选该项，表示在生成缓冲区后，会将其生成的结果添加到当前场景窗口中。取消勾选该项，则不会自动将结果添加到当前场景窗口中。默认为勾选该项。

（8）设置结果数据。

数据源：选择生成的缓冲区结果要保存的数据源。

数据集：输入生成的缓冲区结果要保存的数据集名称。如果输入的数据集名称已经存在，则会提示数据集名称非法，需要重新输入。

（9）设置好以上参数后，点击"确定"按钮，执行生成缓冲区的操作，结果如图6.7所示。

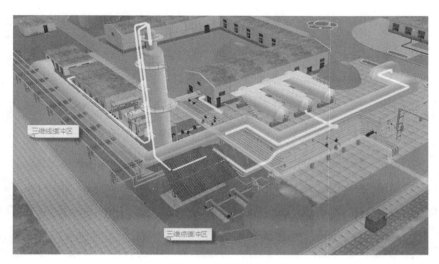

图 6.7 生成缓冲区

# 6.2 叠加分析

## 6.2.1 裁剪

图层裁剪是指用叠加数据集（裁剪数据集）从源数据集（被裁剪数据集）中提取部分特征（点、线、面）集合的功能。

1. 使用说明

● 裁剪数据集的类型必须为面数据集，被裁剪数据集的类型可以是点、线、面数据集。

● 在被裁剪数据集中，只有落在裁剪数据集多边形内的对象才会被输出到结果数据集中。

2. 操作步骤

（1）在"空间分析"选项卡上的"矢量分析"组中，单击"叠加分析"按钮，弹出"叠加分析"对话框，在弹出的对话框中选择"裁剪"项，如图 6.8 所示。

图 6.8　"叠加分析"对话框

（2）设置源数据。选择被裁剪数据集所在的数据源及被裁剪的数据集。

数据源：列出了当前工作空间下所有的数据源，单击右侧下拉箭头选择被裁剪数据集所在的数据源。

数据集：列出了所选数据源下的所有的数据集，单击右侧下拉箭头选择被裁剪的数据集。

（3）设置叠加数据。选择裁剪数据集所在的数据源及裁剪数据集。

数据源：列出了当前工作空间下所有的数据源，单击右侧下拉箭头选择裁剪数据集所在的数据源。

数据集：列出了所选数据源下所有的面数据集，单击右侧下拉箭头选择裁剪数据集。

（4）设置结果。选择存储结果数据集的数据源，指定结果数据集的名称。

数据源：列出了当前工作空间下所有的数据源，单击右侧下拉箭头选择存储结果数据集的目标数据源。

数据集：用于设置结果数据集的名称，默认为 ClipResult。

（5）设置容限值。

叠加操作后，若两个节点之间的距离小于此值，则将这两个节点合并，该值的默认值为被裁剪数据集的节点容限默认值，该值可在数据集属性对话框的矢量数据集选项卡的数据集容限下的节点容限中设置。

若未在数据集属性中设置节点容限，则此处容限默认值与数据集的坐标系有关。

（6）设置是否进行结果对比。

勾选"进行结果对比"复选框，可将被裁剪数据集、裁剪数据集及结果数据集同时显示在一个新的地图窗口中，便于用户进行结果的比较。

（7）单击"确定"按钮，完成裁剪操作。

3. 注意事项

在进行叠加分析前，请确保操作的数据投影信息保持一致，否则可能导致叠加分析失败。

### 6.2.2 合并

图层合并是指对两个及以上的数据集进行并集操作的功能。

1. 使用说明

● 进行合并操作的源数据集及叠加数据集的类型必须为面数据集。

● 结果数据集中保留原来两个数据集的所有的图层要素和通过设置保留的属性字段。

2. 操作步骤

（1）在"空间分析"选项卡上的"矢量分析"组中，单击"叠加分析"按钮，弹出"叠加分析"对话框，在弹出的对话框中选择"合并"项。

（2）设置源数据。选择进行"合并"的源数据集及其所在的数据源。支持输入多个数据集进行合并分析。

数据源：列出了当前工作空间下所有的数据源，单击右侧下拉箭头选择进行"合并"的源数据集所在的数据源。

数据集：列出了所选数据源下所有的数据集，单击右侧下拉箭头选择进行"合并"的源数据集。

（3）设置结果。选择存储结果数据集的数据源，指定结果数据集的名称。

数据源：列出了当前工作空间下所有的数据源，单击右侧下拉箭头选择存储结果数据集的目标数据源。

数据集：用于设置结果数据集的名称，默认为 UnionResult。

（4）设置结果数据集的字段。

单击"字段设置"按钮，从源数据集及叠加数据集中选择字段作为结果数据集的字段信息。单击"确定"按钮，表示将选择的字段信息保存在结果数据集中，如图 6.9 所示。

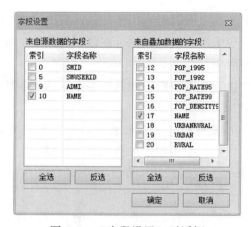

图 6.9　"字段设置"对话框

（5）设置容限值。根据参与分析的数据集，会自动给出默认的容限值。

叠加操作后，若两个节点之间的距离小于此值，则将这两个节点合并，该值的默认值为被裁剪数据集的节点容限默认值，该值可在数据集属性对话框的"矢量数据集"选项卡的数据集容限下的节点容限中设置。

若未在数据集属性中设置节点容限，则此处容限默认值与数据集的坐标系有关。

（6）设置是否进行结果对比。

勾选"进行结果对比"复选框，可将源数据集、叠加数据集及结果数据集同时显示在一个新的地图窗口中，便于用户进行结果的比较。

（7）单击"确定"按钮，完成合并操作。

3. 注意事项

在进行叠加分析前，请确保操作的数据投影信息保持一致，否则可能导致叠加分析失败。

### 6.2.3　擦除

图层擦除是指用叠加数据集（擦除数据集）擦除掉与源数据集（被擦除数据集）重叠的特征要素的功能。

1. 使用说明

- 擦除数据集的类型必须为面数据集，被擦除数据集的类型可以是点、线、面数据集。

- 在被擦除数据集中，只有落在擦除数据集多边形外的对象才会被输出到结果数据集中。

2. 操作步骤

（1）在"空间分析"选项卡上的"矢量分析"组中，单击"叠加分析"按钮，弹出"叠加分析"对话框，在弹出的对话框中选择"擦除"项，如图 6.10 所示。

图 6.10　"叠加分析"对话框

（2）设置源数据。选择被擦除数据集所在的数据源及被擦除的数据集。

数据源：列出了当前工作空间下所有的数据源，单击右侧下拉箭头选择被擦除数据集所在的数据源。

数据集：列出了所选数据源下的所有的数据集，单击右侧下拉箭头选择被擦除的数据集。

（3）设置叠加数据。选择擦除数据集所在的数据源及擦除数据集。

数据源：列出了当前工作空间下所有的数据源，单击右侧下拉箭头选择擦除数据集

227

所在的数据源。

数据集：列出了所选数据源下所有的面数据集，单击右侧下拉箭头选择擦除数据集。

（4）设置结果。选择存储结果数据集的数据源，指定结果数据集的名称。

数据源：列出了当前工作空间下所有的数据源，单击右侧下拉箭头选择存储结果数据集的目标数据源。

数据集：用于设置结果数据集的名称，默认为 EraseResult。

（5）设置容限值。根据参与分析的数据集，会自动给出默认的容限值。

叠加操作后，若两个节点之间的距离小于此值，则将这两个节点合并，该值的默认值为被裁剪数据集的节点容限默认值（该值在数据集属性对话框的矢量数据集选项卡的数据集容限下的节点容限中设置）。

（6）设置是否进行结果对比。

勾选"进行结果对比"复选框，可将被擦除数据集、擦除数据集及结果数据集同时显示在一个新的地图窗口中，便于用户进行结果的比较。

（7）单击"确定"按钮，完成擦除操作。

3. 注意事项

在进行叠加分析前，请确保操作的数据投影信息保持一致，否则可能导致叠加分析失败。

### 6.2.4　求交

图层求交是指对两个及以上的数据集进行交集的分析功能。

1. 使用说明

• 求交数据集类型必须为面数据集，待求交数据集的类型可以是点、线、面数据集。

• 结果数据集中保留原来两个数据集重叠的部分。

2. 操作步骤

（1）在"空间分析"选项卡上的"矢量分析"组中，单击"叠加分析"按钮，弹出"叠加分析"对话框，在弹出的对话框中选择"求交"项。

（2）设置源数据。选择待求交数据集所在的数据源及待求交的数据集。支持输入多个数据集进行求交分析。

源数据源：列出了当前工作空间下所有的数据源，单击右侧下拉箭头选择求交数据集所在的数据源。

源数据集：列出了所选数据源下所有的数据集，单击右侧下拉箭头选择求交的数据集。

（3）设置结果。选择存储结果数据集的数据源，指定结果数据集的名称。

数据源：列出了当前工作空间下所有的数据源，单击右侧下拉箭头选择存储结果数据集的目标数据源。

数据集：用于设置结果数据集的名称，默认为 IntersectResult。

（4）设置结果数据集的字段。

单击"字段设置"按钮，从源数据集及叠加数据集中选择字段作为结果数据集的字段信息。单击"确定"按钮，表示将选择的字段信息保存到结果数据集中，如图 6.11 所示。

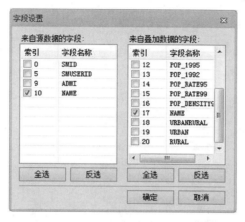

图 6.11　"字段设置"对话框

（5）设置容限值。根据参与分析的数据集，会自动给出默认的容限值。

叠加操作后，若两个节点之间的距离小于此值，则将这两个节点合并，该值的默认值为被裁剪数据集的节点容限默认值，该值可在数据集属性对话框中矢量数据集选项卡的数据集容限下的节点容限中设置。

若未在数据集属性中设置节点容限，则此处容限默认值与数据集的坐标系有关。

（6）设置是否进行结果对比。

勾选"进行结果对比"复选框，可将待求交数据集、求交数据集及结果数据集同时显示在一个新的地图窗口中，便于用户进行结果的比较。

（7）单击"确定"按钮，完成求交操作。

3. 注意事项

在进行叠加分析前，请确保操作的数据投影信息保持一致，否则可能导致叠加分析失败。

# 6.3　邻　近　分　析

## 6.3.1　泰森多边形

1. 使用说明

泰森多边形可用于定性分析、统计分析、邻近分析等。例如，可以用离散点的性质来描述泰森多边形区域的性质；可用离散点的数据来计算泰森多边形区域的数据；判断一个离散点与其他哪些离散点相邻时，可根据泰森多边形直接得出，且若泰森多边形是 $n$ 边形，则就与 $n$ 个离散点相邻；当某一数据点落入某一泰森多边形中时，它与相应的离散点最邻近，无须计算距离。

2. 操作步骤

（1）在"空间分析"选项卡上的"矢量分析"组中，单击"邻近分析"按钮，在弹出的下拉菜单中选择"泰森多边形"项，弹出"构建泰森多边形"对话框，如图 6.12 所示。

图 6.12　"构建泰森多边形"对话框

（2）设置用于构建泰森多边形的点数据：

数据源：选择要构建泰森多边形的数据集所在的数据源。

数据集：选择要构建泰森多边形的数据集。

（3）设置结果数据的范围，若不勾选"自定义区域"复选框，则构建的泰森多边形范围默认比点数据集范围要大；若勾选该复选框，则用户可通过选择面或绘制面方式，自定义泰森多边形范围。

● 选择面：若当前地图窗口中有可见的面图层，则可单击"自定义区域"右侧下拉按钮，选择"选择面"项，在地图窗口中选择一个面对象作为泰森多边形范围。

● 绘制面：单击"自定义区域"右侧下拉按钮，选择"绘制面"项，在地图窗口中绘制一个面对象作为泰森多边形范围。

（4）设置结果数据集保存名称和保存在的数据源：

● 数据源：选择构建的泰森多边形数据要保存的数据源。

● 数据集：输入构建的泰森多边形保存的数据集名称。如果输入的数据集名称已经存在，则会提示数据集名称非法，需要重新输入。

（5）设置结果数据的展示方式：

● 在地图中展示：勾选"在地图中展示"复选框后，若当前窗口为地图窗口，则构建的泰森多边形会自动添加到当前地图窗口中；若当前窗口不是地图窗口，则构建的泰森多边形会自动添加到新建的地图窗口中。

● 在场景中展示：勾选"在场景中展示"复选框后，若当前窗口为场景窗口，则构建的泰森多边形会自动添加到当前场景窗口中；若当前窗口不是场景窗口，则构建的泰森多边形会自动添加到新建的场景窗口中。

（6）设置好以上参数后，点击"确定"按钮，即可执行构建泰森多边形的操作。

3. 注意事项

（1）生成的泰森多边形数据集坐标系与源数据集坐标系一致，若勾选了"在场景中展示"，则平面坐标系的结果数据集会在平面场景中展示，地理坐标系和投影坐标系的结果数据会在球面场景中展示。

（2）若用户未自定义泰森多边形的构建范围，则默认范围比点数据集范围要大，即增大范围为点数据集边长最长边的10%，例如点数据集的范围为150×100，则构建的泰森多边形数据集范围为165×115。

## 6.3.2　距离计算

1. 使用说明

距离计算可用于计算点到点、线或面的距离，可计算指定查询范围内点、线或面到被计算点的距离，计算结果保存在一个新的属性表中，字段包括：源数据点的ID，临近要素ID（点、线或面要素），以及它们之间的距离值。

2. 应用场景

距离计算功能可查看两组事物间的邻近性关系。例如，若用户需要比较多种类型的企业点（如影剧院、快餐店、工程公司或五金商店）与社区问题（乱丢废弃物、打碎窗玻璃、乱涂乱画）所在位置之间的距离，可将搜索限制为一千米来查找关系。然后计算出企业和社区问题所在位置之间的距离，将其保存到属性表中，该结果用于安排公用垃圾桶或巡警。

使用距离计算还可查找：与受污染井的距离在指定范围内的所有水井和距离。

3. 操作步骤

（1）在"空间分析"选项卡上的"矢量分析"组中，单击"邻近分析"按钮，在弹出的下拉菜单中选择"距离计算"项，弹出"距离计算"对话框，如图6.13所示。

（2）设置源数据：

● 数据源：选择需进行距离计算的点数据集所在的数据源。

● 数据集：选择点数据集或网络数据集，在距离计算时作为起点。若选择网络数据集，则参与计算的数据为其中的节点数据。

● 过滤表达式：可以通过过滤表达式来过滤参与对象，使满足条件的点对象参与

图 6.13    "距离计算"对话框

计算。

（3）设置邻近数据：

● 数据源：选择参与距离计算的邻近数据所在的数据源。

● 数据集：选择参与距离计算的邻近数据，可选择点、线、面或网络数据集，在距离计算时作为终点。

● 过滤表达式：可以通过过滤表达式来过滤参与对象，使满足条件的对象参与计算。

（4）参数设置：

计算方式：单击组合框右侧的下拉按钮，可选择距离计算的计算方式，包括最近距离和范围内距离两种。

● 最近距离：即从源数据集中的点对象出发，根据设置的查询范围，计算查询范围内邻近对象与源对象之间的距离，并记录距离最近的一个或多个对象 ID 和距离值。

若选择的计算方式为"最近距离"，可在"查询范围设置"处勾选最小距离或最大距离复选框，设置距离计算的最小或最大距离值，单位与数据集单位一致。设置最大、最小距离后，只有与源数据集点对象距离大于最小距离、小于最大距离（包括等于）的邻近对象参与计算。

● 范围内距离：即从源数据集中的每一个点对象出发，计算每个邻近对象与源对象之间的距离，并根据设置的查询范围，返回距离在最大最小范围内的所有对象 ID 和距离值。选择"范围内距离"计算方式后，需设置最小、最大距离值，单位与数据集单位一致，如图 6.14 所示。

注意：

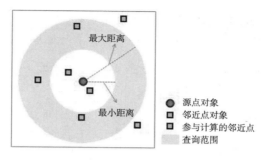

图 6.14　"范围内距离"计算

◇ 点到线对象的距离，是计算点到整个线对象的最小距离，即在线上找到一点与被计算点的距离最短；同样地，点到面对象的距离，是计算点到面对象的整个边界的最小距离，如图 6.15 所示。

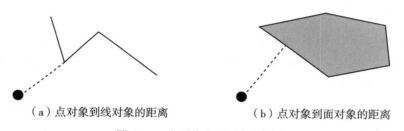

（a）点对象到线对象的距离　　　　（b）点对象到面对象的距离

图 6.15　点到线和面对象的距离

◇ 源数据集与邻近数据集必须具有相同的坐标系。

◇ 计算两个对象间距离时，出现包含或（部分）重叠的情况时，距离均为 0。例如点对象在线对象上，二者间距离为 0。

（5）设置结果数据集保存名称和保存在的数据源：

● 数据源：选择结果数据集所要保存在的数据源。

● 数据集：输入生成的结果数据集名称，如果输入的数据集名称已经存在，则会提示数据集名称非法，需要重新输入。

（6）关联浏览结果：勾选该复选框后，可将源数据、邻近数据打开到同一个地图窗口中，并与结果属性表数据集进行关联浏览。

（7）操作完成自动关闭对话框：选中该复选框后，则在执行完距离计算操作后，将自动关闭"距离计算"对话框；否则，不会自动关闭对话框。

（8）设置好以上参数后，点击"确定"按钮，即可执行距离计算操作，图 6.16 为计算最近距离的结果数据。

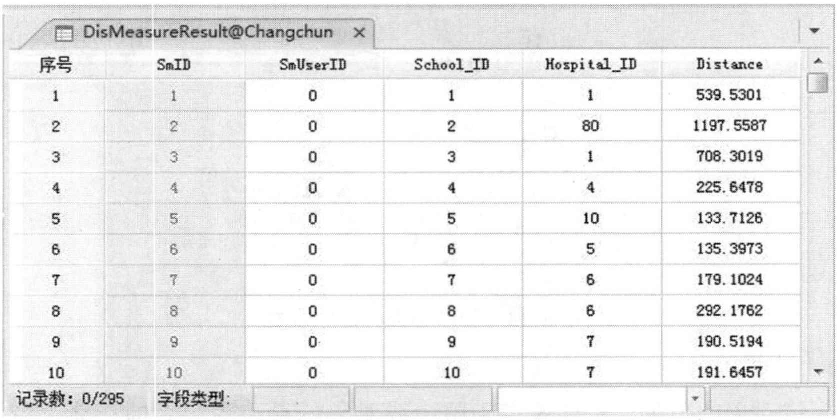

DisMeasureResult@Changchun

| 序号 | SmID | SmUserID | School_ID | Hospital_ID | Distance |
|---|---|---|---|---|---|
| 1 | 1 | 0 | 1 | 1 | 539.5301 |
| 2 | 2 | 0 | 2 | 80 | 1197.5587 |
| 3 | 3 | 0 | 3 | 1 | 708.3019 |
| 4 | 4 | 0 | 4 | 4 | 225.6478 |
| 5 | 5 | 0 | 5 | 10 | 133.7126 |
| 6 | 6 | 0 | 6 | 5 | 135.3973 |
| 7 | 7 | 0 | 7 | 6 | 179.1024 |
| 8 | 8 | 0 | 8 | 6 | 292.1762 |
| 9 | 9 | 0 | 9 | 7 | 190.5194 |
| 10 | 10 | 0 | 10 | 7 | 191.6457 |

记录数：0/295 字段类型：

图 6.16　距离计算结果

### 6.3.3　缓冲区分析

缓冲区分析是根据指定的距离，在点、线、面几何对象周围建立一定宽度的区域的分析方法。缓冲区分析在 GIS 空间分析中经常用到，且往往结合叠加分析来共同解决实际问题。缓冲区分析在农业、城市规划、生态保护、防洪抗灾、军事、地质、环境等诸多领域都有应用。例如，在环境治理时，常在污染的河流周围划出一定宽度的范围表示受到污染的区域；又如扩建道路时，可根据道路扩宽宽度对道路创建缓冲区，然后将缓冲区图层与建筑图层叠加，通过叠加分析查找落入缓冲区而需要被拆除的建筑，等等。

缓冲区分析是基于点、线、面对象进行分析的，支持对二维点、线、面、网络数据集进行缓冲区分析。其中，对网络数据集进行缓冲区分析时，是对其中的弧段作缓冲区。缓冲区的类型可以分析单重缓冲区和多重缓冲区。下面以简单缓冲区为例分别介绍点、线、面的缓冲区的实现方式。

1. 点缓冲区

点的缓冲区是以点对象为圆心，以给定的缓冲距离为半径生成的圆形区域。当缓冲距离足够大时，两个或多个点对象的缓冲区可能有重叠。选择合并缓冲区时，重叠部分将被合并，最终得到的缓冲区是一个复杂面对象，如图 6.17 所示。

2. 线缓冲区

线的缓冲区是沿线对象的法线方向，分别向线对象的两侧平移一定的距离而得到两条线，并与在线端点处形成的光滑曲线（或平头）接合形成的封闭区域。同样，当缓冲距离足够大时，两个或多个线对象的缓冲区可能有重叠。合并缓冲区的效果与点的合并缓冲区相同，如图 6.18 所示。

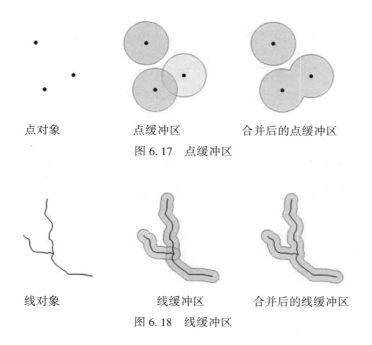

点对象       点缓冲区       合并后的点缓冲区

图 6.17 点缓冲区

线对象       线缓冲区       合并后的线缓冲区

图 6.18 线缓冲区

当线数据的缓冲类型设置为平头缓冲时，线对象两侧的缓冲宽度可以不一致，从而生成左右不等缓冲区；也可以只在线对象的一侧创建单边缓冲区，如图 6.19 所示。

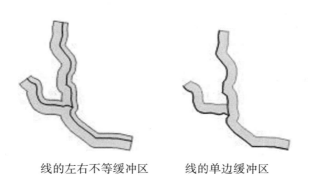

线的左右不等缓冲区       线的单边缓冲区

图 6.19 线数据的缓冲类型设置

3. 面缓冲区

面的缓冲区生成方式与线的缓冲区类似，区别是面的缓冲区仅在面边界的一侧延展或收缩。当缓冲半径为正值时，缓冲区向面对象边界的外侧扩展；为负值时，向边界内收缩。同样，当缓冲距离足够大时，两个或多个线对象的缓冲区可能有重叠。也可以选择合并缓冲区，其效果与点的合并缓冲区相同，如图 6.20 所示。

4. 多重缓冲区

面对象　　　　　面缓冲区　　　　合并后的面缓冲区　　缓冲半径为负时的面缓冲区

图 6.20　面的缓冲区生成

多重缓冲区是指在几何对象的周围，根据给定的若干缓冲区半径，建立相应数据量的缓冲区。对于线对象，还可以建立单边多重缓冲区，如图 6.21 所示。

点多重缓冲区　　　　　　　线多重缓冲区　　　　　　　面多重缓冲区

图 6.21　点、线、面多重缓冲区

# 第7章 栅格数据的空间分析

## 7.1 表面分析

### 7.1.1 提取等值线

7.1.1.1 提取所有等值线

1. 使用说明

提取所有等值线：通过指定参数提取表面模型中所有符合条件的等值线。

● 用于提取等值线的源数据集必须为 DEM 或 Gird 数据集。

2. 操作步骤

（1）使用桌面软件打开"SampleData/ExerciseData/RasterAnalysis"文件夹下的"Terrain"数据源，其中有分辨率为 5m 的 DEM 数据，我们用此数据来做示例。

（2）单击"空间分析"选项卡中"栅格分析"组的"表面分析"按钮，在弹出的下拉菜单中选择"提取所有等值线"项，进入"提取所有等值线"对话框，如图 7.1 所示。

（3）设置提取等值线的公共参数，包括源数据、目标数据和参数设置中的重采样系数、光滑方法、光滑系数。

（4）设置参数中的基准值和等值距。

基准值：生成等值线时的初始起算值，以等值距为间隔向前或前后两个方向计算，因此不一定是最小等值线的值。可以输入任意数字作为基准值。默认值为 0。例如，高程范围为 220~1550 的 DEM 数据，如果设置基准值为 500，等值距为 50，则提取等值线的结果是：最小等值线值为 250，最大等值线值为 1550。

等值距：两条等值线之间的间隔值，它与基准值共同决定提取哪些等值线。

参数设置完成后，系统会自动计算出结果信息并显示出来。结果信息的说明如下：

栅格最大值：所选源数据集中最大的栅格值，为系统信息，不可更改。

栅格最小值：所选源数据集中最小的栅格值，为系统信息，不可更改。

最大等值线：目标数据集中等值线的最大值。

最小等值线：目标数据集中等值线的最小值。

等值数：目标数据集中等值线的总数目。

图 7.1 提取所有等值线

（5）单击"确定"按钮，完成等值线提取操作，如图 7.2 所示。

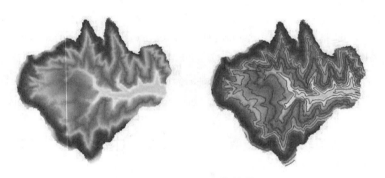

图 7.2 提取所有等值线

#### 7.1.1.2 提取指定等值线

1. 使用说明

提取指定等值线，即按照用户的需要提取一定数量的特定值的等值线。可以直接输入特定值，也可以根据设置的范围和间隔自动生成系列特征值，还可以通过导入的方式，将存放在 * . txt 文件中的特定值导入。

- 用于提取等值线的源数据集必须为 DEM 或 Gird 数据集。

2. 操作步骤

（1）使用桌面软件打开"SampleData/ExerciseData/RasterAnalysis"文件夹下的"Terrain"数据源，其中有分辨率为 5m 的 DEM 数据，我们用此数据来做示例。

（2）单击"空间分析"选项卡中"栅格分析"组的"表面分析"按钮，在弹出的下拉菜单中选择"提取指定等值线"项，进入"提取指定等值线"对话框，如图7.3所示。

图7.3　提取指定等值线

（3）在图7.3中直接输入特定值，也可单击图中的按钮，弹出"批量添加"栅格值对话框，如图7.4所示，设置等值线的起始值、终止值、等值距、等值数等参数，单击"确定"按钮，返回"提取指定等值线"对话框。

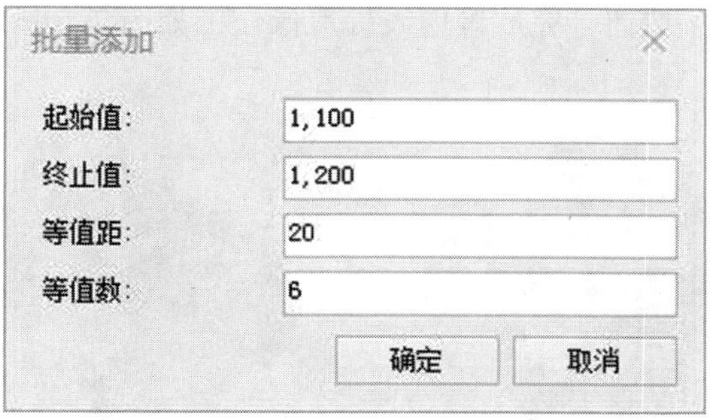

图7.4　"批量添加"栅格值对话框

起始值：生成等值线的初始起算值。
终止值：生成等值线的最大值。
等值距：相邻两条等值线之间的间隔值。
等值数：目标数据集中等值线的总数量。等值距确定后，系统会自动计算出等值数。
这里将起始值设置为1100，终止值设置为1200，等值距设置为20，表示提取

1100~1200 之间距离为 20 的 6 条等值线。

（4）设置提取等值线的公共参数，包括源数据、目标数据和参数设置中的重采样系数、光滑方法、光滑系数。

在提取指定等值线时，可以导入、导出 ∗.txt 格式的等值线信息，也可以删除一个或者全部的当前等值线信息。图 7.5 工具栏中的按钮自左至右依次对应导入、导出、删除、全部删除操作。

图 7.5　提取指定等值线

（5）单击"确定"按钮，完成等值线提取操作，如图 7.6 所示。

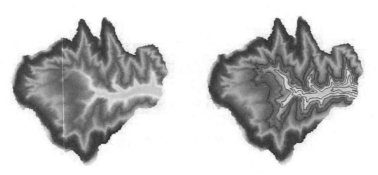

图 7.6　提取指定等值线

### 7.1.1.3　点选提取等值线

1. 使用说明

点选提取等值线提取与鼠标点击位置处高程值相等的所有等值线。

● 用于提取等值线的源数据集必须为 DEM 或 Gird 数据集。

2. 操作步骤

（1）在 SuperMap iDesktop 中打开"ExerciseData/RasterAnalysis"文件夹下的"Terrain"数据源，其中有分辨率为 5m 的 DEM 数据，我们用此数据来做示例。

（2）单击"空间分析"选项卡中"栅格分析"组的"表面分析"下拉按钮，在弹出的下拉菜单中选择"点选提取等值线"项。

（3）将鼠标移至地图上，此时鼠标状态会变成"十"字，在地图上单击选择一个或者多个需要提取等值线的点，如图 7.7 所示。

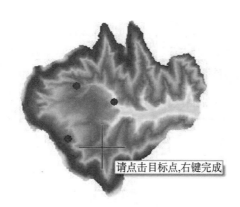

请点击目标点,右键完成

图 7.7　选择一个或者多个需要提取等值线的点

（4）选择完毕后，单击鼠标右键弹出"点选提取等值线"对话框，如图 7.8 所示。

（5）单击"确定"按钮，完成等值线提取操作，结果如图 7.9 所示。

### 7.1.2　提取等值面

7.1.2.1　提取所有等值面

1. 使用说明

提取所有等值面：通过指定参数提取表面模型中所有符合条件的等值面。

● 用于提取等值面的源数据集必须为 DEM 或 Gird 数据集。

2. 操作步骤

（1）通过 SuperMap iDesktop 打开"ExerciseData/RasterAnalysis"文件夹下的"Terrain"数据源，其中有分辨率为 5m 的 DEM 数据，我们用此数据来做示例。

（2）单击"空间分析"选项卡中"栅格分析"组的"表面分析"下拉按钮，在弹出的下拉菜单中选择"提取所有等值面"项，进入"提取所有等值面"对话框，如图 7.10 所示。

（3）设置提取等值面的公共参数，包括源数据、目标数据和参数设置中的重采样系数、光滑方法、光滑系数。

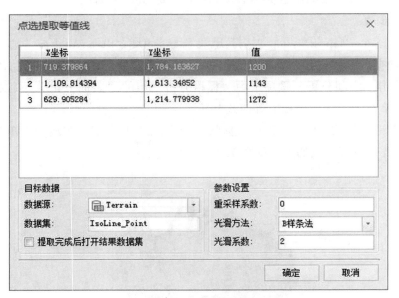

图 7.8　点选提取等值线

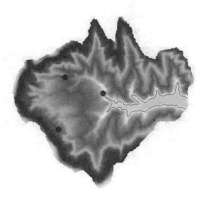

图 7.9　点选提取等值线结果

（4）设置参数中的基准值和等值距。

基准值：基准值作为一个生成等值面的初始起算值，以等值距为间隔向其前后两个方向计算，因此并不一定是最小等值面的值。

等值距：从基准值起，相邻两个等值面之间的高程间距，默认单位与源数据集单位相同。它与基准值共同决定提取哪些等值面。

参数设置完成后，系统会自动计算出结果信息并显示出来。结果信息的说明如下：

栅格最大值：所选源数据集中最大的栅格值，为系统信息，不可更改。

栅格最小值：所选源数据集中最小的栅格值，为系统信息，不可更改。

最大等值面：目标数据集中等值面的最大值。

242

图 7.10　提取所有等值面

最小等值面：目标数据集中等值面的最小值。

等值数：目标数据集中等值面的总数量。

（5）点击"确定"按钮，完成等值面提取操作，结果如图 7.11 所示。

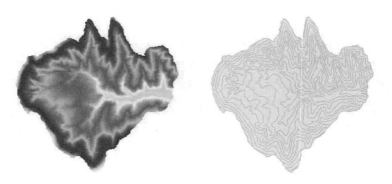

图 7.11　提取所有等值面结果

#### 7.1.2.2　提取指定等值面

1. 使用说明

提取指定等值面：可以按照用户的需要提取一定数量的特定值的等值面。可以直接输入特定值，也可以根据设置的范围和间隔自动生成系列高程值，还可以通过导入的方式，将存放在 *.txt 文件中的特定值导入。

- 用于提取等值面的源数据集必须为 DEM 或 Gird 数据集。

2. 操作步骤

（1）在 SuperMap iDesktop 中打开 "ExerciseData/RasterAnalysis" 文件夹下的

"Terrain"数据源,其中有分辨率为5m的DEM数据,我们用此数据来做示例。

(2)单击"空间分析"选项卡中"栅格分析"组的"表面分析"下拉按钮,在弹出的下拉菜单中选择"提取指定等值面"项,进入"提取指定等值面"对话框,如图7.12所示。

图7.12 提取指定等值面

(3)设置提取等值面的公共参数,包括源数据、目标数据和参数设置中的重采样系数、光滑方法、光滑系数。

(4)在图7.12中直接输入特定值,也可单击图中的按钮,弹出"批量添加"栅格值对话框,如图7.13所示,设置等值面的起始值、终止值、等值距、等值数等参数,单击"确定"按钮,返回"提取指定等值面"对话框。

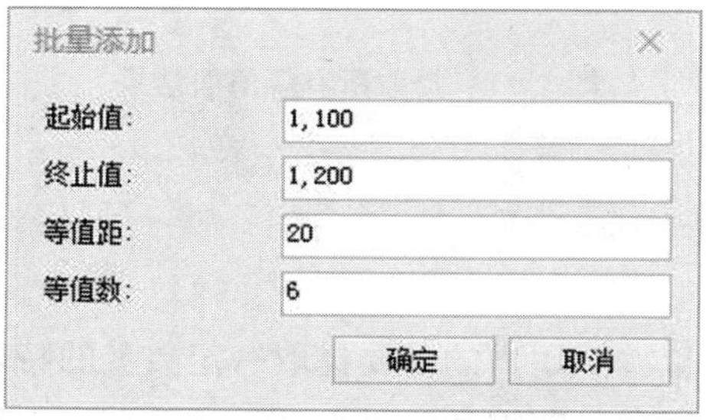

图7.13 "批量添加"栅格值

起始值:生成等值面的初始起算值。

终止值:生成等值面的最大值。

244

等值距：从起始值起，相邻两个等值面之间的高程间距，默认单位与源数据集单位相同。

等值数：目标数据集中等值面的总数量。等值距确定后，应用程序会自动计算出等值数。

（5）单击"确定"按钮，完成等值面提取操作。

在提取指定等值面时，还可以导入、导出 *.txt 格式的等值面信息，也可以删除一个或者全部的当前等值面信息。图7.14 工具栏中的按钮自左至右依次对应导入、导出、删除、全部删除操作。

图 7.14    "提取指定等值面"对话框

### 7.1.3   表面量算

7.1.3.1    DEM 构建

1. 使用说明

地形数据是我们进行地形分析的基础。如我们可以利用地形数据提取坡度坡向的基础地形因子，以及进行水文分析、可视性分析等较复杂的地形分析功能。只有构建高质量的地形数据，才能保证我们后续分析结果的可靠。因此构建地形具有十分重要的意义。

应用程序提供的 DEM 构建功能，帮助使用者实现根据设置的参数构建地形，以及根据指定范围对地形高程值进行修改。

2. 操作步骤

（1）在"空间分析"选项卡的"栅格分析"组中，单击"DEM 构建"下拉按钮，在弹出的下拉菜单中选择"DEM 构建"命令，弹出"DEM 构建"对话框。该对话框的上半部分用来对构建 DEM 的矢量数据进行显示和操作；下半部分主要用来设置相关的参数。

（2）选择参与构建 DEM 的矢量数据。在最上方的工具条中单击"添加"按钮，弹出"选择"对话框，在该对话框列举了当前工作空间中的所有数据源，以及数据源中的所有数据集。选择构建地形所需的等高线数据和高程点数据，单击"确定"按钮，确认选择数据，并返回"DEM 构建"对话框，此时选择的数据会添加到数据列表区中。

（3）在对话框的下半部分对地形的参数进行设置，包括参数设置和其他设置。

3．注意事项

● 对大规模的点、线数据可以使用"不规则三角网"插值类型创建 DEM，但是对计算机的内存要求较高。在操作之前请保证有足够的内存进行该操作，否则可能会由于内存不足而导致创建 DEM 失败。

● 目前暂不支持利用距离反比权重（IDW）和克里金（Kriging）插值方法对大规模的点、线数据构建 DEM。

### 7.1.3.2　DEM 挖湖

1．使用说明

DEM 挖湖具有十分重要的应用意义。传统构建 DEM 的方法通过点数据或者线数据，只能构建出区域内的大地形，对于局部地区的微地形，如湖泊、洼地、冰川等无法展现。DEM 挖湖功能可以帮助我们在构建的 DEM 中很好地体现这些地形特征。在 DEM 挖湖过程中，获取类似于湖泊、洼地等面数据的高程信息，将面数据的高程值赋给 DEM 数据中相应位置的像元，重新得到一个 DEM 数据。

应用程序中有两个地方可以实现 DEM 挖湖，一种是在构建 DEM 的过程中，一并实现 DEM 挖湖功能，最终构建的 DEM 数据是带有湖泊的 DEM；另外一种是先完成 DEM 的构建，然后再进行挖湖操作。

2．操作说明

（1）在"空间分析"选项卡的"栅格分析"组中，单击"DEM 构建"下拉按钮，在弹出的下拉菜单中选择"DEM 挖湖"命令，弹出"DEM 挖湖"对话框。

（2）设置需要进行挖湖操作的 DEM 数据。选择 DEM 数据所在的数据源以及 DEM 数据集。

（3）设置挖湖数据。选择湖面数据所在的数据源以及湖面数据集。

（4）设置高程信息。提供了两种设置高程信息的方式：

● 高程字段：单击"高程字段"单选按钮，选择面数据集中的某个字段作为高程字段，获取湖面数据的高程信息。

● 高程值：单击"高程"单选按钮，在文本框中手动输入数值，作为湖面数据的高程信息。

（5）以上参数设置完成后，单击"确定"按钮，执行 DEM 挖湖操作；单击"取消"按钮，退出当前操作。

### 7.1.4　生成正射三维影像

1. 使用说明

"正射三维影像"功能，对 DEM 进行三维投影后，用周边栅格的高程变化来计算当前点的亮度，然后按照指定的颜色表和无值颜色，渲染 DEM 亮度值生成正射三维影像。

2. 操作步骤

（1）单击功能区→选择"空间分析"选项卡→"栅格分析"组的"表面分析"下拉按钮，在弹出的下拉菜单中选择"正射三维影像"项，弹出如图 7.15 所示的"正射三维影像"对话框。

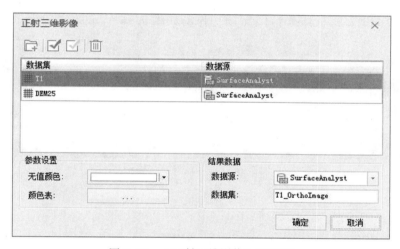

图 7.15　"正射三维影像"对话框

（2）单击工具栏中的"添加"按钮，在弹出的对话框中选择一个或多个待处理的栅格数据。

（3）无值颜色：生成的影像数据集中，无值数据的显示颜色。

（4）颜色表：为生成的正射影像设置颜色表。

（5）结果设置：

● 数据源：列出了当前工作空间中所有的数据源，选择结果数据集所在的数据源。默认与源数据源相同。

● 数据集：设置结果数据集的名称。新生成的正射影像数据集是一个和源数据集等大且分辨率相同的数据集。

（6）单击"确定"按钮，执行生成正射三维影像的操作。

### 7.1.5 生成三维晕渲图

1. 使用说明

"三维晕渲图"功能，通过为栅格表面中的每个像元确定照明度，来获取表面的假定照明度。通过设置假定光源的位置和计算与每个像元的照明度值，即可得出假定照明度。进行分析或图形显示时，特别是使用透明度时，"三维晕渲图"可大大增加栅格表面的立体显示效果。

2. 操作步骤

（1）打开"ExerciseData/RasterAnalysis"文件夹下的"Terrain"数据源，其中有分辨率为5m的DEM数据，我们用此数据来做示例。

（2）单击"空间分析"选项卡中"栅格分析"组的"表面分析"下拉按钮，在弹出的下拉菜单中选择"三维晕渲图"项，弹出如图7.16所示的"三维晕渲图"对话框。

图 7.16　"三维晕渲图"对话框

（3）单击工具栏中的"添加"按钮，在弹出的对话框中选择一个或多个待处理的栅格数据。

（4）光源参数设置：

● 方位角：方位角由0°~360°之间的正度数表示，以北方向为基准方向按顺时针进行测量。

● 高度角：高于地平线的光源高度角。高度角由正度数表示，0°表示地平线，90°

248

表示头顶正方向。

（5）参数设置：

• 阴影模式：三维晕渲图有三种类型——渲染和阴影效果、阴影效果、渲染效果。

渲染和阴影：同时考虑当地的光照角及阴影的作用。

阴影：只考虑当前区域是否位于阴影中。

渲染：只考虑当地的光照角。

• 高程缩放倍数：栅格表面中，栅格高程值（$Z$ 值）相对于 $X$ 和 $Y$ 坐标的单位变换系数。当 $Z$ 方向的单位与栅格表面的 $X$，$Y$ 单位不同时，可使用高程缩放倍数进行调整。

如果 $X$，$Y$ 单位与 $Z$ 单位相同，则高程缩放系数为 1，表示不缩放。

如果 $X$，$Y$ 单位与 $Z$ 单位使用不同的测量单位，则必须使用适当的高程缩放系数，否则可能会得到错误的结果。例如，$X$，$Y$ 方向上的单位是米，而 $Z$ 方向上的单位为英尺，由于 1 英尺 = 0.3048 米，则需要制定高程缩放系数为 0.3084，将英尺单位转换为米。

（6）结果数据：

• 数据源：列出了当前工作空间中所有的数据源，选择结果数据集所在的数据源。默认与源数据源相同。

• 数据集：设置结果数据集的名称。新生成的晕渲数据集是一个和源数据集等大且分辨率相同的数据集。

（7）单击"确定"按钮，执行生成晕渲图的操作，如图 7.17 所示。

图 7.17　三维晕渲图

# 7.2 栅 格 统 计

### 7.2.1 基本统计

1. 使用说明

根据输入的栅格数据计算每个像元的基本统计信息进行统计，同时还可以通过直方图直观地查看统计结果以及灰度信息。统计的内容包括最大值、最小值、平均值、标准差、方差。

2. 操作步骤

（1）在"空间分析"选项卡的"栅格分析"组中，单击"栅格统计"下拉按钮，在弹出的下拉菜单中选择"基本统计"项，弹出"基本统计"对话框，如图7.18所示。

图7.18　"基本统计"对话框

（2）选择要进行统计的栅格数据，包括数据所在的数据源和数据集。

（3）单击"统计"按钮，对栅格数据进行统计。

（4）统计结果区域，显示基本统计的内容。包括最大值、最小值、平均值和标准差等。

- 最大值：查找栅格像元值中的最大值。
- 最小值：查找栅格像元值中的最小值。
- 平均值：统计栅格数据中所有像元值的平均值。
- 标准差：统计栅格数据中所有像元值的标准差。标准差是各个统计数据偏离平均数的距离的平均数，能够反映数据的离散程度。标准差是方差的算术平方根。如下面的公式所示，$x_1$，$x_2$，$x_3$，$\cdots$，$x_n$ 为一组样本数据，$\mu$ 为其平均值，则标准差公式计算方法如下：

$$S = \sqrt{\frac{(x_1 - \mu)^2 + (x_2 - \mu)^2 + \cdots + (x_n - \mu)^2}{n}}$$

- 方差：统计栅格数据中所有像元值的方差。方差是各个统计数据源与其平均数的差的平方和。

（5）单击"直方图"按钮，查看当前栅格数据的直方图。

（6）单击"关闭"按钮，退出当前统计窗口。

### 7.2.2 区域统计

1. 使用说明

（1）区域统计是根据一个数据集所包含的不同类别的区域范围（区域数据、矢量面数据或者栅格数据）对另一个数据集（值数据，必须为栅格数据）进行统计。不考虑栅格像元的相邻关系，按照区域对栅格数据进行划分，对同一个区域中的栅格数据进行统计，同一个区域内的栅格像元赋值为同一个值输出，最终得到一个新的栅格数据集。例如，可以利用区域统计计算每个污染区内的平均人口密度、计算同一高程处植被类型、每个同一坡度区域内土地利用类型。图7.19为某一地区坡度分类栅格数据，以坡度分类栅格数据为区域数据，高程数据为值数据，计算同一坡度区域内高程的平均值。

 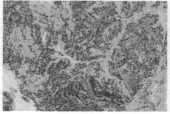 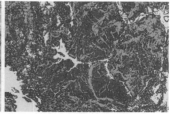

值数据（DEM 数据）　　　　区域数据（坡向数据）　　　　平均值统计结果

图 7.19　某一地区的区域统计

（2）SuperMap 应用程序提供了10种统计模式，包括：

- 最小值：查找区域内栅格像元值的最小值。
- 最大值：查找区域内栅格像元值的最大值。
- 平均值：计算区域内所有栅格像元值的平均值。
- 标准差：计算区域内所有栅格像元值的标准差。
- 和：计算区域内栅格像元值之和。
- 种类：统计区域内栅格像元值出现的个数。
- 值域：计算区域内栅格像元值的范围，即区域内的最大值减去最小值。
- 众数：统计区域内栅格像元值出现频率最高的数值。

- 最少数：统计区域内栅格像元值出现频率最低的数值。
- 中位数：区域内栅格像元值按照从小到大的顺序排列，处于最中间的数值。

（3）使用忽略无值数据选项时，无值的区域数据将不参与统计。如图 7.20 所示是对两个栅格区域进行统计，统计模式为最大值。对无值数据的处理设置是忽略无值数据，从这个例子可以看出，忽略的是值数据集中的无值数据，而区域数据中的无值数据则是需要考虑的。

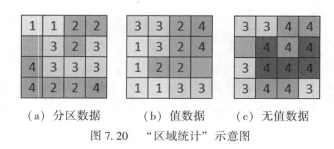

（a）分区数据　　（b）值数据　　（c）无值数据

图 7.20　"区域统计"示意图

2. 操作步骤

（1）在"空间分析"选项卡上的"栅格分析"组中，单击"栅格统计"下拉按钮，在弹出的下拉菜单中选择"区域统计"项，弹出"区域统计"对话框。

（2）选择要进行统计的值数据（栅格数据），包括栅格数据所在的数据源和数据集。

（3）选择待统计的区域数据。区域数据可以为矢量面数据集或者栅格数据集。目前仅支持像素格式为 1 位（UBit1）、4 位（UBit4）、单字节（UBit8）和双字节（Bit16）的栅格数据集进行区域统计。

（4）设置区域字段。矢量区域数据集中用于标识区域的字段。字段类型只支持 32 位整型。默认使用矢量数据集的 SmID 进行统计。不能对栅格数据集设置统计字段。

（5）设置统计参数。包括统计模式和是否忽略无值数据。

选择使用的统计模式，一共有 10 种类型可选。包括最小值、最大值、平均值、标准差、和、种类、值域、众数、最少数和中位数。

设置是否忽略无值数据。选中忽略无值数据时，统计时仅对值栅格数据中有值的像元进行统计；否则会对无值像元进行统计。

（6）设置结果数据。区域统计的结果会以一个栅格数据集输出。需要设置结果数据要保存的数据源以及栅格数据的名称和属性表名称。需要注意：栅格结果数据和属性表的名称不能一样。

（7）单击"确定"按钮，执行区域统计操作。单击"取消"按钮，退出当前对话框。

3. 其他情况说明

统计结果的说明：

栅格结果数据集：不同颜色的栅格代表一个区域，将这一区域的结果直接赋予该区域内的所有栅格值。如在进行区域统计时，选择的统计模式为均值，则结果栅格数据集的栅格值就表示了这一区域内所有栅格像元值的均值大小。

属性表数据集：按照统计字段，将这个区域的统计结果进行保存。属性表中包含了所有统计模式的结果（最大值、最小值、均值、标准差等）以及区域内的像元个数（PixelCount），方便用户统一查看。

### 7.2.3 常用统计

1. 使用说明

常用统计功能用来将输入栅格与某一个固定值或者与其他栅格数据集（一个或者多个）比较的结果进行统计。按照比较方式的不同，可以分为以下两种：

● 常用统计功能用来将输入的栅格数据集与一个或多个栅格数据集的对应像元值进行比较，比较结果为"真"的次数。

● 或者将一个栅格数据集逐行逐列按照某种比较方式与一个固定值进行比较，比较结果为"真"的像元值为1，比较结果为"假"的像元值为0。

2. 操作步骤

（1）在"空间分析"选项卡的"栅格分析"组中，单击"栅格统计"下拉按钮，在弹出的下拉菜单中选择"常用统计"项，弹出"常用统计"对话框，如图7.21所示。

图 7.21 "常用统计"对话框

（2）选择要统计的栅格数据，包括栅格数据所在的数据源和数据集。

（3）设置统计结果参数，包括统计结果数据集所在的数据源和结果数据集名称。

（4）设置统计参数。根据不同的统计类型，需要设置不同的参数。

● 统计栅格与固定值进行比较时：先选择比较运算函数，包括等于运算、大于运算、小于运算、大于等于运算和小于等于运算。选中"固定值"单选按钮，激活固定值后侧的文本框，输入要比较的固定值大小。

253

● 统计栅格与其他栅格数据进行比较时：先选择比较运算函数，包括等于运算、大于运算、小于运算、大于等于运算和小于等于运算。选中"栅格数据集"单选按钮，激活栅格数据集后面的选择按钮，单击"选择"按钮，选择要进行统计的其他栅格数据集，可以是单个或者多个栅格数据集。

（5）设置是否忽略无值数据。默认忽略无值数据。选中该参数，在进行统计时，无值数据将不参与统计，否则统计过程中需要考虑无值数据。

（6）单击"确定"按钮，执行统计操作。单击"取消"按钮，退出当前对话框。

### 7.2.4 高程统计

1. 使用说明

根据栅格数据的高程信息，获取点数据（二维）对应的高程信息，并将结果输出为三维点数据集。

2. 操作步骤

（1）在"空间分析"选项卡上的"栅格分析"组中，单击"栅格统计"下拉按钮，在弹出的下拉菜单中选择"高程统计"项，弹出"高程统计"对话框，如图7.22所示。

图7.22 "高程统计"对话框

（2）选择需要统计高程信息的点数据集（二维），包括点数据所在的数据源和数据集。

（3）选择高程信息来源的栅格数据，包括栅格数据所在的数据源和数据集。

（4）设置结果参数，包括结果数据集要保存的数据源和生成的高程点数据集的名称。

254

（5）单击"确定"按钮，进行高程统计操作。单击"取消"按钮，退出当前对话框。

3. 其他情况说明

统计结果的说明：生成的结果数据集为一个三维点数据集。查看其属性表，其中SMZ 字段为高程字段，记录了每一个点在栅格数据中的高程信息。

### 7.2.5　邻域统计

1. 使用说明

邻域统计是对数据集中的每个像元值的邻域范围内的像元进行统计，即以待计算栅格为中心，向其周围扩展一定范围，基于这些邻域范围内的栅格数据进行统计计算，将运算结果作为像元的值。目前提供的统计方法包括：最大值、最小值、众数、最少数等。常用的邻域范围类型包括：矩形、圆形、圆环和扇形等。

图 7.23 为邻域统计的示意图，图中位于第二行第三列的单元格，它的值由其周围扩散得到的 3×3（矩形邻域）的邻域内所有像元值来确定。

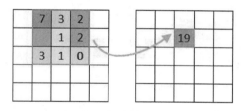

图 7.23　邻域统计示意图

- 统计模式：

SuperMap 邻域统计提供了 10 种统计模式，分别如下：

◇ 最小值：查找区域内栅格像元值的最小值。

◇ 最大值：查找区域内栅格像元值的最大值。

◇ 平均值：计算区域内所有栅格像元值的平均值。

◇ 标准差：计算区域内所有栅格像元值的标准差。

◇ 和：计算区域内栅格像元值之和。

◇ 种类：统计区域内栅格像元值出现的个数。

◇ 值域：计算区域内栅格像元值的范围，即区域内的最大值减去最小值。

◇ 众数：统计区域内栅格像元值出现频率最高的数值。

◇ 最少数：统计区域内栅格像元值出现频率最低的数值。

◇ 中位数：区域内栅格像元值按照从小到大的顺序排列，处于最中间的数值。

- 邻域形状类型：

邻域统计过程中，对于邻域的设置有不同的方式，提供了四种邻域窗口，分别如下：

◇ 矩形：矩形的大小由指定的宽度和高来确定，矩形范围内的像元参与邻域统计的计算。矩形邻域宽和高的默认值均为 0（单位为地理单位或栅格单位）。

◇ 圆形：圆形邻域的大小根据指定的半径来确定，圆形范围内的所有像元都参与邻域处理（注意：只要像元有部分包含在圆形范围内都将参与邻域统计）。圆形邻域的默认半径为 3（单位为地理单位或栅格单位）。

◇ 圆环：环形邻域的大小根据指定的外圆半径和内圆半径来确定，环形区域内的像元都参与邻域处理。环形邻域的默认外圆半径和内圆半径分别为 6 和 3（单位为地理单位或栅格单位）。

◇ 扇形：扇形邻域的大小根据指定的圆半径、起始角度和终止角度来确定。在扇形区内的所有像元都参与邻域处理。扇形邻域的默认半径为 3（单位为地理单位或栅格单位），起始角度和终止角度的默认值分别为 0° 和 360°。

四种形状如图 7.24 所示，默认邻域大小为 3×3。图上单元格仅为示意。

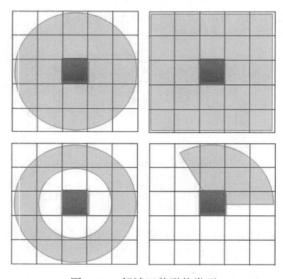

图 7.24　邻域四种形状类型

2. 操作步骤

（1）在"空间分析"选项卡的"栅格分析"组中，单击"栅格统计"下拉按钮，在弹出的下拉菜单中选择"邻域统计"项，弹出"邻域统计"对话框。

（2）选择要进行统计的源数据（栅格数据），包括栅格数据所在的数据源和数据集。

（3）设置是否忽略无值数据。选中忽略无值数据时，统计时仅对值栅格数据中有值的像元进行统计；否则会对无值像元进行统计。

（4）设置结果数据。需要设置邻域统计结果数据要保存的数据源以及栅格数据的名称。

（5）设置邻域统计的相关参数，包括统计模式、单位类型和邻域形状。

- 统计模式：选择使用的统计模式，一共有 10 种类型可选。包括最小值、最大值、平均值、标准差、和、种类、值域、众数、最少数和中位数。
- 单位类型：选择进行统计时使用的单位类型。目前支持 2 种单位类型，包括栅格坐标和地理坐标。栅格坐标是指使用栅格数作为邻域单位；地理坐标是指用地图的长度单位作为邻域单位。
- 邻域形状：选择邻域统计的形状。目前支持 4 种邻域形状，包括矩形、圆形、圆环和扇形。选定要使用的形状后，还需设置具体形状大小，例如对于矩形需要设置矩形的宽度和高度；对于扇形，需要设置扇形的半径、起始角度和终止角度。

（6）单击"确定"按钮，执行邻域统计操作。单击"取消"按钮，退出当前对话框。

# 7.3 矢 栅 转 换

## 7.3.1 矢量栅格化

1. 使用说明

将矢量数据集转换为栅格数据集。

2. 操作步骤

（1）打开"ExerciseData"→"RasterAnalysis"文件夹下的"Terrain"数据源，其中有分辨率为 100m 的 DEM 数据，我们用此数据来做示例。

（2）单击"空间分析"选项卡中"栅格分析"组的"矢栅转换"下拉按钮，在弹出的菜单中选择"矢量栅格化"功能，弹出"矢量栅格化"对话框。

（3）用户需对如下参数进行设置：

①源数据：

- 数据源：列出当前工作空间中所有的数据源，选择需要栅格化的矢量数据集所在的数据源。
- 数据集：列出所选数据源中所有的矢量数据集，选择需要栅格化的矢量数据集，这里会自动定位到工作空间管理器内选中的数据集。
- 栅格值字段：列出了源数据集中所有的字段名称，选取一个字段值作为结果数据集的像元值。注意：栅格值字段中的数值范围需要与像素格式相匹配，即栅格字段值的取值范围需要位于结果数据集的像素格式的存储范围内，一旦栅格字段值超出结果数据集"像素格式"的存储范围时，对应像元的栅格值将被处理成 0。例如，"像素格式"设置为"4 位"时，其存储范围为 [0，15]，共 16 个整数。若某个字段值为 20（超出"4 位"像素格式的存储范围），则该字段值对应的像元栅格值将被处理成 0。

②结果数据：

- 数据源：列出了当前工作空间的所有数据源，选择结果数据集所在的数据源。默认与源数据源相同。

- 数据集：设置结果数据集的名称，结果数据集为栅格数据集（Grid）。

③参数设置：

- 边界数据源：列出了当前工作空间下所有的数据源，选择边界数据集所在的数据源。

- 边界数据集：选择边界数据集，必须为面数据集。通过选择边界数据集，可以仅对源数据集与边界数据集相交的部分进行栅格化操作。

- 将选中的面对象作为边界：以选中对象的范围作为栅格化操作的边界，对所选源数据集进行栅格化操作。

在地图窗口中选中一个或多个面对象以后，打开矢量栅格化对话框，将默认勾选"将选中的面对象作为边界"复选框，此时栅格化范围仅限地图窗口中所选面对象的并集，对话框右侧参数设置区域的边界数据源和边界数据集将自动定位到所选面对象所在的数据集，且二者变灰呈不可修改状态。若栅格化之前未在地图窗口中选中面数据集，则该功能不可用。

- 像素格式：设置结果数据集的像素格式。包括：1 位、4 位、单字节、双字节、整型、长整型、单精度浮点型和双精度浮点型等 8 种。可根据实际需求选择合适的像素格式。

- 分辨率：设置栅格数据集的分辨率。默认分辨率的计算公式是 $L/500$，其中，$L$ 表示边界长度，取结果数据集的区域范围内宽（width）和高（height）之间最大的边的值，500 表示边界 $L$ 所容纳单元格的默认数量，计算结果为每个像元的大小。此外，用户也可以自行调整结果数据集分辨率的大小。分辨率的单位与源数据集的地理单位相同。

（4）单击"环境设置"按钮，设置分析环境参数，矢量栅格化支持设置的分析环境参数包括结果数据集的地理范围、裁剪范围、默认输出分辨率等。

注意：支持将环境参数设置为全局变量，即将此处设置的参数值作为总栅格环境分析环境参数，其他支持环境参数设置的功能，无须再重复设置。如果在此处不设置环境参数，则分析时读取栅格分析环境中该参数的设置。

（5）完成栅格化相关参数的设置后，单击"确定"按钮，执行矢量栅格化操作，如图 7.25 所示。

### 7.3.2　栅格矢量化

1. 使用说明

对栅格数据类型的数据进行矢量化处理，可以将栅格数据集转化成点、线、面数据集。

2. 操作步骤

（1）打开"ExerciseData/RasterAnalysis"文件夹下的"Terrain"数据源，其中有分辨率为 100m 的 DEM 数据，我们用此数据来做示例。

（2）单击"空间分析"选项卡"栅格分析"组中的"矢栅转换"下拉按钮，在弹出的菜单中选择"栅格矢量化"功能，弹出"栅格矢量化"对话框。

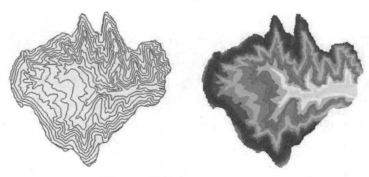

图 7.25　等值面矢量栅格化结果

（3）在"源数据"区域选择要进行处理的数据集。

● 数据源：在右侧下拉列表中，列出了当前工作空间下所有的数据源，选择将要被矢量化的栅格数据集所在的数据源。

● 数据集：在右侧下拉列表中，列出了所选数据源中的栅格数据集和影像数据集，选择将要进行矢量化的数据集。

（4）在"结果数据"区域设置矢量化后生成的结果数据集的位置和名称。

● 数据源：选择保存矢量化生成的结果数据集所在的数据源位置。

● 数据集类型：选择矢量化生成的数据集类型，可以是点数据集、线数据集或者面数据集。

● 数据集名称：为矢量化生成的结果数据集命名。

（5）"矢量线设置"区域的参数只有在结果数据的"数据集类型"选择为"线数据集"的时候才生效。

● 光滑方法：只在栅格转为矢量线数据时有效，SuperMap 提供两种光滑处理的方法："B 样条法"和"磨角法"。

● 光滑系数：只在栅格转为矢量线数据时且"光滑方法"不是"不进行光滑"时有效，光滑系数的有效取值与光滑方法有关，当光滑方法为 B 样条法时，光滑系数的值小于 2 时将不会进行光滑；当采用磨角法时，光滑系数的值设置为大于等于 1 时有效。光滑系数的值越大，则结果矢量线的光滑度越高。

● 细化预处理：选中此选项，则在矢量化前先对栅格数据进行细化处理。细化处理可以减少栅格数据中标识线性对象的单元格的数量，提高矢量化的速度和精度。例如一幅扫描的等高线图上可能使用 5、6 个单元格来显示一条等高线的宽度，细化处理后，等高线的宽度就只用一个单元格来显示了。也可以预先对栅格/影像数据进行细化处理，然后再矢量化。

（6）"栅格设置"区域的参数只对栅格数据集矢量化时生效，对影像数据集进行矢量化时不生效。

● 无值：对栅格数据集，像元值为此设定值的单元格被视为无值数据，不参与矢量化过程。

● 无值容限："无值数据"设定好像元值后设置该"无值容限"值，则"无值数据"的像元值及容限范围内的像元值均视为不参与矢量化过程的数据单元。

● 栅格值字段：用来将每个单元格的栅格值存储到结果数据集中的字段中。栅格值字段的名称在后侧的文本框中指定。默认字段名称为 value。

● 只转换指定栅格值：仅提取单元格值等于设定值的区域进行矢量化。

● 栅格值：像元值为此设定值的单元格参与矢量化过程。

● 栅格值容限：设置指定"栅格值"的容限范围，在指定"栅格值"及浮动容限范围内的栅格值参与矢量化过程。

（7）在"影像设置"区域的参数只对影像数据集矢量化时生效，对栅格数据集进行矢量化时不生效。

● 背景色：对影像数据集，若遇到此种颜色的单元格，则将其视为背景色，不参与矢量化过程。

● 背景色容限：对于影像数据集选择了背景色后，数据集中若某个单元格的 RGB 值在背景色的浮动容限范围内，则该单元格也被作为背景色，不参与矢量化过程。容限值同时对应 RBG 三个值，比如容限值取 10，那么颜色值（R±10、B±10、G±10）范围内的色值就在容限范围内，容限值取值范围为 0~255。

（8）单击"环境设置"按钮，设置分析环境参数，栅格矢量化支持设置的分析环境参数包括结果数据集的地理范围、裁剪范围、默认输出分辨率等。

注意：支持将环境参数设置为全局变量，即将此处设置的参数值作为总栅格环境分析环境参数，其他支持环境参数设置的功能，无须再重复设置。如果在此处不设置环境参数，则分析时读取栅格分析环境中该参数的设置。

（9）单击"确定"按钮执行矢量化操作，单击"取消"按钮撤销操作。栅格矢量化结果，如图 7.26 所示。

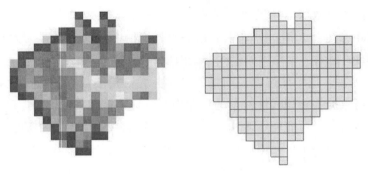

图 7.26　栅格矢量化结果

# 7.4 距 离 栅 格

## 7.4.1 生成距离栅格

1. 使用说明

生成距离栅格功能,用来计算每个单元格到最近源(源是我们感兴趣的地物、对象,如水井、道路或学校)的距离,并使用此距离值给栅格像元赋值,生成距离数据集。同时根据像元到最近源的方向生成方向数据集;根据最近源的选择可以确定每个源覆盖的服务范围,从而生成分配数据集。

生成距离栅格时,可以指定耗费数据,得到耗费距离栅格。耗费距离栅格分析的源数据可以是矢量数据(点、线、面),也可以是栅格数据。与直线距离栅格分析结果类似,耗费距离栅格分析的结果包含:耗费距离栅格数据集、耗费方向栅格数据集、耗费分配栅格数据集三个数据集;其中耗费距离栅格得到的是每个单元格到最近的源的最小累积耗费值,这包含了两层意思:一是分配给每个像元的源的依据是从该像元到所有的源中耗费最小的一个;另外,像元值是该单元格到该源的多条路径中的最小累积耗费。耗费数据是可选参数,可以不设置,则会得到直线距离栅格结果。

2. 操作步骤

(1)在"空间分析"选项卡上的"栅格分析"组中,单击"距离栅格"下拉按钮,在弹出的下拉菜单中选择"生成距离栅格"项,弹出"生成距离栅格"对话框。

(2)源数据设置:在该对话框中,设置源数据的数据源,并选择存放源数据的数据集。源数据中是我们感兴趣的地物或者对象,如水井、道路或学校等,可以是矢量数据,也可以是栅格数据。

(3)耗费数据设置:设置存放耗费数据的数据源,并选择该数据源中的耗费栅格数据集,栅格数据集支持空数据集,但栅格数据集不能存在负值,否则程序会提出警告"耗费栅格中不能存在负值!"。

耗费数据集给定每个像元的耗费成本,可以是高度、坡度等,例如翻越一座山到达目的地的路程可能较短,但是绕行它的时间则可能要长一些。

(4)参数设置:设置距离栅格参数,包括最大距离和分辨率。

最大距离:用来设置生成的距离栅格的最大距离,大于该距离的栅格则在结果数据集中取无值。默认值为 0,表示结果不受距离限制。该参数可选。

分辨率:设置结果数据集的分辨率。默认值使用源数据集范围对应矩形对角线长度的$\frac{1}{500}$。该参数可选。

(5)设置结果数据。选择结果数据要保存的数据源,距离栅格数据、方向栅格数据和分配栅格数据结果名称。默认生成的距离数据集名称为 DistanceGird,方向数据集名称为 DirectionGrid，分配数据集名称为 AllocationGrid。注意：当方向数据集和分配数据集的名称为空时，不会生成这两个栅格数据集。距离数据集的名称必须设置。

（6）单击"环境设置"按钮，设置分析环境参数，生成距离栅格支持设置的分析环境参数包括结果数据集的地理范围、裁剪范围、默认输出分辨率等。

注意：支持将环境参数设置为全局变量，即将此处设置的参数值作为总栅格环境分析环境参数，其他支持环境参数设置的功能，无须再重复设置。如果在此处不设置环境参数，则分析时读取栅格分析环境中该参数的设置。

（7）单击"确定"按钮，执行生成距离栅格的操作。单击"取消"按钮，退出当前对话框。

3. 其他情况说明

在生成距离栅格时，为了节省存储空间，应用程序根据不同结果数据集栅格值的值域范围来确定数据集的像素格式，这样就会对得到的方向和分配结果数据的空值产生影响。

● 不使用耗费数据生成距离栅格

方向数据的取值范围为［0，360］，采用双字节进行存储，此时空值为−9999。而分配结果数据集具体采用哪种像素格式由生成距离栅格的源数据中的对象个数来决定。例如源数据中有 3 个对象，则得到的方向数据集像素格式为 4 位，空值为 15。

● 使用耗费数据生成距离栅格

方向数据的取值范围为［0，7］，用 4 位进行存储，空值为 15。而分配结果数据像素格式具体采用哪种像素格式，由生成距离栅格的源数据中的对象个数来决定。例如源数据中有 16 个对象，则生成的分配距离结果数据集的像素格式为单字节，空值为 255。

### 7.4.2　计算最短路径

1. 使用说明

最短路径是指根据生成的距离栅格数据集，计算每个目标点到最近源的最短路径，如从一些位于郊区的点到最近的购物商场（源）的最短路径。

● 关于源数据、距离数据和方向数据的说明：输入的距离栅格和方向栅格必须是匹配的，也就是说该距离栅格和方向栅格应是使用"生成距离栅格"功能同时生成的。

● 关于路径类型的说明：

◇ 像元路径：每一个栅格像元都生成一条路径，即每个目标像元到最近源的距离。

◇ 区域路径：每个栅格区域都生成一条路径，此处栅格区域指栅格值相等的连续栅格，区域路径即每个目标区域到最近源的最短路径。

◇ 单一路径：所有像元只生成一条路径，即对于整个目标区域数据集来说所有路径中最短的一条。

2. 操作步骤

（1）在"空间分析"选项卡上的"栅格分析"组中，单击"距离栅格"下拉按钮，在弹出的下拉菜单中选择"计算最短路径"项，弹出"计算最短路径"对话框。

（2）选择目标数据。指定的目标所在的数据集。可以为点、线、面或栅格数据集。

（3）选择距离数据。选择距离数据所在的数据源和数据集。此数据为"生成距离栅格"命令生成的距离数据集。

（4）选择方向数据。选择方向数据所在的数据源和数据集。此数据为"生成距离栅格"命令生成的方向数据集。

（5）选择要计算的路径类型，分为三种：像元路径、单一路径和区域路径。

（6）设置结果数据。选择结果数据要保存的数据源以及结果数据集名称。

（7）单击"环境设置"按钮，设置分析环境参数，计算最短路径支持设置的分析环境参数包括结果数据集的地理范围、裁剪范围、默认输出分辨率等。

注意：支持将环境参数设置为全局变量，即将此处设置的参数值作为总栅格环境分析环境参数，其他支持环境参数设置的功能，无须再重复设置。如果在此处不设置环境参数，则分析时读取栅格分析环境中该参数的设置。

（8）单击"确定"按钮，执行操作。单击"取消"按钮，退出当前对话框。

# 7.5　插　值　分　析

## 7.5.1　距离反比权重插值

1. 使用说明

距离反比权重插值基于插值区域内部样本点的相似性，计算到邻近区域样点的加权平均值来估算出单元格的值，进而插值得到一个表面。

● 用于插值的源数据集中必须有个数值型字段，作为插值字段。

● 距离反比权重插值法是一种比较精确的插值方法，适用呈均匀分布且密集程度能够反映局部差异的样点数据集。

● 距离反比权重插值使用样点间的加权平均距离，平均值不可能大于输入的最大值或小于输入最小值，因此在生成的结果数据中，每一栅格值均处于采样数据的最大值与最小值范围之内。

● 如果已知的观测点数据中不包含某个局部地区的最大值（比如某一山峰的峰值）时，在该出现最大值的地方，获得的插值会低于附近周围其他点的值，可能与实际情况不符。因此要求样点数据集中最好包含插值区域的最大值和最小值采样点。

2. 操作步骤

（1）打开"ExerciseData/RasterAnalysis"文件夹下的"Precipitation"数据源，其中有部分地区气象监测站点的降水量数据，我们用此数据来做示例。

（2）在"空间分析"选项卡上的"栅格分析"组中，单击"插值分析"按钮，进入栅格插值分析向导。

（3）在"栅格插值分析"对话框中，选择距离反比权重插值方法，进入距离反比权重插值的第一步，需要设置相关参数。

（4）设置插值分析的公共参数，包括源数据、插值范围、结果数据和环境设置。

（5）单击"下一步"，进入插值分析的第二步，如图 7.27 所示。在这一步中，需要设置样本点查找方式和其他参数（幂次）。

图 7.27　距离反比权重插值第二步

（6）设置样本点查找方式。支持变长查找和定长查找两种方式。

①变长查找：

a. 在"查找方式"右侧的单选框中，选择"变长查找"项，表示使用最大半径范围内的固定数目的样点值进行插值。

b. 在"最大半径"右侧的文本框中，输入用于变长查找的半径大小。默认值为 0，表示使用最大半径查找。

c. 在"查找点数"右侧的文本框中，输入用于变长查找的点数目。默认点数为 12。

②定长查找：

a. 在"查找方式"右侧的单选框中，选择"定长查找"项，查找半径范围内所有的点都要参与插值运算。

b. 在"查找半径"右侧的文本框中，输入设定查找半径大小。默认查找半径为参与插值分析的数据集的范围的长或者宽的较大值的 1/5。所有该半径范围内的采样点都要参与插值运算。

c. 在"最小点数"右侧的文本框中,输入用于变长查找的最少数目点。默认点数为5。当邻域中的点数小于所指定的最小值时,查找半径将不断增大,直到可以包含输入的最小点数为止。最大值为12。

(7)设置幂次。幂次是权重距离的指数,控制插值时周围点的权重。可以是大于0的正整数值。默认值为2。

(8)单击"完成"按钮,执行距离反比权重插值功能,结果如图7.28所示。

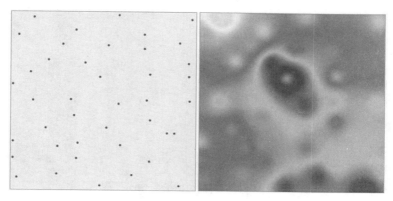

图7.28　距离反比权重插值结果

### 7.5.2　样条插值

1. 使用说明

样条插值法利用最小表面曲率的数学表达式,来模拟生成通过一系列样点的光滑曲面。

● 用于插值的源数据集中必须有个数值型字段,作为插值字段。

● 样条插值法适用于对大量样点进行插值计算,同时要求获得平滑表面的情况。用于插值的输入点越多,生成的表面也就越平滑。同时如果点数的值越大,处理输出栅格所需的时间就越长。

● 定长样条函数方法使用可能位于样本数据范围之外的值来创建渐变的平滑表面。变长样条函数方法根据建模现象的特性来控制表面的硬度。它使用受样本数据范围约束更为严格的值来创建不太平滑的表面。

2. 操作步骤

(1)在"空间分析"选项卡上的"栅格分析"组中,单击"插值分析"按钮,进入栅格插值分析向导。

(2)在"栅格插值分析"对话框中,选择样条插值方法,进入样条插值的第一步,需要设置相关参数。

(3)单击"下一步",进入插值分析的第二步,如图7.29所示。在这一步中,需要设置样本点查找方式和其他参数。

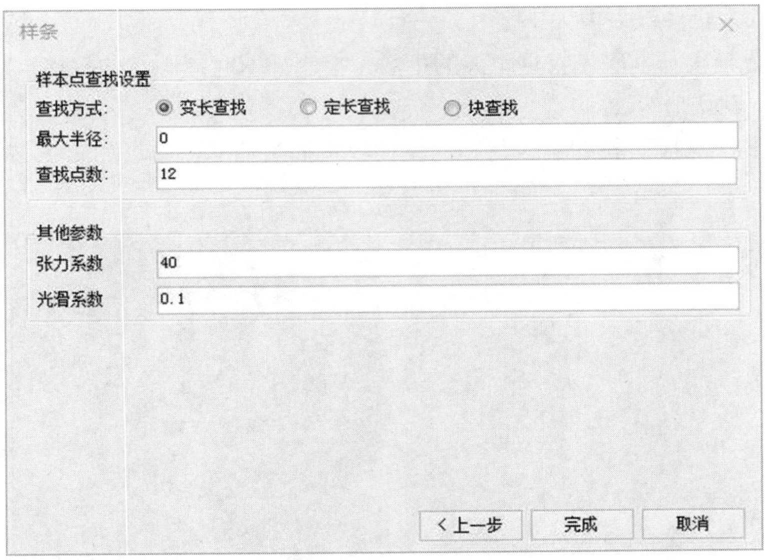

图 7.29　样条插值第二步

（4）设置样本点查找方式。支持变长查找、定长查找和块查找三种方式。

①变长查找：

a. 在"查找方式"右侧的单选框中，选择"变长查找"项，表示使用最大半径范围内的固定数目的样点值进行插值。

b. 在"最大半径"右侧的文本框中，输入用于变长查找的半径大小。默认值为 0，表示使用最大查找半径。

c. 在"查找点数"右侧的文本框中，输入用于变长查找的点数目。默认点数为 12。

②定长查找：

a. 在"查找方式"右侧的单选框中，选择"定长查找"项，查找半径范围内所有的点都要参与插值运算。

b. 在"查找半径"右侧的文本框中，输入设定查找半径大小，所有该半径范围内的采样点都要参加插值运算。默认查找半径为点数据集的区域范围对应的矩形对角线的长度。

c. 在"最小点数"右侧的文本框中，输入用于变长查找的最少数目点。默认查找半径为参与插值分析的数据集的范围的长或者宽的较大值的 1/5。当邻域中的点数小于所指定的最小值时，查找半径将不断增大，直到可以包含输入的最小点数为止。最小点数的取值范围为 [0，12]，默认值为 5。

③块查找：

a. 在"查找方式"右侧的单选框中，选择"块查找"项，根据设置的"块内最多点数"对数据集进行分块，然后使用块内的点进行插值运算。

b. 在"最多参与插值点数"右侧的文本框中，输入最多参与插值点数。默认最多参与插值的点数为20。为了避免在插值时出现裂缝区，实际计算使用的插值块会在每个分块区域的基础上再均匀向外扩张，"最多参与插值点数"决定了块区域向外扩张的大小。一般此数值应大于设置的"块内最多点数"。

c. 在"块内最多点数"右侧的文本框中，输入每个块内的点的最多数量。默认单个块内最多点数为5。若块内点数多于此值，则继续分块；否则停止分块。

d. "最多参与插值点数"与"块内最多点数"的参数的设置会直接影响块查找的性能。这两个值设置得越大，查找花费的时间越久，因此建议在设置块查找的参数时设置比较合理的参数。

（5）在"张力系数"右侧的文本框中，输入张力系数值，默认为40。张力系数用来调整结果栅格数据表面的特性，张力越大，插值时每个点对计算结果的影响越小，反之越大。

（6）在"光滑系数"右侧的文本框中，输入光滑系数值，值域为0~1，默认为0.1。光滑系数是指插值函数曲线与点的逼近程度，此数值越大，函数曲线与点的偏差越大，反之越小。

（7）单击"完成"按钮，执行样条插值功能，结果如图7.30所示。

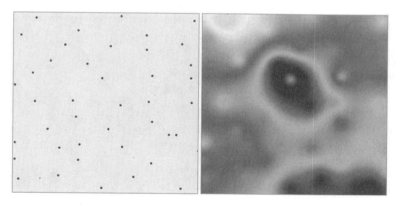

图7.30 样条插值结果

### 7.5.3 普通克里金插值

1. 使用说明

普通克里金法是使用最普通和广泛的克里金方法。该方法假定用于插值的字段值的期望（平均值）未知且恒定。

- 普通克里金法使用的数据应符合数据变化成正态分布的前提假设。

267

● 普通克里金插值最大的特色不仅是提供一个最小估计误差的预测值，并且可明确地指出误差值的大小。

● 普通克里金法采用两种方式来获取参与插值的采样点，进而获得相应位置点的预测值：一个是在待计算预测值位置点周围一定范围内，获取该范围内的所有采样点，通过特定的插值计算公式获得该位置点的预测值；另一个是在待计算预测值位置点周围获取一定数目的采样点，通过特定的插值计算公式获得该位置点的预测值。

2. 操作步骤

（1）打开"ExerciseData/RasterAnalysis"文件夹下的"Precipitation"数据源，其中有部分地区气象监测站点的降水量数据，我们用此数据来做示例。

（2）在"空间分析"选项卡上的"栅格分析"组中，单击"普通克里金"按钮，进入栅格插值分析向导。

（3）在"栅格插值分析"对话框中，选择普通克里金插值方法，进入普通克里金插值的第一步，需要设置相关参数。

（4）单击"下一步"，进入插值分析的第二步，如图7.31所示。在这一步中，需要设置样本点查找方式和其他参数。

图7.31 普通克里金插值第二步

（5）设置样本点查找方式。支持变长查找、定长查找和块查找三种方式。

①变长查找：

a. 在"查找方式"右侧的单选框中，选择"变长查找"项，表示使用最大半径范围内的固定数目的样点值进行插值。

b. 在"最大半径"右侧的文本框中，输入用于变长查找的半径大小。默认值为0，表示使用最大查找半径。

c. 在"查找点数"右侧的文本框中，输入用于变长查找的点数目。默认点数为12。

②定长查找：

a. 在"查找方式"右侧的单选框中，选择"定长查找"项，查找半径范围内所有的点都要参与插值运算。

b. 在"查找半径"右侧的文本框中，输入设定查找半径大小，所有该半径范围内的采样点都要参加插值运算。默认查找半径为点数据集的区域范围对应的矩形对角线的长度。

c. 在"最小点数"右侧的文本框中，输入用于变长查找的最少数目点。默认查找半径为参与插值分析的数据集的范围的长或者宽的较大值的1/5。当邻域中的点数小于所指定的最小值时，查找半径将不断增大，直到可以包含输入的最小点数为止。最小点数的取值范围为 [0，12]，默认值为5。

③块查找：

a. 在"查找方式"右侧的单选框中，选择"块查找"项，根据设置的"块内最多点数"对数据集进行分块，然后使用块内的点进行插值运算。

b. 在"最多参与插值点数"右侧的文本框中，输入最多参与插值点数。默认最多参与插值的点数为20。为了避免在插值时出现裂缝区，实际计算使用的插值块会在每个分块区域的基础上再均匀向外扩张，"最多参与插值点数"决定了块区域向外扩张的大小。一般此数值应大于设置的"块内最多点数"。

c. 在"块内最多点数"右侧的文本框中，输入每个块内的点的最多数量。默认单个块内最多点数为5。若块内点数多于此值，则继续分块；否则停止分块。

"最多参与插值点数"与"块内最多点数"的参数的设置会直接影响块查找的性能。这两个值设置得越大，查找花费的时间越久，因此建议在设置块查找的参数时设置比较合理的参数。

（7）在设置完查找方式后，对其他参数进行设置。其他参数包括半变异函数、旋转角度、基台值、自相关阈值、块金效应值等。

半变异函数：单击"半变异函数"右侧的下拉箭头，选择一种函数类型。SuperMap支持球函数、指数函数和高斯函数三种半变异函数。使用哪个模型需要根据数据的空间自相关性和数据现象的先验知识来决定。默认使用球函数。

旋转角度：每个查找邻域相对于水平方向逆时针旋转的角度。默认值为0°。块查找不支持旋转角度设置。

基台值：半变异函数达到的顶点值，即在距离（$X$轴）为0时，半变异函数与$Y$轴相交的值。默认值为0。

自相关阈值：半变异函数到达基台值处的距离，即$X$轴相应的值。默认值为0。

块金效应值：在$h=0$（$X$轴）时，半变异函数与$Y$轴相交的值。默认值为0。

（8）单击"完成"按钮，执行普通克里金插值功能，结果如图 7.32 所示。

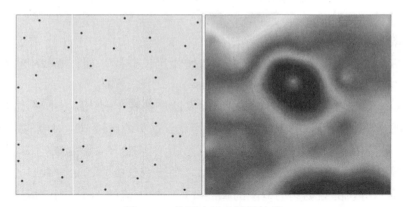

图 7.32　普通克里金插值结果

# 第8章  空间统计分析

## 8.1  度量地理分析

### 8.1.1  中心要素

中心要素可用于点、线、面要素中位于最中心位置的要素。

1. 分析原理

分析过程中，计算每个要素质心与其他要素质心的累积距离，累积距离最小的要素即为最中心的要素。若指定了权重字段，则中心要素为加权后累积距离最小的要素。

2. 应用案例

想在城区建立一个新的大型运动场所，可以从所有的街区来找中心要素，并且可按人口权重进行计算，即可得到距离其他所有街区通行代价最小的位置，以此作为候选地址。

某连锁超市在城内有多个仓库，如今有一批刚运来的物资，需要分发到各个仓库，为了节约运输成本，查找出中心仓库，即可根据最短路径分发物资。

3. 操作说明

在"空间分析"选项卡的"空间统计分析"组中，单击"度量地理分析"下拉菜单中的"中心要素"，即可弹出"中心要素"对话框。

4. 主要参数

- 源数据：设置待分析的矢量数据集，支持点、线、面三种类型的数据集。若为线或面对象，则取对象的质心进行计算，点的权重都为1，线的权重为线长度，面的权重为面积。

- 分组字段：将分析要素分类别的字段，分类后每一组的对象分别会有一个中心要素，分组字段可以是整型、日期型或字符型。若分组字段中字段值为空，则会将该要素从分析中排除。

- 权重字段：计算每一个要素到其他要素的距离时进行加权，设置权重字段后的距离为：$D = W_1 \cdot d$，其中，$W_1$ 为权重值，$d$ 为两要素间的距离。

- 自身权重字段：即要素到其他要素的自身耗费，设置自身权重后，距离为 $D = W_1 \cdot d + W_2$，其中 $W_1$ 为权重值，$d$ 为两要素间的距离，$W_2$ 为自身权重值。

- 距离计算方法：距离计算的方法采用欧氏距离和曼哈顿距离。
- 保留统计字段：在字段列表框中设置结果数据的保留字段及字段值的统计类型。
- 结果设置：设置结果数据所要保存在的数据源及数据集名称。

设置好以上参数后，单击对话框中的"确定"按钮，即可执行中心要素分析。

图 8.1 中的小圆点为连锁超市的分布位置，根据不同种类的连锁超市，需要选择每种连锁超市的中心仓库位置，即从该中心仓库出发，到所有的超市它们的累计路程距离最短。大圆点即为求得的每种连锁超市的中心仓库，该点作为中心仓库运输距离最短，花费成本最少。

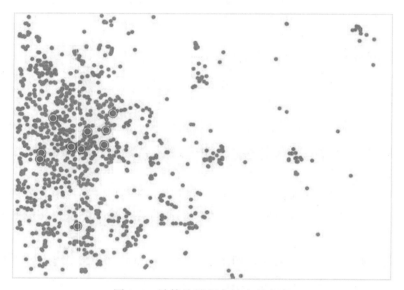

图 8.1　计算连锁超市的中心仓库

### 8.1.2　平均中心

平均中心功能可用于识别一组要素质心的密度中心，即地理平均中心。其结果为一个新的点，而不是源数据中的对象。

1. 原理分析

平均中心的计算方法很简单，直接计算中心点的 $x$ 坐标和 $y$ 坐标即可，就是所有点的 $x$ 坐标和 $y$ 坐标的平均值，公式如下：

$$\overline{X} = \frac{\sum\limits_{i=1}^{n} x_i}{n}, \quad \overline{Y} = \frac{\sum\limits_{i=1}^{n} y_i}{n}$$

若设置了平均中心的加权字段，则中心点的位置需要考虑权重值，计算公式如下：

272

$$\overline{X}_w = \frac{\sum_{i=1}^{n} w_i x_i}{\sum_{i=1}^{n} w_i}, \quad \overline{Y}_w = \frac{\sum_{i=1}^{n} w_i y_i}{\sum_{i=1}^{n} w_i}$$

其中，$w_i$ 为要素 $i$ 处的权重。

2. 应用案例

● 分析白天与夜间的盗窃事件点的中心点，可对比评估两个时间段案发中心是否有变化，这有助于公安部门更好地分配资源。

● 野生生物学家可以计算某个公园内的麋鹿分布的平均中心，以了解夏季和冬季麋鹿会在何处聚集，从而为公园游客提供更好的信息。

3. 操作说明

在"空间分析"选项卡的"空间统计分析"组中，单击"度量地理分析"下拉菜单中的"平均中心"，即可弹出"平均中心"对话框。

4. 主要参数

● 源数据：设置待分析的矢量数据集，支持点、线、面三种类型的数据集。若为线或面对象，则取对象的质心进行计算，点的权重都为1，线的权重为线长度，面的权重为面积。

● 分组字段：将分析要素分类别的字段，分类后每一组的对象分别会有一个中心要素，分组字段可以是整型、日期型或字符串类型。若分组字段中字段值为空，则会将该要素从分析中排除。

● 权重字段：计算每一个要素到其他要素的距离时进行加权，设置权重字段后的距离为：$D = W_1 \cdot d$，其中 $W_1$ 为权重值，$d$ 为两要素间的距离。

● 保留统计字段：在字段列表框中设置结果数据的保留字段及字段值的统计类型。

● 结果设置：设置结果数据所要保存在的数据源及数据集名称。

设置好以上参数后，单击对话框中的"确定"按钮，即可执行平均中心分析。

如图8.2所示，⬤为某野生动物园内大象的活动位置，可通过计算该区域位置分布的平均中心，来确定大象会在何处聚集，从而为游客提供更好的位置信息。

### 8.1.3 中位数中心

中位数中心功能可用于查找使所有要素间的总欧氏距离达到最小的点。其结果为一个新的点，而不是源数据中的对象。

平均中心和中位数中心均是中心趋势度量。但是，比较而言，中位数中心对极值（异常值）的敏感程度要低于平均中心。例如，对紧凑性群集点的平均中心进行计算的结果是该群集中心处的某个位置点。如果随后添加一个远离该群集的新点并重新计算平均中心，会注意到结果会向新的异常值靠近。而如果要使用中位数中心工具执行相同的测试，会发现新的异常值对结果位置的影响明显减小。

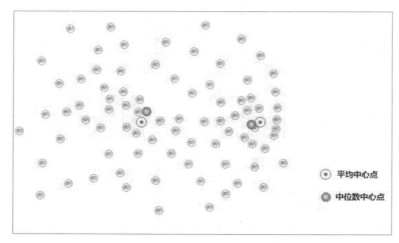

图 8.2　计算平均中心点和中位数中心点

中位数中心和中心要素都是寻找一个到其他要素距离总和最少的点，其区别在于：中心要素计算出来的结果，必须是要素样本中的一个原始样本；而中位数中心计算出来的结果，可以不是原始要素中的一个，可以生成一个新的位置。

1. 操作说明

在"空间分析"选项卡的"空间统计分析"组中，单击"度量地理分析"下拉菜单中的"中位数中心"，即可弹出"中位数中心"对话框。

2. 主要参数

● 源数据：设置待分析的矢量数据集，支持点、线、面三种类型的数据集。若为线或面对象，则取对象的质心进行计算，点的权重都为1，线的权重为线长度，面的权重为面积。

● 分组字段：将分析要素分类别的字段，分类后每一组的对象分别会有一个中位数中心，分组字段可以是整型、日期型或字符型。若分组字段中字段值为空，则会将该要素从分析中排除。

● 权重字段：计算每一个要素到其他要素的距离时进行加权，设置权重字段后的距离为：$D = W_1 \cdot d$，其中 $W_1$ 为权重值，$d$ 为两要素间的距离。

● 保留统计字段：在字段列表框中设置结果数据的保留字段及字段值的统计类型。

● 结果设置：设置结果数据所要保存在的数据源及数据集名称。

设置好以上参数后，单击对话框中的"确定"按钮，即可执行中位数中心分析。

如图8.2所示，⊛为某野生动物园在不同季节大象的活动位置，可通过计算该区域位置分布的中位数中心点，来确定大象会在何处聚集，从而为游客提供更好的位置信息。

### 8.1.4　方向分布

方向分布可以反映要素的分布中心、离散趋势以及扩散方向等空间特征。该方法是由平均中心作为起点对 $x$ 坐标和 $y$ 坐标的标准差进行计算，从而定义椭圆的轴，因此该椭圆被称为标准差椭圆。

1. 应用案例

● 在地图上标示一组犯罪行为的分布趋势，可以确定该行为与特定要素（一系列酒吧或餐馆、某条特定街道等）的关系。

● 在地图上标示地下水井样本的特定污染可以指示毒素的扩散方式，这在部署减灾策略时非常有用。

● 对各个种族或民族所在区域的椭圆的大小、形状和重叠部分进行比较，可以提供与种族隔离或民族隔离相关的深入信息。

● 绘制一段时间内疾病暴发情况的椭圆可建立疾病传播的模型。

2. 操作说明

在"空间分析"选项卡的"空间统计分析"组中，单击"度量地理分析"下拉菜单中的"方向分布"，即可弹出"方向分布"对话框。

3. 主要参数

● 源数据：设置待分析的矢量数据集，支持点、线、面三种类型的数据集。

● 椭圆大小：用于设置结果椭圆的级别，根据结果包含的数据量范围分为三个级别，不同的标准差等级，得到的结果中心点会有差别。

◇ 一个标准差：第一级标准差的结果范围可将约68%的源数据质心包含在内；

◇ 两个标准差：第二级标准差的结果范围可将约95%的源数据质心包含在内；

◇ 三个标准差：第三级标准差的结果范围可将约98%的源数据质心包含在内。

● 分组字段：将分析要素分类别的字段，分类后每一组的对象分别会有一个椭圆，分组字段可以是整型、日期型或字符串类型。若分组字段中字段值为空，则会将该要素从分析中排除。

● 权重字段：设置一个数值型字段为权重字段，例如：用一个交通事故等级字段作为权重字段，结果椭圆不仅可以反映事故的空间分布，还可以反映交通事故的严重程度。

● 保留统计字段：在字段列表框中设置结果数据的保留字段及字段值的统计类型。

● 结果设置：设置结果数据所要保存在的数据源及数据集名称。

4. 结果输出

输出的结果为面数据集，其中每个椭圆对象中会包含五个属性字段：圆心的 $X$ 和 $Y$ 坐标、长半轴、短半轴、椭圆方向，如表8.1所示。

椭圆对象的五个属性字段

| 字段名称 | 属性意义 |
|---|---|
| CircleCenterX | 圆心 $X$ 坐标 |
| CircleCenterY | 圆心 $Y$ 坐标 |
| SemiMajorAxis | 长半轴 |
| SemiMinorAxis | 短半轴 |
| RotationAngle | 椭圆的方向 |

椭圆方向即长半轴与正北方向的夹角。长半轴反映了离散程度较大的方向，短半轴反映了聚集程度较高的方向。长短半轴的值差距越大（扁率越大），表示数据的方向性越明显。反之，如果长短半轴越接近，表示方向性越不明显。如果长短半轴完全相等，就等于是一个圆了，圆的话就表示没有任何的方向特征。

可以对犯罪事件进行分析，可以发现作案的趋势特征、作案场地等；也可以分析污染物扩散的方向特征等。图 8.3 为通过该工具得到的手机流量使用的高、中、低分布走势情况。

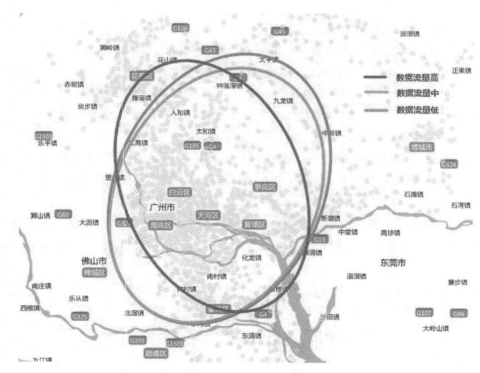

图 8.3　手机流量使用的高、中、低分布走势情况

# 8.2 分析模式

### 8.2.1 高低值聚类

高低聚类是使用 Getis-Ord General $G$ 统计可度量高值或低值的聚类程度。General $G$ 指数也是一种推论统计，即利用有限的数据来对整体情况的特征进行估计。当结果返回的 $P$ 值较小，且在统计学上显著，则可以拒绝零假设，此时，若 $Z$ 值为正数，则观测的 General $G$ 指数会比期望的 General $G$ 指数要大，表明属性的高值将在研究区域中聚类；若 $Z$ 值为负数，则观测的 General $G$ 指数会比期望的 General $G$ 指数要小一些，表明属性的低值将在研究区域中聚类。

1. 应用案例

● 在访问急症室的次数中查找出现的异常峰值，可能表明在局部或区域中的健康问题的暴发。

● 比较在城市中不同种类零售业的空间模式，利用比较购物的方式来了解哪类行业充满竞争性（如汽车经销商）以及哪类行业拒绝竞争（如健康中心/健身房）。

● 汇总空间现象聚类的程度以检查不同时期或不同位置的变化。例如，众所周知的城市及其人口聚类。使用高/低聚类分析时，可以随时间来比较某个城市的人口聚类的程度（城镇发展以及密集度的分析）。

2. 操作说明

在"空间分析"选项卡的"空间统计分析"组中，单击"分析模式"中的"高低值聚类"，即可弹出"高低值聚类"对话框。

3. 主要参数

● 源数据：设置待分析的矢量数据集，支持点、线、面三种类型的数据集。

● 评估字段：设置分析要素参与分析的属性字段值，仅支持数值型字段。

● 概念化模型：选择应反映要分析的要素之间的固有关系，设置要素在空间中彼此交互方式构建的模型越逼真，结果就越准确。

◇ 固定距离模型：适用于点数据及面大小变化较大的面数据。

◇ 面邻接模型（共边、相交）：适用于存在相邻边、相交的面数据。

◇ 面邻接模型（邻接点、共边、相交）：适用于有邻接点、相邻边、相交的面数据。

◇ 反距离模型：所有要素均被视为所有其他要素的相邻要素，所有要素都会影响目标要素，但是随着距离的增加，影响会越小，要素之间的权重为距离分之一，适用于连续数据。

◇ 反距离平方模型：与"反距离模型"相似，随着距离的增加，影响下降得更快，要素之间的权重为距离的平方分之一。

◇ $K$ 最邻近模型：距目标要素最近的 $K$ 个要素包含在目标要素的计算中（权重为1），其余的要素将会排除在目标要素计算之外（权重为0）。如果想要确保具有一个用于分析的最小相邻要素数，该选项非常有效。当数据的分布在研究区域上存在变化以至于某些要素远离其他所有要素时，该方法十分适用。当固定分析的比例不如固定相邻对象数目重要时，$K$ 最邻近方法较适合。

◇ 空间权重矩阵：需要提供空间权重矩阵文件，空间权重是反映数据集中每个要素和其他任何一个要素之间的距离、时间或其他成本的数字。如果要对城市服务的访问性进行建模，例如要查找城市犯罪集中的地区，借助网络对空间关系进行建模是一个好办法。可选择已有的空间权重矩阵文件（.swmb），也可根据源数据集创建一个新的空间矩阵文件。

◇ 无差别区域模型：该模型是"反距离模型"和"固定距离模型"的结合，会将每个要素视为其他各个要素的相邻要素，该选项不适合大型数据集，在指定的固定距离范围内的要素具有相等的权重（权重为1）；在指定的固定距离范围之外的要素，随着距离的增加，影响会越小。

● 中断距离容限："−1"表示计算并应用默认距离，此默认值为保证每个要素至少有一个相邻的要素；"0"表示未应用任何距离，则每个要素都是相邻要素。非零正值表示当要素间的距离小于此值时为相邻要素。

● 反距离幂指数：控制距离值的重要性的指数，幂值越高，远处的影响会越小。

● 相邻数目：设置一个正整数，表示目标要素周围最近的 $K$ 个要素为相邻要素。当概念化模型选择的是"$K$ 最邻近模型"时需要设置该参数。

● 距离计算方法：距离计算的方法采用欧氏距离和曼哈顿距离。

● 空间权重矩阵标准化：当要素的分布由于采样设计或施加的聚合方案而可能偏离时，建议使用空间权重矩阵标准化。选择空间权重矩阵标准化后，每个权重都会除以行的和（所有相邻要素的权重和）。空间权重矩阵标准化的权重通常与固定距离相邻要素结合使用，并且几乎总是用于基于面邻接的相邻要素。这样可减少因为要素具有不同数量的相邻要素而产生的偏离。空间权重矩阵标准化将换算所有权重，使它们在 0 和 1 之间，从而创建相对（而不是绝对）权重方案。每当要处理表示行政边界的面要素时，都可能会希望选择"空间权重矩阵标准化"选项。

4. 结果输出

设置好以上参数后，单击对话框中的"确定"按钮，即可执行"高低值聚类"分析，分析结果会在输出窗口中展示。高低值聚类分析结果如表8.2所示。

表 8.2 高低值聚类分析结果

| 结果 | 高低值聚类 |
|---|---|
| $P$ 值不具有统计学上的显著性 | 不能拒绝零假设。要素值的空间分布很有可能是随机空间过程的结果。观测到的要素值空间模式可能只是完全空间随机性的众多可能结果之一 |
| $P$ 值具有统计学上的显著性，且 $Z$ 得分为正值 | 可以拒绝零假设。如果基础空间过程是完全随机的，则数据集中高值的空间分布与预期的空间分布相比在空间上的聚类程度更高 |
| $P$ 值具有统计学上的显著性，且 $Z$ 得分为负值 | 可以拒绝零假设。如果基础空间过程是完全随机的，则数据集中低值的空间分布与预期的空间分布相比在空间上的聚类程度更高 |

高低值聚类分析结果会返回：General $G$ 指数、期望值、方差、$Z$ 得分、$P$ 值五个参数。高低值聚类分析是一种推论统计，这意味着分析结果将在零假设的情况下进行解释。分析结果返回的 $P$ 值较小且在统计学上显著，则可以拒绝零假设。如果零假设被拒绝，则 $Z$ 得分的符号将变得十分重要，若 $Z$ 得分值为正数，则观测的 General $G$ 指数会比期望的 General $G$ 指数要大一些，表明属性的高值将在研究区域中聚类；若 $Z$ 得分值为负数，则观测的 General $G$ 指数会比期望的 General $G$ 指数要小一些，表明属性的低值将在研究区域中聚类。

当存在完全均匀分布的值并且要查找高值的异常空间峰值时，首选高低值聚类分析。当观测的 General $G$ 指数等于期望的 General $G$ 指数时，高值和低值同时聚类，它们倾向于彼此相互抵消。此时可以使用空间自相关分析。

5. 实例

现有某县区病毒性肝炎 2013 年发病率、2013 年发病数。分别对病毒性肝炎县区数据的 2013 年发病率和 2013 年发病数进行高低值聚类分析，设置评估字段分别为 2013 年发病率和 2013 年发病数，概念化模式为反距离模型，距离计算方法为欧氏距离，对空间权重矩阵进行标准化，其他默认，分析结果如图 8.4 所示。

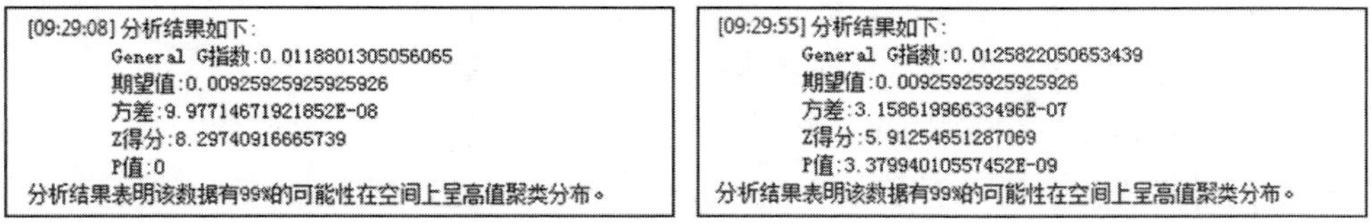

```
[09:29:08]分析结果如下:
   General G指数:0.0118801305056065
   期望值:0.00925925925925926
   方差:9.97714671921852E-08
   Z得分:8.29740916665739
   P值:0
分析结果表明该数据有99%的可能性在空间上呈高值聚类分布。
```

```
[09:29:55]分析结果如下:
   General G指数:0.0125822050653439
   期望值:0.00925925925925926
   方差:3.15861996633496E-07
   Z得分:5.91254651287069
   P值:3.37994010557452E-09
分析结果表明该数据有99%的可能性在空间上呈高值聚类分布。
```

图 8.4 分析结果

通过分析结果可以得出以下结论：在随机分布的假设下，$P$ 值 $< 0.01$ 且 $Z$ 得分 $> 2.58$，2013 年发病率和 2013 年发病数的分析结果具有 99% 的置信度是有显著性的。General $G$ 值高于期望 General $G$ 指数且 $Z$ 值显著，观测值 2013 年发病率和 2013 年发病数都呈现高值聚集。说明发病数和发病率在高值区域呈现聚类。

### 8.2.2 增量空间自相关

测量要素间距离的空间自相关，通过 $Z$ 值反映空间聚类的程度，具有统计显著性的峰值 $Z$ 得分表示促进空间过程聚类最明显的距离。峰值距离通常被作为具有"距离范围"或"距离半径"参数的功能使用，在做类似热点分析或者密度分析的时候，选择一个合适的距离是非常重要的事情。此时，通过增量空间自相关，分析得到一个合适的距离。

例如，有一份北京市的微博登录数据，想要研究登录点空间分布的热点及聚集情况，并以每个位置的登录人数作为评估字段，从空间和人数两方面进行聚类研究，可通过热点分析或核密度分析，得到相应的结果，在此之前，先通过"增量空间自相关"分析得到合适的距离值。

1. 操作说明

在"空间分析"选项卡的"空间统计分析"组中，单击"分析模式"中的"增量空间自相关"，即可弹出"增量空间自相关"对话框。

2. 主要参数

● 源数据：设置待分析的矢量数据集，支持点、线、面三种类型的数据集。

● 评估字段：设置分析要素参与分析的属性字段值，该字段值应为多种值，若所有对象的属性值都为 1，则无法求解。仅支持数值型字段。

● 开始距离：指增量空间自相关开始分析的起始距离，可以根据数据的聚集情况来确定。如果未给定开始距离，则默认值为最小距离，在该距离处，数据集中的每个要素至少具有一个相邻要素。如果用户的数据集中存在位置异常值，那么此距离可能不是最合适的开始距离。

● 距离增量：增量空间自相关每次分析的间隔距离，即第二次分析会用开始距离加上距离增量进行分析。如果未给定增量距离，则使用平均最近邻距离或（Md−$B$）/$C$（其中 Md 为最大阈值距离，$B$ 为开始距离，$C$ 为距离段数量）二者当中的较小者。该算法可确保始终根据指定的距离段数量来执行计算，确保最大距离段不会过大以致一些要素以所有其他要素或几乎所有其他要素作为其相邻要素。

● 递增距离段数：增量空间自相关指定分析数据集的次数，数值范围为：2 ~ 30。

● 距离计算方法：距离计算的方法采用欧氏距离和曼哈顿距离。

● 空间权重矩阵标准化：当要素的分布由于采样设计或施加的聚合方案而可能偏离时，建议使用空间权重矩阵标准化。选择空间权重矩阵标准化后，每个权重都会除以行的和（所有相邻要素的权重和）。空间权重矩阵标准化的权重通常与固定距离相邻要素结合使用，并且几乎总是用于基于面邻接的相邻要素。这样可减少因为要素具有不同数量的相邻要素而产生的偏离。空间权重矩阵标准化将换算所有权重，使它们在 0 和 1 之间，从而创建相对（而不是绝对）权重方案。每当要处理表示行政边界的面要素时，都可能会希望选择"空间权重矩阵标准化"选项。

3. 结果输出

设置好以上参数后，单击对话框中的"确定"按钮，即可执行"增量空间自相关"分析，分析结果会在输出窗口中展示，结果如图 8.5 所示。

| 距离增量 | 莫兰指数 | 期望指数 | 方差 | Z得分 | P值 |
|---|---|---|---|---|---|
| 300.00 | 0.053209 | -0.000084 | 0.000003 | 31.103917 | 0.000000 |
| 400.00 | 0.041877 | -0.000082 | 0.000002 | 30.507416 | 0.000000 |
| 500.00 | 0.039895 | -0.000082 | 0.000001 | 34.628452 | 0.000000 |
| 600.00 | 0.034306 | -0.000081 | 0.000001 | 34.420015 | 0.000000 |
| 700.00 | 0.028635 | -0.000081 | 0.000001 | 32.461623 | 0.000000 |
| 800.00 | 0.024913 | -0.000080 | 0.000001 | 31.451882 | 0.000000 |
| 900.00 | 0.021583 | -0.000080 | 0.000001 | 30.029096 | 0.000000 |
| 1000.00 | 0.018923 | -0.000080 | 0.000000 | 28.726317 | 0.000000 |
| 1100.00 | 0.016581 | -0.000080 | 0.000000 | 27.238354 | 0.000000 |
| 1200.00 | 0.014822 | -0.000080 | 0.000000 | 26.188320 | 0.000000 |

最大峰值(距离增量,Z得分):500.00,34.628452

图 8.5　分析结果

增量空间自相关返回的结果有 6 个值：距离增量、莫兰指数、预期指数、方差、$Z$ 得分、$P$ 值。$Z$ 得分反映空间聚类的程度，具有统计显著性的峰值 $Z$ 得分表示促进空间过程聚类最明显的距离。$Z$ 得分的峰值距离通常为具有"距离范围"或"距离半径"参数所使用的合适值。如图 8.5 结果所示，距离增量为 500 时，$Z$ 值最大，说明 500 适合作为距离半径来进行微博登录数据的热点分析。

### 8.2.3　平均最近邻

平均最近邻工具可测量每个要素的质心与其最近邻要素的质心之间的距离，然后计算所有这些最近邻距离的平均值。同时会得到最近邻指数，如果最近邻指数小于 1，则表现的模式为聚类；如果指数大于 1，则表现的模式趋向于扩散。如果该平均距离小于假设随机分布中的平均距离，则会将所分析的要素分布视为聚类要素。如果该平均距离大于假设随机分布中的平均距离，则会将要素视为分散要素。平均最近邻可以得出一份数据的具体聚集程度的指数，通过这个指数，可以对比不同数据中，哪个数据的聚集程度最大。

平均最近邻方法对面积值非常敏感。平均最近邻最适用于对固定研究区域中不同要素的比较。如果没有设置面积值，则会使用默认面积值。该默认面积值为数据集的最小外接矩形的面积。

1. 应用案例

● 评估竞争或领地：量化并比较固定研究区域中的多种植物种类或动物种类的空间分布；比较城市中不同类型的企业的平均最近邻距离。

● 监视随时间变化的更改：评估固定研究区域中一种类型的企业的空间聚类中随

时间变化的更改。

- 将观测分布与控制分布进行比较：在木材分析中，如果给定全部可收获木材的分布，则用户最好将已收获面积图案与可收获面积图案进行比较，以确定砍伐面积是否比期望面积更为聚类。

2. 操作说明

在"空间分析"选项卡的"空间统计分析"组中，单击"分析模式"中的"平均最近邻"，即可弹出"平均最近邻"对话框。

3. 主要参数

- 源数据：设置待分析的矢量数据集，支持点、线、面三种类型的数据集。
- 研究区域面积：设置研究区域面积的大小，单位为平方米，面积值域为≥0；若研究区域面积为0，则会自动将源数据集的最小外接矩形面积作为研究区域面积来计算。
- 距离计算方法：距离计算的方法采用欧氏距离和曼哈顿距离。

4. 结果输出

设置好以上参数后，单击"确定"按钮即可执行"平均最近邻"分析，分析结果包括以下5个参数：最近邻指数、预期平均距离、平均观测距离、$Z$得分、$P$值，如图8.6所示。

最近邻指数是平均观测距离与预期平均距离的比率，如果最近邻指数小于1，则表现的模式为聚类。如果最近邻指数大于1，则表现的模式趋向于扩散。图8.6结果表示该数据模式趋向于聚类分布。

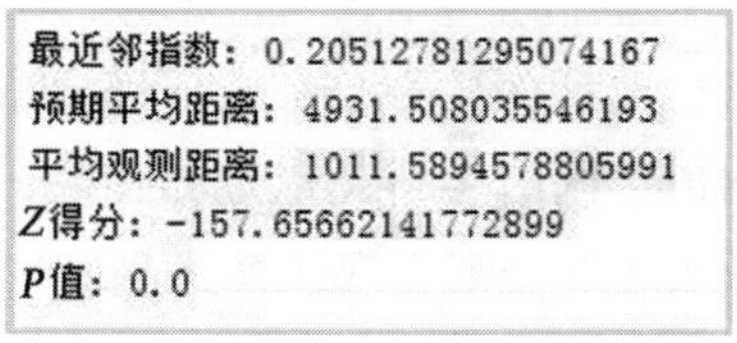

最近邻指数：0.20512781295074167
预期平均距离：4931.508035546193
平均观测距离：1011.5894578805991
$Z$得分：-157.65662141772899
$P$值：0.0

图 8.6　结果输出

# 8.3　聚类分析

聚类分布包含热点分析、聚类和异常值分析，可通过聚类分析来识别具有统计显著性的热点、冷点和空间异常值的位置，帮助我们分析问题。例如，在犯罪分析中，我们可以研究哪些位置犯罪频繁并且聚集，对增设警力有重要的辅助作用。

聚类分布是一种将数据所研究的对象进行分类的统计方法，像聚类方法这样的一类方法有一个共同的特点：事先不知道类别的个数和结构，据以进行分析的数据是对象之间的相似性（similarity）和相异性（dissimilarity）的数据。将这些相似（相异）的数据看成是对象与对象之间的"距离"远近的一种度量，将距离近的对象看作一类，不同类之间的对象距离较远，这个可以看作聚类分析方法的一个共同的思路。

聚类分析可解决以下问题：

- 聚类或冷点和热点出现在哪里？
- 空间异常值的出现位置在哪里？
- 哪些要素十分相似？

### 8.3.1 热点分析

热点分析是给定一组加权要素，使用局部 General $G$ 指数统计识别具有统计显著性的热点和冷点。热点分析会查看邻近要素环境中的每一个要素，因此，仅仅一个孤立的高值不会构成热点，单个要素以及它周边的都是高值，即该区域是高值和高值的聚集区，才被称为热点。反之，冷点表示不但本身的值很低，它邻接的都是低值，即是低值和低值的聚集区。

1. 应用案例

应用领域包括：犯罪分析、流行病学、投票模式分析、经济地理学、零售分析、交通事故分析以及人口统计学。其中的一些应用示例包括：

- 疾病集中暴发在什么位置？
- 何处的厨房火灾在所有住宅火灾中所占的比例超出了正常范围？
- 紧急疏散区应位于何处？
- 峰值密集区出现于何处/何时？
- 在哪些位置和什么时间段分配更多的资源？

2. 操作说明

在"空间分析"选项卡的"空间统计分析"组中，单击"聚类分布"中的"热点分析"，即可弹出"热点分析"对话框。

3. 主要参数

- 源数据：设置待分析的矢量数据集，支持点、线、面三种类型的数据集。
- 评估字段：设置分析要素参与分析的属性字段值，仅支持数值型字段。
- 概念化模型：选择应反映要分析的要素之间的固有关系，设置要素在空间中彼此交互方式构建的模型越逼真，结果就越准确。

◇ 固定距离模型：适用于点数据及面大小变化较大的面数据。

◇ 面邻接模型（共边、相交）：适用于存在相邻边、相交的面数据。

◇ 面邻接模型（邻接点、共边、相交）：适用于有邻接点、相邻边、相交的面数据。

◇ 反距离模型：所有要素均被视为所有其他要素的相邻要素，所有要素都会影响目标要素，但是随着距离的增加，影响会越小，要素之间的权重为距离分之一，适用于连续数据。

◇ 反距离平方模型：与"反距离模型"相似，随着距离的增加，影响下降得更快，要素之间的权重为距离的平方分之一。

◇ $K$ 最邻近模型：距目标要素最近的 $K$ 个要素包含在目标要素的计算中（权重为1），其余的要素将会排除在目标要素计算之外（权重为0）。如果想要确保具有一个用于分析的最小相邻要素数，该选项非常有效。当数据的分布在研究区域上存在变化以至于某些要素远离其他所有要素时，该方法十分适用。当固定分析的比例不如固定相邻对象数目重要时，$K$ 最近邻方法较适合。

◇ 空间权重矩阵：需要提供空间权重矩阵文件，空间权重是反映数据集中每个要素和其他任何一个要素之间的距离、时间或其他成本的数字。如果要对城市服务的访问性进行建模，例如要查找城市犯罪集中的地区，借助网络对空间关系进行建模是一个好办法。分析之前使用生成网络空间权重工具创建一个空间权重矩阵文件（.swmb），然后指定提供所创建的 SWMB 文件的完整路径。

◇ 无差别区域模型：该模型是"反距离模型"和"固定距离模型"的结合，会将每个要素视为其他各个要素的相邻要素，该选项不适合大型数据集，在指定的固定距离范围内的要素具有相等的权重（权重为1）；在指定的固定距离范围之外的要素，随着距离的增加，影响会越小。

● 中断距离容限："-1"表示计算并应用默认距离，此默认值为保证每个要素至少有一个相邻的要素；"0"表示未应用任何距离，则每个要素都是相邻要素。非零正值表示当要素间的距离小于此值时为相邻要素。

● 反距离幂指数：反距离幂指数是控制距离值的重要性的指数，幂值越高，远处的影响会越小。

● 相邻要素数目：设置一个正整数，表示目标要素周围最近的 $K$ 个要素为相邻要素。

● 距离计算方法：距离计算的方法采用欧氏距离和曼哈顿距离。

● 是否进行 FDR 校正：若进行 FDR（错误发现率）校正，则统计显著性将以错误发现率校正为基础，否则，统计显著性将以 $P$ 值和 $Z$ 得分字段为基础。

● 自身权重字段：设置距离权重值，仅支持数值型字段。

● 结果设置：设置结果数据所要保存在的数据源及数据集名称。

4. 结果输出

设置好以上参数后，单击对话框中的"确定"按钮，即可执行热点分析。

热点分析返回的结果数据集将会包含三个属性字段：$Z$ 得分（Gi_Zscore）和 $P$ 值（Gi_Pvalue）、置信区间（Gi_ConfInvl）。例如：对某区域 2013 年病毒性肝炎发病率进行热点分析，设置评估字段为 2013 年发病数，概念化模式为反距离模型，距离计算方法为欧氏距离，对空间权重矩阵进行标准化，其他默认。得到结果数据集属性表如图 8.7 所示。

在随机分布的假设下，结果表明：

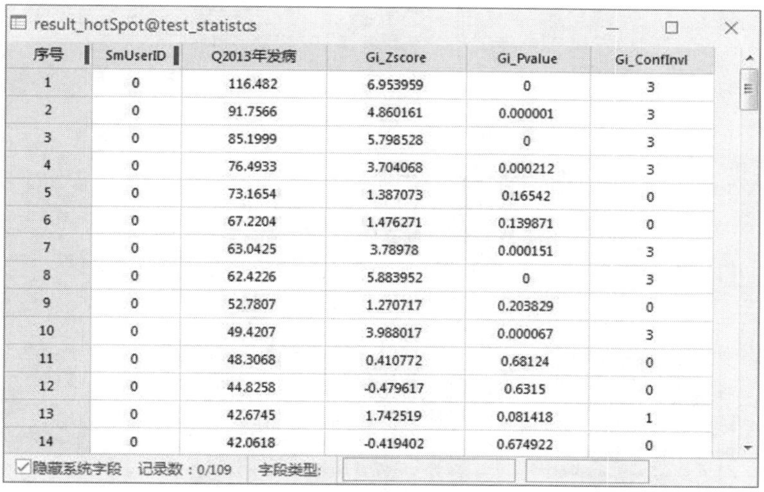

result_hotSpot@test_statistcs

| 序号 | SmUserID | Q2013年发病 | Gi_Zscore | Gi_Pvalue | Gi_ConfInvl |
|---|---|---|---|---|---|
| 1 | 0 | 116.482 | 6.953959 | 0 | 3 |
| 2 | 0 | 91.7566 | 4.860161 | 0.000001 | 3 |
| 3 | 0 | 85.1999 | 5.798528 | 0 | 3 |
| 4 | 0 | 76.4933 | 3.704068 | 0.000212 | 3 |
| 5 | 0 | 73.1654 | 1.387073 | 0.16542 | 0 |
| 6 | 0 | 67.2204 | 1.476271 | 0.139871 | 0 |
| 7 | 0 | 63.0425 | 3.78978 | 0.000151 | 3 |
| 8 | 0 | 62.4226 | 5.883952 | 0 | 3 |
| 9 | 0 | 52.7807 | 1.270717 | 0.203829 | 0 |
| 10 | 0 | 49.4207 | 3.988017 | 0.000067 | 3 |
| 11 | 0 | 48.3068 | 0.410772 | 0.68124 | 0 |
| 12 | 0 | 44.8258 | -0.479617 | 0.6315 | 0 |
| 13 | 0 | 42.6745 | 1.742519 | 0.081418 | 1 |
| 14 | 0 | 42.0618 | -0.419402 | 0.674922 | 0 |

隐藏系统字段　记录数：0/109　字段类型:

图 8.7　结果数据集属性表

• 该地区西北方向的红色区域（位于图 8.8 中上半部分）*Z* 值均大于 2.58，该区域被高值所包围，呈现出了高值聚类，由此形成了发病人数较高的地区空间聚集的分布特征。因此可以得出西北方向呈显著性的地区是高值包围高值的地区，有 5 个左右，呈现出了明显的高值聚集区域，是病毒性肝炎的高危区域，需要着重地采取预防措施。

• 该地区西南方向的深蓝色区域（位于图 8.8 中下半部分）*Z* 值均小于-2.58，该区域被低值所包围，呈现出低值聚类，因此形成发病人数较低的区域，即冷点区域。淡粉色区域 *Z* 值接近于 0，均为非统计特征区域。

### 8.3.2　优化的热点分析

优化的热点分析是根据输入数据的特征，派生出参数来进行热点分析，通过结果面数据反映源数据的热点和冷点分布情况。例如，源数据集为事件点数据，则该功能会将事件点聚合到加权要素，分析事件点数据的分布范围，并分析各个区域事件点的分布是否为冷点或热点。

1. 分析原理

优化的热点分析会根据输入要素、可选的评估字段、事件点发生区域、聚合方法，分析事件点在发生区域或网格中，是否属于热点区域或冷点区域。分析结果数据集中包括 Counts、*Z* 得分（Gi_Zscore）、*P* 值（Gi_Pvalue）和置信区间（Gi_ConfInvl）。

优化的热点分析支持的事件数据包括点、线、面三种，采用固定距离的概念化模型进行分析，并提供了 4 种聚合方法，每种聚合方法对输入事件点的最小个数有要求，具体说明如表 8.3 所示。

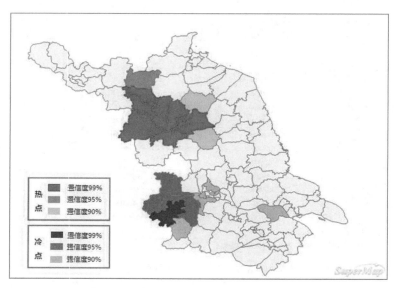

图 8.8　热点分析结果图

表 8.3　　　　　　　　　　聚合方法对输入事件点的最小个数的具体说明

| 最小事件数 | 聚 合 方 法 | 聚合后的最小要素数 |
|---|---|---|
| 60 | 网格面，不提供事件点发生区域的边界数据 | 30 |
| 30 | 网格面，提供事件点发生区域的边界数据 | 30 |
| 30 | 多边形，在设置的聚合面内计算事件点 | 30 |
| 60 | 计算捕捉距离并使用该距离聚合附近的事件点 | 30 |

2. 应用案例

优化的热点分析用于识别具有统计显著性的高值（热点）和低值（冷点）的空间聚类。它自动聚合事件数据，识别适当的分析范围，并纠正多重测试和空间依赖性。该工具对数据进行查询，以确定用于生成可优化热点分析结果的设置。如果要完全控制这些设置，可以使用热点分析。

3. 操作说明

在"空间分析"选项卡的"空间统计分析"组中，选择"聚类分布"中的"优化的热点分析"，即可弹出"优化的热点分析"对话框。

4. 主要参数

• 源数据：设置待进行优化热点分析的矢量数据集，支持点、线、面三种类型的数据集，例如：犯罪点、交通事故点等事件数据。

• 评估字段：若提供了评估字段，则会直接执行分析；若未提供评估字段，则会利用提供的聚合方法，聚合所有输入事件点以获得计数，从而作为评估字段执行分析。

如果源数据为点数据集，则评估字段可为空；若为线或面数据集，则需要设置评估字段。

- 聚合方法：

◇ 网格面：适用于事件点数据，该方法会根据事件点疏密程度，计算合适的网格大小，创建网格面数据集，生成的网格面数据集以面网格单元的点计数作为分析字段执行热点分析。网格会覆盖在输入事件点的上方，并将计算每个面网格单元内的点数目。如果未提供事件点发生区域的边界面数据，则会利用输入事件点数据集范围划分网格，并且会删除不含点的面网格单元，仅会分析剩下的面网格单元；如果提供了边界面数据，则只会保留并分析在边界面数据集范围内的面网格单元。

◇ 聚合面：适用于事件点数据，需要设置聚合事件点用于统计事件计数的面数据集，将计算每个面对象内的点事件数目，然后对面数据集以点事件数目作为分析字段执行热点分析。

◇ 聚合点：适用于事件点数据，为输入事件点数据集计算捕捉距离并使用该距离聚合附近的事件点，为每个聚合点提供一个点计数，代表聚合到一起的事件点数目，然后对生成的聚合点数据集以聚合在一起的点事件数目作为分析字段执行热点分析。

- 分析范围：设置面数据集，作为事件点发生区域的边界面数据集。
- 结果设置：设置结果数据所要保存的数据源及数据集名称。

5. 结果输出

设置好以上参数后，单击对话框中的"确定"按钮，即可执行优化的热点分析，图 8.9 为北京微博登录位置的优化热点分析网格结果图，图中心的圆的范围为热点区域，点状为冷点区域，其他为非统计特征区域。

热点分析返回的结果数据集将会包含四个属性字段：Counts、$Z$ 得分（Gi_Zscore）和 $P$ 值（Gi_Pvalue）、置信区间（Gi_ConfInvl）。

- Counts 统计了对应分析区域包含的点个数，只有当源数据集为点数据集且在不设置评估字段的前提下，统计结果中才会出现该结果字段。

- $Z$ 得分高且 $P$ 值小，则表示有一个高值的空间聚类。如果 $Z$ 得分低并为负数且 $P$ 值小，则表示有一个低值的空间聚类。$Z$ 得分越高（或越低），聚类程度就越大。如果 $Z$ 得分接近于零，则表示不存在明显的空间聚类。

- 在具有空间聚集性的前提下，$Z$ 得分为负值，则表示该处为一个冷点区域，对应的 Gi_ConfInvl 字段为负数；$Z$ 得分为正值，则表示该处为一个热点区域，对应的 Gi_ConfInvl 字段为正数。

- Gi_ConfInvl 字段会识别统计显著性的热点和冷点。Gi_ConfInvl 为 +3 和 −3 的要素反映置信度为 99% 的统计显著性；Gi_ConfInvl 为 +2 和 −2 的要素反映置信度为 95% 的统计显著性；Gi_ConfInvl 为 +1 和 −1 的要素反映置信度为 90% 的统计显著性；而 Gi_ConfInvl 为 0 的要素的聚类则没有统计意义。如表 8.4 所示。

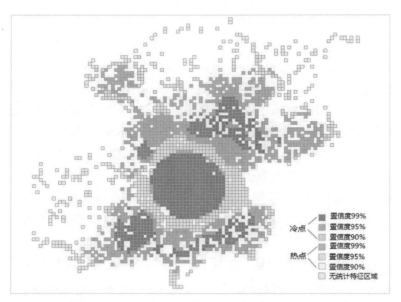

图 8.9　北京微博登录位置的优化热点分析网格结果图

表 8.4 　　　　　　　　　　　　热点分析返回的结果数据

| Z 得分（标准差） | P 值（概率） | Gi_ConfInvl 值 | 置信度 |
|---|---|---|---|
| <-1.65 或>1.65 | <0.10 | -1, 1 | 90% |
| <-1.96 或>1.96 | <0.05 | -2, 2 | 95% |
| <-2.58 或>2.58 | <0.01 | -3, 3 | 99% |

### 8.3.3　聚类和异常值分析

聚类和异常值分析可识别具有拥挤显著性的热点、冷点、空间异常值，使用 Anselin Local Moran's I（局部莫兰指数）统计量，对加权要素进行分析。

散点图是数据分析中用来表示两个变量之间相关关系的一种常见的方法。表示一个变量的空间自相关关系，可以采用 Moran 散点图。

Moran 散点图可以用来探索空间关联的全局模式、识别空间异常和局部不平稳性等。将变量在每个位置上的观测值表示在横轴上，其空间滞后（标准化的局部空间自相关指标 Moran's I）表示在纵轴上，则二者之间的相关关系就可以用坐标系中的散点形象地表现出来，如图 8.10 所示。

Moran 散点图分为四个象限，分别对应四种不同类型的局部空间关联模式：

• 右上象限（H-H）：观测值 zi 大于均值（high），其空间滞后也大于均值（high）。

288

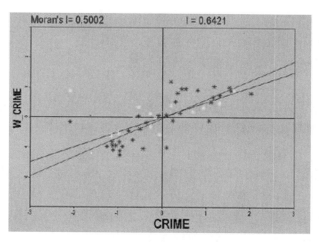

图 8.10　Moran 散点图

- 左下象限（L-L）：观测值 $z_i$ 小于均值（low），其空间滞后也小于均值（low）。
- 左上象限（L-H）：观测值 $z_i$ 小于均值（low），但其空间滞后大于均值（high）。
- 右下象限（H-L）：观测值 $z_i$ 大于均值（high），但其空间滞后小于均值（low）。

不同象限所表示的空间关系含义：

- 右上象限（H-H）和左下象限（L-L）对应正的空间自相关，表示该位置上的观测值和周围邻居的观测值之间相似。其中，右上象限（H-H）对应高-高相似，左下象限（L-L）对应低-低相似。

- 左上象限（L-H）和右下象限（H-L）对应负的空间自相关，表示该位置上的观测值和周围邻居的观测值之间相异。其中，左上象限（L-H）对应低-高相异，右下象限（H-L）对应高-低相异，即低值被周围的高值所围绕，和高值被周围的低值所围绕。

- 右上和左下两个象限分别对应 $G$ 统计量中的正的空间关联（高-高）和负的空间关联（低-低）。观察右上和左下两个象限的相对密度，可以了解全局空间关联模式在多大程度上是由高值还是低值之间的关联决定的。

- 观察左上和右下两个象限的相对密度，可以了解哪种形式的负的空间关联占主导地位。

- 此外，观察 Moran 散点图的左上和右下两个象限，还可以发现潜在的空间异常。以散点图的象限中心点为圆心，做一个半径为 2 的圆，可以认为圆以外的观测点是异常值。这是因为，Moran 散点图是用标准化的变量和其空间滞后构造的，图上 2 个单位的距离意味着偏离均值两个标准差，可以看作是异常值。

当在 Moran 散点地图中仅显示那些显著高或显著低的观测值时，得到 Moran 显著性地图。如果显著观测值属于散点图中的第一象限或第三象限，则认为存在显著的空间聚集；如果属于第二象限或第四象限，则认为存在显著的空间差异。

1. 应用案例

- 研究区域中的富裕区和贫困区之间的最清晰边界在哪里。
- 研究区域中异常消费模式的位置在哪里。
- 研究区域中意想不到的糖尿病高发地在哪里。

2. 操作说明

在"空间分析"选项卡的"空间统计分析"组中，单击"聚类分布"中的"聚类和异常值分析"，即可弹出"聚类和异常值分析"对话框。

3. 主要参数

- 源数据：设置待分析的矢量数据集，支持点、线、面三种类型的数据集。
- 评估字段：设置分析要素参与分析的属性字段值，仅支持数值型字段。
- 概念化模型：选择应反映要分析的要素之间的固有关系，设置要素在空间中彼此交互方式构建的模型越逼真，结果就越准确。

◇ 固定距离模型：适用于点数据及面大小变化较大的面数据。

◇ 面邻接模型（共边、相交）：适用于存在相邻边、相交的面数据。

◇ 面邻接模型（邻接点、共边、相交）：适用于有邻接点、相邻边、相交的面数据。

◇ 反距离模型：所有要素均被视为所有其他要素的相邻要素，所有要素都会影响目标要素，但是随着距离的增加，影响会越小，要素之间的权重为距离分之一，适用于连续数据。

◇ 反距离平方模型：与"反距离模型"相似，随着距离的增加，影响下降得更快，要素之间的权重为距离的平方分之一。

◇ $K$ 最邻近模型：距目标要素最近的 $K$ 个要素包含在目标要素的计算中（权重为1），其余的要素将会排除在目标要素计算之外（权重为0）。如果想要确保具有一个用于分析的最小相邻要素数，该选项非常有效。当数据的分布在研究区域上存在变化以至于某些要素远离其他所有要素时，该方法十分适用。当固定分析的比例不如固定相邻对象数目重要时，$K$ 最近邻方法较适合。

◇ 空间权重矩阵：需要提供空间权重矩阵文件，空间权重是反映数据集中每个要素和其他任何一个要素之间的距离、时间或其他成本的数字。如果要对城市服务的访问性进行建模，例如要查找城市犯罪集中的地区，借助网络对空间关系进行建模是一个好办法。分析之前使用生成网络空间权重工具创建一个空间权重矩阵文件（.swmb），然后指定提供所创建的 SWMB 文件的完整路径。

◇ 无差别区域模型：该模型是"反距离模型"和"固定距离模型"的结合，会将每个要素视为其他各个要素的相邻要素，该选项不适合大型数据集，在指定的固定距离范围内的要素具有相等的权重（权重为1）；在指定的固定距离范围之外的要素，随着距离的增加，影响会越小。

- 中断距离容限："–1"表示计算并应用默认距离，此默认值为保证每个要素至少有一个相邻的要素；"0"表示未应用任何距离，则每个要素都是相邻要素。非零正值表示当要素间的距离小于此值时为相邻要素。

- 反距离幂指数：控制距离值的重要性的指数，幂值越高，远处的影响会越小。
- 相邻要素数目：设置一个正整数，表示目标要素周围最近的 $K$ 个要素为相邻要素。
- 距离计算方法：距离计算的方法采用欧氏距离和曼哈顿距离。
- 空间权重矩阵标准化：当要素的分布由于采样设计或施加的聚合方案而可能偏离时，建议使用空间权重矩阵标准化。选择空间权重矩阵标准化后，每个权重都会除以行的和（所有相邻要素的权重和）。空间权重矩阵标准化的权重通常与固定距离相邻要素结合使用，并且几乎总是用于基于面邻接的相邻要素。这样可减少因为要素具有不同数量的相邻要素而产生的偏离。空间权重矩阵标准化将换算所有权重，使它们在 0 和 1 之间，从而创建相对（而不是绝对）权重方案。每当要处理表示行政边界的面要素时，都可能会希望选择"空间权重矩阵标准化"选项。
- 是否进行 FDR 校正：若进行 FDR（错误发现率）校正，则统计显著性将以错误发现率校正为基础，否则，统计显著性将以 $P$ 值和 $Z$ 得分字段为基础。

4. 结果输出

聚类和异常值分析的结果数据集中，将会包含四个属性字段：局部莫兰指数、$Z$ 得分和 $P$ 值、聚类和异常值类型，分别为 ALMI_Moran I、ALMI_Z score、ALMI_P value、ALMI_Type 四个字段。字段含义解释如下：

由于聚类和异常值是基于置信度 95% 做的运算，因此只有 $P$ 值小于 0.05 时，ALMI_Type 字段中才具有值。如果应用错误发现率（FDR）校正，统计显著性将会以校正的置信度（将 $P$ 值阈值从 0.05 降低到某个新值）为基础，以兼顾多重测试和空间依赖性。

实例：对病毒性肝炎县区数据的 2013 年发病数进行聚类和异常值分析，设置评估字段为 2013 年发病数，概念化模式为反距离模型，距离计算方法为欧氏距离，对空间权重矩阵进行标准化，选择进行 FDR 校正，其他默认，得到结果数据集属性表如表 8.5 所示。

表 8.5　　　　　　　　　　　　　　结果数据集属性表

| 序号 | Q2013 年发_1 | ALMI_Moran I | ALMI_Z score | ALMI_P value | ALMI_Type |
|---|---|---|---|---|---|
| 1 | 792 | 13.705436 | 14.411236 | 0 | HH |
| 2 | 528 | 2.839065 | 6.062590 | 0 | HH |
| 3 | 1.038 | 9.503449 | 17.460090 | 0 | HH |
| 4 | 511 | 3.665359 | 5.483622 | 0 | HH |
| 5 | 36 | 0.466552 | 1.012753 | 0.311178 | |
| 6 | 57 | 0.467529 | 0.711510 | 0.476768 | |
| 7 | 222 | -0.034889 | -0.111016 | 0.911603 | |
| 8 | 387 | -0.060616 | -0.109312 | 0.912955 | |

| 序号 | Q2013 年发_1 | ALMI_Moran I | ALMI_Z score | ALMI_P value | ALMI_Type |
|------|-------------|--------------|--------------|--------------|-----------|
| 9 | 147 | 0.136722 | 0.153396 | 0.878086 | |
| 10 | 105 | 0.136722 | 0.153396 | 0.878086 | |
| 11 | 125 | 0.117534 | 0.269876 | 0.787256 | |
| 12 | 89 | 0.139419 | 0.424136 | 0.671467 | |

在随机分布的假设下，结果表明：

• 在西北方向的深色填充区域，$Z$ 值显著性水平显著，该地区的发病数表现出较为明显的高值空间聚类。

• 该地区的空间差异较小、区域自身和周边水平均是较高的区域（HH），说明该地区病毒性肝炎的患病人数比其他地区要多，除了本身是病患人数较多的地区，它的周围也是病患人数较多的地区。红色区域的医疗单位需要预防病毒性肝炎患病人数的增多，如图 8.11 所示。

图 8.11　该地区发病人数显示图

所以，该地区大部分区域的 Moran's I 不显著，显著部分呈现高值聚类。

# 第9章　水文分析

## 9.1　填充伪洼地

洼地是指流域内被较高高程所包围的局部区域。分为自然洼地和伪洼地。自然洼地是自然界实际存在的洼地，通常出现在地势平坦的冲积平原上，且面积较大，在地势起伏较大的区域非常少见。如冰川或喀斯特地貌、采矿区、坑洞等，这属于正常情况。在DEM 数据中，由于数据处理的误差和不合适的插值方法所产生的洼地，称为伪洼地。

DEM 数据中绝大多数洼地都是伪洼地。伪洼地会影响水流方向并导致地形分析结果错误，因此，在进行水文分析前，一般先对 DEM 数据进行填充洼地的处理。例如，在确定水流方向时，由于洼地高程低于周围栅格的高程，一定区域内的流向都将指向洼地，导致水流在洼地聚集不能流出，引起汇水网络的中断。填充洼地的剖面示意图如图9.1 所示。

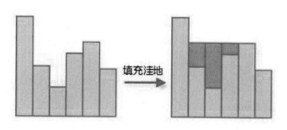

图 9.1　伪洼地剖面示意图

因此在开始任何水文分析之前，建议先进行填洼预处理，填充伪洼地通常是进行合理流向计算的前提。

1. 使用说明

进行填充伪洼地操作时有两种情景：

（1）对 DEM 栅格数据填充伪洼地。此种方法会将 DEM 栅格数据中所有洼地（包括真实洼地和伪洼地）都填平，由于真实洼地极少，因此填洼后对后续分析的影响不大。

（2）根据已知的需要排除的洼地数据（点或面数据集）对 DEM 栅格数据填充伪洼

地，在填洼结果栅格中这些洼地区域将被赋为无值。此种方法非常适用于分析区域存在真实洼地的情况，使用真实洼地的位置数据（二维点或面数据），将得到更为精确的伪洼地填充结果。

2. 功能入口

• 在"空间分析"选项卡→"栅格分析"组中，单击"水文分析"按钮，弹出水文分析流程窗口，选择"填充伪洼地"按钮。（iDesktop）

• 在"空间分析"选项卡→"栅格分析"组中，单击"水文分析"下拉按钮，在弹出菜单栏中选择"填充伪洼地"按钮。（iDesktopX）

• 单击工具箱→选择"栅格分析"→水文分析工具，填充伪洼地，或者将该工具拖曳到可视化建模窗口中，再双击该功能图形。（iDesktopX）

3. 参数说明

• 源数据：设置要进行填充洼地的 DEM 所在的数据源和数据集。

• 需要排除的洼地数据：选择该项时，会排除已知的洼地，不对这些区域进行填充；不选中该项时，表示会将 DEM 中所有洼地进行填充，包括伪洼地和真实洼地。默认不使用排除的洼地，直接对洼地进行填充。

在填充伪洼地时，可以指定一个点或面数据集，表示真实洼地或需排除的洼地，这些洼地不会被填充。使用准确的该类数据，将获得更为真实的无伪洼地地形，使后续分析更为可靠。如果选择的是点数据集，其中的一个或多个点位于洼地内即可，最理想的情形是点指示该洼地区域的汇水点；如果是面数据集，每个面对象应覆盖一个洼地区域。

• 结果数据：设置结果要保存的数据源和数据集名称。

• 单击"准备"按钮，表示当前分析功能的相关参数设置已经完成，随时可以执行。（iDesktop）

• 单击"执行"按钮，执行当前选中的分析功能。执行完成后输出窗口中，会提示执行结果是成功还是失败。

# 9.2 流　　向

流向，即水文表面水的流向。计算流向是水文分析的关键步骤之一。水文分析的很多功能需要基于流向栅格，如计算累积汇水量、流长和流域等。

在 SuperMap 中，对中心栅格的 8 个邻域栅格进行编码。编码实际是取 2 的幂值，从中心栅格的正右方栅格开始，按顺时针方向，其编码值分别为 2 的 0、1、2、3、4、5、6、7 次幂值，即 1、2、4、8、16、32、64、128，分别代表中心栅格单元的水流流向为东、东南、南、西南、西、西北、北、东北 8 个方向，参考图 9.2。每一个中心栅格的水流方向都由这 8 个值中的某一个值来确定。例如，若中心栅格的水流方向是西，则其水流方向被赋值 16；若流向东，则水流方向被赋值 1。

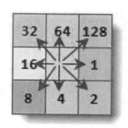

图 9.2　流向示意图

1. 使用说明

1）边界水流处理

位于栅格边界的单元格比较特殊（位于边界且可能的流向不足 8 个），可以指定其流向为向外，此时边界栅格的流向值如图 9.3（a）所示，否则，位于边界上的单元格将赋为无值（如图 9.3（b）所示）。

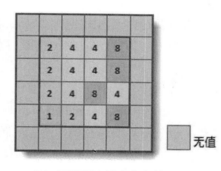

（a）边界流向向外　　　　　（b）不强制边界流向向外

图 9.3　边界栅格流向示意

2）高程变化梯度栅格

在计算流向时，应用程序使用最大坡降法。这种方法通过计算单元格的最陡下降方向作为水流的方向。中心单元格与相邻单元格的高程差与距离的比值称为高程梯度。

3）平坦区域流向处理

在计算平坦区域流向，即当高程变化梯度为 0 时，应用程序使用填高操作，让平坦区域没有流向的点通过填高能够流出。填高操作是基于区域周边的高程值进行的，使用填高后的数据计算最陡下降坡度，取坡度最陡的方向作为流向，如图 9.4 所示。

2. 功能入口

• 在“空间分析”选项卡→“栅格分析”组中，单击“水文分析”按钮，弹出水文分析流程窗口，选择“计算流向”按钮。（iDesktop）

• 在“空间分析”选项卡→“栅格分析”组中，单击“水文分析”下拉按钮，在

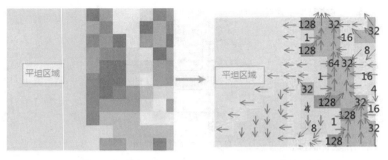

（a）原始 DEM 数据　　　　　　（b）流向示意

图 9.4　平坦区域流向结果

弹出的菜单栏中选择"计算流向"按钮。（iDesktopX）

● 单击"工具箱"→选择"栅格分析"→水文分析工具：计算流向；或者将该工具拖曳到可视化建模窗口中，再双击该功能图形。（iDesktopX）

3. 参数说明

● 源数据：设置要计算流向的 DEM 数据所在的数据源和数据集。

● 强制边界栅格流向为向外：选中此项，则栅格表面边缘所有格网的水的流向均向外。

● 创建高程变化梯度：选中此项，计算流向时，会同时计算每个栅格高程的梯度变化，输出一个梯度栅格。默认不选中该项，即不会创建高程梯度栅格。

● 结果数据：设置结果要保存的数据源、流向栅格、梯度栅格的名称。注意：需要选中"创建高程变化梯度"时，才可以输入梯度栅格名称。

● 单击"准备"按钮，表示当前分析功能的相关参数设置已经完成，随时可以执行。准备完毕的流程会置灰，不能修改；如需修改设置的参数，可以单击"取消准备"按钮进行修改。（iDesktop）

注意：单击"准备"下拉按钮，会弹出下拉菜单。"全部取消"功能，用来取消所有已经准备好的步骤的准备状态。

● 单击"执行"按钮，执行准备好的分析功能。执行完成后的输出窗口中，会提示执行结果是成功还是失败。

# 9.3　流　　长

流长，是指每个单元格沿着流向到其流向起始点或终止点之间的距离（或者加权距离），包括上游方向和下游方向的长度。水流长度直接影响地面径流的速度，进而影响地表土壤的侵蚀力，在水土保持方面具有重要意义，常作为土壤侵蚀、水土流失的评价因素。

1. 使用说明

● 计算流长必须基于流向数据。关于如何生成流向数据的文档，请参见计算流向。

● 计算流长时，需要设置方向，顺流而下或溯流而上。

◇ 顺流而下：计算每个单元格沿流向到下游流域汇水点之间的最长距离。

◇ 溯流而上：计算每个单元格沿流向到上游分水线顶点的最长距离。

如图 9.5 所示，分别为以顺流而下和溯流而上计算得出的流长栅格。

顺流而下          溯流而上

图 9.5 流长的方向示意图

● 在计算加权距离时，需要指定一个权重数据，参与流长计算。

权重数据定义了每个栅格单元间的水流阻力，应用权重所获得的流长为加权距离。例如，将流长分析应用于洪水的计算，洪水流往往会受到诸如坡度、土壤饱和度、植被覆盖等许多因素的阻碍，对这些因素建模，需要提供权重数据集。

2. 功能入口

● 在"空间分析"选项卡→"栅格分析"组中，单击"水文分析"按钮，弹出水文分析流程窗口，选择"计算流长"按钮。(iDesktop)

● 在"空间分析"选项卡→"栅格分析"组中，单击"水文分析"下拉按钮，在弹出的菜单栏中选择"计算流长"按钮。(iDesktopX)

● 工具箱→栅格分析→水文分析工具：计算流长；或者将该工具拖曳到可视化建模窗口中，再双击该功能图形。(iDesktopX)

3. 参数说明

● 流向数据：选择流向栅格所在的数据源以及数据集。

● 权重数据："权重数据"复选框用于控制是否启用该参数设置。若勾选该复选框，启用"权重数据"参数设置，选择权重栅格所在的数据源和数据集。计算权重流长时，会使用权重栅格对每一个流向数据进行加权计算；若不勾选该复选框，则不启用"权重数据"参数设置，相关设置灰显不可用。

● 计算方式：设置流长分析的水流方向，顺流而下或溯流而上。

● 结果数据：设置结果要保存的数据源和数据集的名称。

● 单击"准备"按钮，表示当前分析功能的相关参数设置已经完成，随时可以执行。准备完毕的流程会置灰，不能修改；如需修改设置的参数，可以单击"取消准备"按钮进行修改。(iDesktop)

注意：单击"准备"下拉按钮，会弹出下拉菜单。"全部取消"功能，用来取消所有已经准备好的步骤的准备状态。

● 单击"执行"按钮，执行准备好的分析功能。执行完成后的输出窗口中，会提示执行结果是成功还是失败。

# 9.4  汇  水  量

计算汇水量用来根据流向栅格计算每个像元的汇水量。可以选择性地使用权重数据计算加权汇水量。

计算汇水量的思路如下：

假定栅格数据中的每个单元格处有一个单位的水量，依据水流方向图顺次计算每个单元格所能累积到的水量（不包括当前单元格的水量）。图 9.6 显示了通过水流方向计算汇水量的过程。

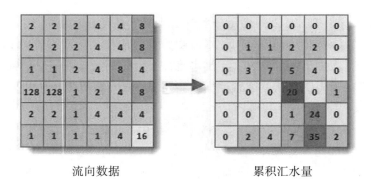

流向数据 累积汇水量

图 9.6　计算汇水量示意图

1. 使用说明

● 计算得到的结果表示每个像元累积的汇水总量，该值为流向当前像元的所有上游的像元的水流累积量总量，不会考虑当前处理像元的汇水量。

● 在实际应用中，每个像元的水量不一定相同，需要指定权重数据来获取实际的汇水量。使用了权重数据后，汇水量的计算过程中，每个单元格的水量不再是一个单位，而是乘以权重（权重数据集的栅格值）后的值。例如，将某时期的平均降雨量作为权重数据，计算所得的汇水量就是该时期流经每个单元格的雨量。

● 计算的汇水量的结果值可以帮助我们识别河谷和分水岭。像元的汇水量较高，说明该点地势较低，可视为河谷；像元汇水量为 0，说明该点地势较高，可能为分水岭。因此，汇水量为提取流域的各种特征参数（如流域面积、周长、排水密度等）提供了参考。

2. 功能入口

● 在"空间分析"选项卡→"栅格分析"组中，单击"水文分析"按钮，弹出水文分析流程窗口，选择"计算汇水量"按钮。（iDesktop）

● 在"空间分析"选项卡→"栅格分析"组中，单击"水文分析"下拉按钮，在弹出的菜单栏中选择"计算汇水量"按钮。（iDesktopX）

● 工具箱→栅格分析→水文分析工具：计算汇水量；或者将该工具拖曳到可视化建模窗口中，再双击该功能图形。（iDesktopX）

3. 参数说明

● 流向数据：选择流向栅格所在的数据源以及数据集。

● 权重数据："权重数据"复选框用于控制是否启用该参数设置。若勾选该复选框，启用"权重数据"参数设置，选择权重栅格所在的数据源和数据集。计算汇水量时，会使用权重栅格对每一个流向数据进行权重计算；若不勾选该复选框，则不启用"权重数据"参数设置，相关设置灰显不可用。

● 结果数据：设置结果要保存的数据源和数据集的名称。

● 单击"准备"按钮，表示当前分析功能的相关参数设置已经完成，随时可以执行。准备完毕的流程会置灰，不能修改；如需修改设置的参数，可以单击"取消准备"按钮进行修改。（iDesktop）

注意：单击"准备"下拉按钮，会弹出下拉菜单。"全部取消"功能，用来取消所有已经准备好的步骤的准备状态。

● 单击"执行"按钮，执行准备好的分析功能。执行完成后的输出窗口中，会提示执行结果是成功还是失败。

# 9.5 汇 水 点

计算汇水点功能用来根据流向栅格和累积汇水量栅格生成汇水点栅格数据。

1. 使用说明

● 汇水点位于流域的边界上，通常为边界上的最低点，流域内的水从汇水点流出，所以汇水点必定具有较高的累积汇水量。根据这一特点，就可以基于流向栅格和累积汇水量来提取汇水点。

● 汇水点的确定需要一个累积汇水量阈值，累积汇水量栅格中大于或等于该阈值的位置将作为潜在的汇水点，再依据流向最终确定汇水点的位置。该阈值的确定十分关键，影响着汇水点的数量、位置以及子流域的大小和范围等。合理的阈值，需要考虑流域范围内的土壤特征、坡度特征、气候条件等多方面因素，根据实际研究的需求来确定，因此具有较大难度。

- 获得了汇水点栅格后，可以结合流向栅格来进行流域的分割。

2. 功能入口

- 在"空间分析"选项卡→"栅格分析"组中，单击"水文分析"按钮，弹出水文分析流程窗口，选择"计算汇水点"按钮。(iDesktop)

- 在"空间分析"选项卡→"栅格分析"组中，单击"水文分析"下拉按钮，在弹出的菜单栏中选择"计算汇水点"。(iDesktopX)

- 工具箱→栅格分析→水文分析工具：计算汇水点；或者将该工具拖曳到可视化建模窗口中，再双击该功能图形。(iDesktopX)

3. 参数说明

- 流向数据：选择流向栅格所在的数据源以及数据集。

- 汇水量数据：选择汇水量栅格所在的数据源以及数据集。

- 汇水量阈值：设置汇水点的阈值。对于汇水量大于该值的像元，程序才会提取，视为汇水点；若汇水量没有到达设定的提取汇水点的阈值，将不作为汇水点。

- 结果数据：设置结果要保存的数据源和数据集的名称。

- 单击"准备"按钮，表示当前分析功能的相关参数设置已经完成，随时可以执行。准备完毕的流程会置灰，不能修改；如需修改设置的参数，可以单击"取消准备"按钮进行修改。(iDesktop)

注意：单击"准备"下拉按钮，会弹出下拉菜单。"全部取消"功能，用来取消所有已经准备好的步骤的准备状态。

- 单击"执行"按钮，执行准备好的分析功能。执行完成后的输出窗口中，会提示执行结果是成功还是失败。

# 9.6　流 域 分 割

流域分割是将一个流域划分为若干个子流域的过程。通过计算流域盆地，可以获取较大的流域，但在实际分析中，可能需要将较大的流域划分出更小的流域（称为子流域）。

1. 使用说明

确定流域的第一步是确定该流域的汇水点，那么，流域分割同样首先要确定子流域的汇水点。与计算流域盆地不同，子流域的汇水点可以在栅格的边界上，也可以位于栅格的内部。因此流域分割的汇水数据，既可以是前面计算汇水点得到的栅格数据，也可以使用表示汇水点的二维点集合来分割流域。

2. 功能入口

- 在"空间分析"选项卡→"栅格分析"组中，单击"水文分析"按钮，弹出水文分析流程窗口，选择"流域分割"按钮。(iDesktop)

- 在"空间分析"选项卡→"栅格分析"组中，单击"水文分析"下拉按钮，在

弹出的菜单栏中选择"流域分割"。(iDesktopX)

● 单击"工具箱"→选择"栅格分析"→水文分析工具：流域分割；或者将该工具拖曳到可视化建模窗口中，再双击该功能图形。(iDesktopX)

3. 参数说明

● 流向数据：选择流向栅格所在的数据源以及数据集。

● 汇水点数据：选择汇水点数据所在的数据源以及数据集。汇水点数据既可以为计算得到的汇水点栅格数据，也可以是实地采集的二维点数据集。

注：使用流域分割提取出的流域与汇水点对应，若部分流域的汇水量没有达到设定的提取汇水点的阈值，这部分汇水区就不会体现在流域分割的结果中。因此会出现流域分割结果没有覆盖全部 DEM 范围的现象，若需流域结果覆盖全部分析范围，可使用计算流域盆地功能。

● 过滤条件：仅对二维汇水点数据有效。可以设置过滤表达式，设定参与流域分割的汇水点。

● 结果数据：设置结果要保存的数据源和数据集的名称。

● 单击"准备"按钮，表示当前分析功能的相关参数设置已经完成，随时可以执行。准备完毕的流程会置灰，不能修改；如需修改设置的参数，可以单击"取消准备"按钮进行修改。(iDesktop)

注意：单击"准备"下拉按钮，会弹出下拉菜单。"全部取消"功能，用来取消所有已经准备好的步骤的准备状态。

● 单击"执行"按钮，执行准备好的分析功能。执行完成后的输出窗口中，会提示执行结果是成功还是失败。

# 9.7　流域盆地

流域盆地即为集水区域，是用于描述流域的方式之一。计算流域盆地功能用来创建描述流域盆地的栅格数据集。

1. 使用说明

计算流域盆地是依据流向数据为每个像元分配唯一盆地的过程，如图 9.7 所示，流域盆地是描述流域的方式之一，展现了那些所有相互连接且处于同一流域盆地的栅格。

通常认为所有流域盆地的汇水点均在栅格的边界上，即水流向边界外，因此，计算流域盆地时，首先确定各个汇水点，然后按照水流方向识别出分水线，从而确定流域的边界，最终确定各个流域盆地。

在创建流向栅格的时候，使用强制边界栅格流向向外参数，更容易得到最佳结果。关于该参数的介绍，请参见计算流向。

2. 功能入口

● 在"空间分析"选项卡→"栅格分析"组中，单击"水文分析"按钮，弹出水

流向栅格 流域盆地栅格

图 9.7 计算流域盆地

文分析流程窗口，选择"计算流域盆地"按钮。（iDesktop）

● 在"空间分析"选项卡→"栅格分析"组中，单击"水文分析"下拉按钮，在弹出的菜单栏中选择"计算流域盆地"。（iDesktopX）

● 单击"工具箱"→选择"栅格分析"→"水文分析工具：计算流域盆地"；或者将该工具拖曳到可视化建模窗口中，再双击该功能图形。（iDesktopX）

3. 参数说明

● 流向数据：选择流向栅格所在的数据源以及数据集。

● 结果数据：设置结果要保存的数据源和数据集的名称。

● 单击"准备"按钮，表示当前分析功能的相关参数设置已经完成，随时可以执行。准备完毕的流程会置灰，不能修改；如需修改设置的参数，可以单击"取消准备"按钮进行修改。（iDesktop）

注意：单击"准备"下拉按钮，会弹出下拉菜单。"全部取消"功能，用来取消所有已经准备好的步骤的准备状态。

● 单击"执行"按钮，执行准备好的分析功能。执行完成后的输出窗口中，会提示执行结果是成功还是失败。

# 9.8　提取栅格水系

1. 使用说明

提取栅格水系是提取水系网络的第一步，后面的河流分级、连接水系和水系矢量化都是基于栅格水系进行操作的。

累积汇水量较高的像元可视为河谷，通过给汇水量设定一个阈值，提取累积汇水量大于该阈值的像元，从而得到栅格水系。实际操作过程中，对于不同级别的河谷、不同区域的相同级别的河谷，该阈值可能不同，因此在确定该阈值的时候需要根据研究区域的实际地形地貌并通过不断的实验来确定。

根据前面的介绍，栅格水系可以通过对累积汇水量栅格进行代数运算来提取。假设经过调研确定某区域的累积汇水量超过 2000L 的区域为汇水区域，则提取栅格水系的表达式为：

$$[数据源.累积汇水量栅格] > 2000$$

经过计算获得栅格水系，它是一个二值栅格。其中累积汇水量大于 2000L 的像元赋值为 1，其他像元赋值为 0。数值 0 表示无值。

如图 9.8 所示，为提取的栅格水系。

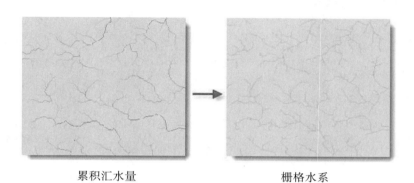

累积汇水量　　　　　　　　　　　栅格水系

图 9.8　栅格水系提取结果

2. 功能入口

● 在"空间分析"选项卡→"栅格分析"组中，单击"水文分析"按钮，弹出水文分析流程窗口，选择"提取栅格水系"按钮。（iDesktop）

● 在"空间分析"选项卡→"栅格分析"组中，单击"水文分析"下拉按钮，在弹出的菜单栏中选择"提取栅格水系"。（iDesktopX）

● 单击"工具箱"→选择"栅格分析"→"水文分析工具：提取栅格水系"；或者将该工具拖曳到可视化建模窗口中，再双击该功能图形。（iDesktopX）

3. 参数说明

● 汇水量数据：选择汇水量栅格所在的数据源以及数据集。

● 阈值：输入要提取的累积汇水量阈值。

● 结果数据：设置结果要保存的数据源和数据集的名称以及结果栅格数据的像素格式。应用提供了 1 位、4 位、单字节、双字节、整型、长整型、单精度浮点型和双精度浮点型等 8 种像素格式。

● 对数据集进行压缩存储：勾选该复选框以后，应用程序会对结果数据集进行压缩存储，否则将不进行压缩存储。默认不进行压缩。

● 忽略无值栅格单元：勾选该复选框以后，输入栅格数据集中的无值栅格单元将不参与代数运算，结果数据集中相应位置的像元值仍为空值（通常为 −9999）；若不勾选该项，则应用程序会将无值栅格单元的像元值作为普通像元值参与运算，此时会导致结果栅格数据集的极小值（或极大值）发生改变。默认忽略无值。

● 单击"准备"按钮，表示当前分析功能的相关参数设置已经完成，随时可以执行。准备完毕的流程会置灰，不能修改；如需修改设置的参数，可以单击"取消准备"按钮进行修改。（iDesktop）

注意：单击"准备"下拉按钮，会弹出下拉菜单。"全部取消"功能，用来取消所有已经准备好的步骤的准备状态。

● 单击"执行"按钮，执行准备好的分析功能。执行完成后的输出窗口中，会提示执行结果是成功还是失败。

# 第 10 章  网 络 分 析

## 10.1  网 络 模 型

SuperMap 中的网络模型共分为两种：交通网络模型和公共设施网络模型。

交通网络是没有方向的网络，常用的有道路交通网。交通网络分析多用于路径搜索和定位。虽然这种网络是非定向的网络，流向不完全由系统控制，但是网络中流动的资源可以决定其流向。例如，行人在高速公路上开车行驶，可以选择转弯的方向、停车时间以及行驶的方向等。但是也有一定的限制，如单行线、不允许掉头等，这取决于网络属性。

公共设施网络是具有方向的网络，常用的网络如天然气管道、河道等。这种网络是一种定向网络，其流向由网络中的源和汇决定，网络中流动介质（水流、电流等）自身不能决定流向。例如确定一点到另一个点的上游路径，以确定河流中污染源，或者水网中某处管道破裂后，需要及时关闭那些线路的阀门。

## 10.2  构建网络数据集

网络数据模型用于存储具有网络拓扑关系的数据模型。网络数据模型包含了网络线数据和网络节点数据集，还包含了两者之间的拓扑关系。在网络数据集中，线数据集为主数据集，点数据集为子数据集。

基于网络数据模型，可以进行路径分析、服务区分析、最近设施查找、选址分区、通达性分析等多种网络分析。创建网络数据是整个网络分析的基础，所有的网络分析功能均能在网络图层上进行。在 SuperMap 中提供了拓扑构网的方式生成网络数据集。

构建网络数据前，需要做好以下准备工作：

1）准备用于构建网络数据的数据集

• 准备好用于构建网络数据的数据。可用于构建网络数据的数据类型包括点数据集、线数据集和网络数据集。点数据是可选的，在不选择点数据的情况下，也可以构建网络数据集；当网络数据集参与构建时，相当于利用其他点、线数据对该网络数据进行重新构网。

2）准备好网络数据集字段信息

● 确保用于构网的线数据中包含了表示网络阻力的字段，如表示时间和距离信息的字段。现实情况中，权重字段因为方向不同会有所不同，则需要为每个方向都提供一个权重字段。如可以用 F_T_TIME 表示从起始节点到终止节点之间弧段的耗费时间，T_F_TIME 表示终止节点到起始节点之间的耗费时间。

● 在进行路径分析时，如果需要生成行驶导引的文字信息，请确保用于构网的线数据中包含了所需的指示信息（如道路名称、站点名称）的字段。

● 构建网络数据集：详细操作请参见拓扑构网页面。

● 编辑网络数据集：网络数据集支持编辑操作。对网络数据集进行编辑操作后，通过拓扑构网可生成新的网络数据集。关于网络数据集的编辑操作请参见对象操作页面。

注意事项：

（1）在执行网络分析的过程中，若在地图中编辑了网络数据集后，继续执行网络分析，仍然是基于编辑前的网络数据进行分析，不会自动加载编辑后的网络数据集，需手动重新在地图中打开网络数据集。

（2）若网络数据集被意外破坏，在执行网络分析时，会提示"网络弧段数据存在错误，请重新构网。"此时使用"数据"选项卡中的"拓扑构网"功能，添加存在错误的网络数据集，即可重新构网。

# 10.3　拓　扑　构　网

1. 使用说明

根据指定的点数据集、线数据集或网络数据集联合生成网络数据集。

2. 操作步骤

（1）单击功能区→选择"空间分析"选项卡→"设施网络分析"组的"拓扑构网"下拉按钮，选择"构建二维网络"。

（2）弹出"构建网络数据集"对话框。

（3）需对如下参数进行设置。

①添加数据集。

在列表框内添加用来构建网络数据集的数据集。列表框中分别列出了这些数据集及其所在数据源的名称。此外，在打开构建网络数据集窗口后，系统会自动将工作空间管理器中选中的数据集添加到列表框内。

②工具条按钮说明。

● ![按钮图标]按钮：单击"添加"按钮，弹出"选择"对话框，通过该对话框可以选择用来构建网络数据集的数据集。这里支持选择点数据集、线数据集和网络数据集。在进行构网操作时，参与构网的数据集可以只有线数据集，也可以是点数据集和线数据集，但不可以只有点数据集独立参与，此时会构建失败。

- ☑按钮：单击"全选"按钮，用来选中列表框中的所有记录。
- ☐按钮：单击"反选"按钮，用来反向选择列表框中的记录，即原来没有被选择的记录变为选中状态；原来选中的记录变为非选中状态。
- ▣按钮：单击"移除"按钮，用来移除列表框中选中的一条或多条记录。

③结果设置。

- 数据源：结果数据集所在的数据源。
- 数据集：用来保存生成的网络数据集，这里可以修改结果数据集的名称。
- 结果字段：单击"字段设置..."按钮，弹出"字段信息"对话框。

在"字段信息"对话框中，显示了所有参与构建网络数据集的点、线数据集的用户字段（非系统字段和 SmUserID 字段），选中的字段信息将赋给新生成的网络数据集。其中，参与构建网络数据集的点对象的属性信息将赋给网络数据集中相应的网络节点，参与构建网络数据集的线对象的属性信息将赋给网络数据集中相应的网络弧段，网络数据集的其他系统字段则由系统自动赋值。

④打断设置。

- 点自动打断线：勾选该复选框后，在容限范围内，线对象会在其与点的相交处被打断，若线对象的端点与点相交，则线不予打断。
- 线线自动打断：勾选该复选框后，在容限范围内，两条（或两条以上）相交的线对象会在相交处被打断，若线对象与另一条线的端点相交，则这个线对象会在相交处被打断。此外，勾选"线线自动打断"操作时，系统会同时默认勾选"点自动打断线"，即"线线自动打断"功能不可以单独使用。
- 打断容限：设置打断容限，这里的打断容限即节点容限，表示线对象与线对象、线对象与点对象之间的最小距离。例如，若一个线对象的节点与另一个线对象的节点距离在容限范围内，则认为这两个节点重合；若一个线对象的节点与一个点对象的距离在容限范围内，则认为点在线上。

容限默认值与数据集的坐标系有关。

注意：容限需要设置为一个合理的值。当容限值设置过大时，线会捕捉容限范围内的点，此时，若一个线对象捕捉到多个首尾节点，则多余的点对象会被当作重复点去掉，线的端点捕捉到的首尾节点不一定是正确的点，同时会存在其他线对象节点缺失的情况，生成的网络数据集有误，会导致网络分析结果错误或者无法进行网络分析。

（4）执行结束后自动关闭对话框：选中该复选框后，在应用程序完成网络数据集的构建以后，将自动关闭"构建网络数据集"对话框；否则，不会自动关闭"构建网络数据集"对话框。默认勾选。

3. 注意事项

若用于构建二维网络数据的线数据集中有重复线，对构建成功后的网络数据集进行网络分析时，输出窗口会提示："网络弧段数据存在错误，请重新构网。【×××分析】执行失败。无法正确执行网络分析操作。"建议在构建网络数据前，先对线数据集进行拓扑处理，去除重复线，以保证构建正确的网络数据集。

第 4 部分　应用篇

# 第 11 章　大数据在线分析

## 11.1　环　境　配　置

SuperMap iDesktop 提供了大数据在线分析的功能，可对数据量较大、对象个数较多的数据进行高效、稳定的在线分析功能。大数据在线分析依赖于 iServer 服务，基于 Spark 计算平台，可对分布式存储的数据进行分析，支持 HDFS、iServer DataStore 及 UDB 中存储的数据。同时还提供了大数据的管理、分析、地图制图、出图等功能，在线分析功能支持：简单点密度分析、核密度分析、矢量裁剪分析、单对象查询、网格面聚合分析、多边形聚合分析、范围汇总分析。

大数据在线分析的环境配置和操作步骤如下：

- 分析服务环境配置；
- 数据准备；
- 大数据在线分析。

若在使用大数据在线分析功能之前，没有可用的分析环境和数据，需先配置 iServer 服务环境与数据。iServer 服务在 Windows 中的配置操作说明如下：

（1）获取 iServer 产品包，并启动 iServer 服务。

（2）在浏览器中访问 http：//localhost：8090/iserver/，创建管理员账户，如图 11.1 所示，再依次检查系统环境→检查许可→配置示范服务，单击"下一步"按钮。

（3）点击"配置完成"页面中的"服务管理器"地址，登录账号后，选择页面中的"使用集群"选项，勾选"是否使用集群"，并选择一种集群服务，如图 11.2 所示。

（4）切换到"配置集群"面板，勾选"是否启用分布式计算集群"，并选择"启用本机的 Spark 集群（默认）"，单击"保存"按钮即可。

（5）切换到"加入集群"面板，单击"集群服务地址"处的"编辑"，将默认地址中的 anotherclusterservice 修改为本机的 IP，确定之后，勾选"是否分布式分析节点"及"报告器是否启用"，单击"保存"即可，如图 11.3 所示。

（6）切换至"分布式分析服务"面板，勾选"是否启用"复选框，设置关联服务地址、关联服务 Token 等参数，单击"保存"按钮即可，如图 11.4 所示。

图 11.1　创建管理员账户

图 11.2　"使用集群"面板

（7）配置好分析环境后，在 iServer 注册数据即可执行大数据在线分析操作。

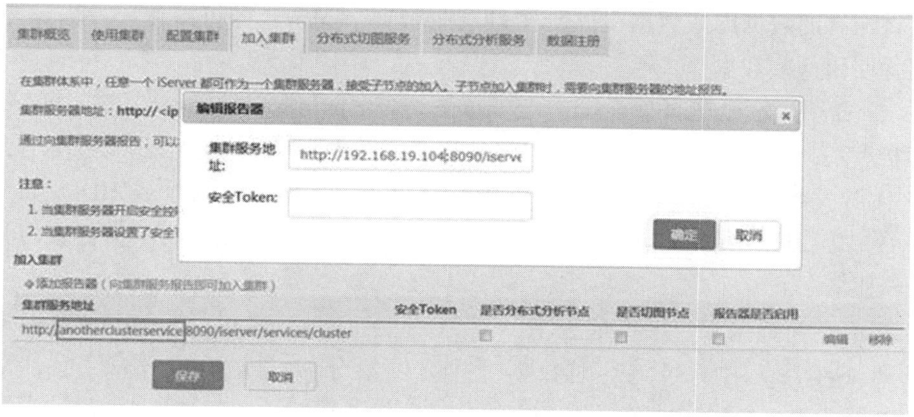

图 11.3　"加入集群"面板

图 11.4　"分布式分析服务"面板

## 11.2　数 据 准 备

大数据在线分析服务支持 HDFS 和 iServer 两种数据输入方式，其中 iServer Catalog 数据包括两种存储类型：大数据共享目录和空间数据库。当数据准备就绪后，在创建各类大数据分析任务时，iServer 会自动列出符合分析条件的数据集。

- 大数据共享目录：支持注册本地共享目录数据和 HDFS 目录，支持注册的数据类型有 CSV 数据、UDB 数据。
- 空间数据库：支持 HBase、Oracle、PostgreSQL、PostGIS、MongoDB 数据库。

1. iServer 注册数据

可将拥有的数据库或数据文件所在目录注册到 iServer，即可以使 iServer 提供的服务访问并使用这些数据。

在 iServer 服务管理页面：http：//supermapiserver：8090/iserver/manager，依次点击"集群"→"数据注册"，即可将以下数据库或数据存储目录注册到 iServer：

● 注册大数据文件共享：可将网络中共享目录、本地文件目录或 HDFS 目录注册到 iServer 中，目录中的 CSV 文件、index 文件、UDB 数据集文件及子文件夹可用于分布式分析服务。

● 注册空间数据库：可将远程 HBase、Oracle、PostgreSQL、PostGIS、MongoDB 服务注册到 iServer，用于存储空间数据，并提供给分布式分析服务。注意，注册的 MongoDB 服务仅支持分布式分析服务中的叠加分析、单对象空间查询分析。

2. 注册大数据文件共享

iServer 分布式分析服务提供对 CSV 数据和 UDB 数据集的处理与分析能力。用户可以将共享目录以及 HDFS 目录注册到 iServer 中，目录中的 CSV 文件、index 文件、UDB 数据集文件及子文件夹用于分布式分析服务。下面将具体介绍。

（1）在 iServer 服务管理页面。

网址为 http：//supermapiserver：8090/iserver/manager，依次点击"集群"→"数据注册"→"注册数据存储"，"数据存储类型"选择"大数据文件共享"。

（2）文件共享类型可选择以下两种：

● 共享目录：可以将存储于本地或者文件共享的 CSV 数据和 UDB 数据注册到 iServer 中，用于分布式分析。其中，注册的 CSV 数据支持修改数据的字段类型。

● HDFS 目录：为了更好地适应大规模数据的 GIS 应用，推荐用户使用 HDFS（Hadoop Distributed File System），即 Hadoop 分布式文件系统。它具有高容错特性，适合大规模数据集的应用。iServer 支持注册 HDFS 中存储的 CSV 数据（注册的 CSV 数据支持修改数据的字段类型）、index 文件数据。

（3）在"共享目录"中输入注册数据所在的共享路径，或在"HDFS 目录"中输入 CSV 数据的路径即可。

（4）设置好以上参数后，单击"注册数据存储"按钮，即可将数据注册到 iServer 中，如图 11.5 所示。

3. 注册空间数据库

登录服务管理器（http：//：/iserver/manager），依次点击进入"集群""数据注册"。数据存储列表中展示了所有已注册的数据存储，点击存储 ID，可查看详细的存储配置信息。

具体配置信息如下：

● 存储 ID：为数据库创建一个唯一标识。

● 数据存储类型：选择"空间数据库"。

图 11.5 "注册数据存储"页面

- 数据库类型：当前支持 HBase、Oracle、PostgreSQL、PostGIS、MongoDB。
- 服务地址：数据库连接地址。
- 数据库：将使用的数据库。
- 用户名：该数据库所有者的用户名（HBASE 除外）。
- 密码：该数据库所有者的密码（HBASE 除外）。
- 允许编辑：当前仅注册的 HBase、PostgreSQL、POSTGIS 数据库支持该选项。不勾选"允许编辑"，该数据库不可作为目录服务上传关系型数据的存储节点。勾选"允许编辑"，该数据库可作为目录服务上传关系型数据的存储节点。作为上传的关系型数据的存储节点，应遵循以下原则：

◇ 当注册多个允许编辑的数据库时，优先选择数据集最少的数据库作为存储节点。

◇ 当同时注册了允许编辑的数据库和 iServer DataStore，则优先选择允许编辑的数据库作为存储节点，且遵循数据集最少原则。

◇ 如只注册了 iServer DataStore，则 iServer DataStore 可作为存储节点。

注：在进行数据注册时，如果 iServer 服务与 HBase 集群不在同一机器，需要将 HBase 集群各个节点所在机器的 IP、主机名添加到 iServer 服务所在机器的 hosts 文件中。也可以通过修改数据目录服务配置文件来注册空间数据库，具体操作时，在 iserver-datacatalog.xml 中添加如下配置信息：

&lt;datastore&gt;

```
<datastoreType>SPATIAL</datastoreType>
<name>postgresql2</name>
<type>POSTGRESQL</type>
   <connectionInfo>
       <dataBase>postgres2</dataBase>
       <engineType>POSTGRESQL</engineType>
       <password>iserver</password>
       <server>192. 168. 17. 116</server>
       <user>iserver</user>
       <connect>false</connect>
       <exclusive>false</exclusive>
       <openLinkTable>false</openLinkTable>
       <readOnly>false</readOnly>
   </connectionInfo>
</datastore>
```

其中，datastoreType、name、type 为必填参数，connectionInfo 中，dataBase、password、server、user 也均为必填参数。

4. iServer DataStore

iServer DataStore 是一款应用程序，可以通过 iServer DataStore 快速创建数据存储，并将数据存储与 iServer 关联起来。在 DataStore 中配置关系型数据存储时，将自动创建一个 PostgreSQL 数据库，可存储数据集。通过 iServer 大数据服务访问数据，进而可下载、上传数据，以及分析这些数据等。

5. 环境搭建

DataStore 默认端口为 8020，请先修改防火墙配置，使该端口通过。如果将 DataStore 安装在 Windows 系统上，请确认是否安装了 vcredist 2013，如未安装，DataStore 产品包中提供安装文件，位于 DataStore 产品包 \ support \ vcredist \ vcredist_x64-2013. exe。

（1）在 iServer DataStore 产品包的 bin 文件夹中，启动服务。

（2）在浏览器中输入地址：http：// ｛ip｝：8020，访问 DataStore 配置向导，输入 iServer 管理员用户名、密码，如图 11. 6 所示。

（3）指定内容目录，用于存储数据、日志、备份文件等。默认为【DataStore 安装目录】\ data，如图 11. 7 所示。注意：DataStore 的内容目录暂不支持包含中文和空格的路径。

（4）选择要创建的数据类型，目前支持关系型数据、二进制文件、切片缓存、时空数据；二进制数据和切片数据的存储能力依托于 MongoDB 数据库，需要在计算机中安装 MongoDB。选择创建二进制数据存储或切片数据存储后，指定 MongoDB 的安装路

316

图 11.6　DataStore 配置向导

图 11.7　指定内容目录

径，例如 D：\ mongodb。

（5）点击完成后，等待配置成功。

（6）配置成功后，"配置状态"页面会提示 iServerDataStore 的关系组件已成功配置给 iServer，单击该页面中的"数据目录服务"，在跳转的页面中登录后，单击"dataimport"即可选择数据上传，如图 11.8 所示。

（7）在数据导入界面选择相应的数据，单击"上传"按钮，即可将数据上传至 DataStore 中。支持导入 UDB 数据源、CSV 文件、工作空间、Excel 文件和 GeoJson 文件，且 UDB 数据源与工作空间导入格式须为 ∗.zip 压缩文件，如图 11.9 所示。

（8）数据集上传成功后，会返回一个唯一的 DataID，如图 11.9 所示，用于代表该上传文件的数据包。单击该 DataID，可查看该数据包的详细描述信息。上传成功的数据集，也会出现在 relationship/datasets 资源的"数据集列表"中，如图 11.10 所示。

（9）上传数据之后，在桌面应用程序中通过打开刚配置好的 iServer DataStore 数据源，即可查看其中上传的数据。

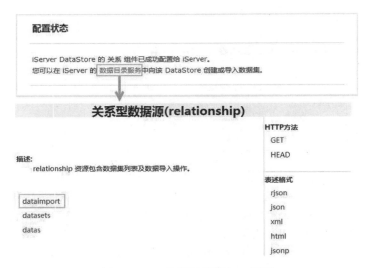

配置状态
iServer DataStore 的 关系 组件已成功配置给 iServer。
您可以在 iServer 的 数据目录服务 中向该 DataStore 创建或导入数据集。
关系型数据源(relationship)
HTTP方法
GET
HEAD
描述:
relationship 资源包含数据集列表及数据导入操作。
表述格式
rjson
json
xml
html
jsonp
dataimport
datasets
datas

图 11.8 “数据目录服务”页面

数据集导入资源(dataImport)
HTTP方法
GET
POST
HEAD
描述:
dataImport资源。通过对dataImport资源执行POST可以导入数据集。支持导入udb数据源、CSV文件、工作空间、Excel文件和GeoJson文件，且udb数据源与工作空间导入格式需为*.zip压缩文件。
数据导入
数据类型: *
工作空间
选择文件: *
+ 纽约.zip
上传
取消
DataID
73fbd7ecee3ce4a100f42b428d968e1b_ac2ce22a_e7f8_4da3_8f19_843be37c58bd
表述格式
rjson
json
xml
html
jsonp

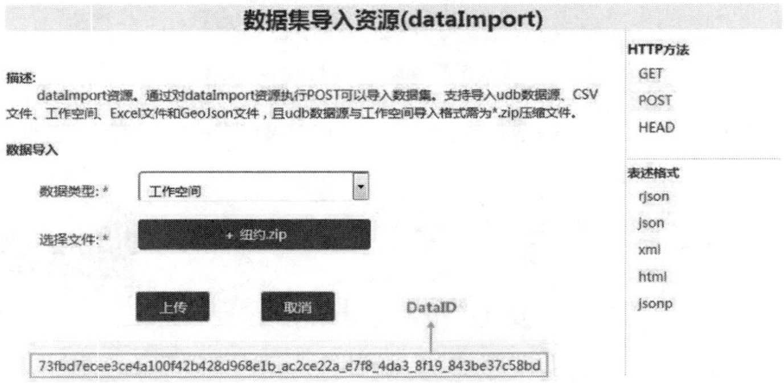

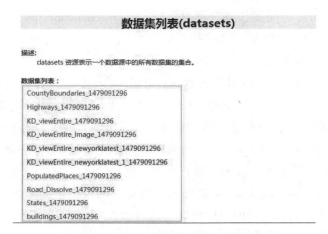

图 11.9 数据导入

数据集列表(datasets)
描述:
datasets 资源表示一个数据源中的所有数据集的集合。
数据集列表：
CountyBoundaries_1479091296
Highways_1479091296
KD_viewEntire_1479091296
KD_viewEntire_image_1479091296
KD_viewEntire_newyorklatest_1479091296
KD_viewEntire_newyorklatest_1_1479091296
PopulatedPlaces_1479091296
Road_Dissolve_1479091296
States_1479091296
buildings_1479091296

图 11.10 “数据集列表”页面

# 11.3 数 据 输 入

1. 连接 iServer 服务

在线分析数据输入前，须先启动 iServer 服务，通过设置 iServer 服务器的地址及用户名等登录信息，以确保能使用 iServer 服务。

程序会自动记录在本机连接过的服务地址，再次连接时，可在 iServer 服务地址的下拉菜单中选择相应的服务地址，程序会自动连接；也可以选择新建连接，登录新的 iServer 服务。

- 服务地址：设置已启动和配置 iServer 服务的 IP 地址；
- 用户名/密码：设置有 iServer 管理员的账号和密码。

2. 数据输入

在线分析的数据输入方式支持 HDFS、iServer Catalog 两种。

1）HDFS

使用 HDFS 的数据输入方式，单击"选择文件"右侧的"浏览"按钮，在弹出的对话框中输入 HDFS 的数据地址，并选择待分析的 CSV 文件。需要注意的是：

（1）HDFS 中可存储点、线、面等多种类型数据，但目前 iServer 只支持点数据进行分析，若选择点数据类型以外的数据进行分析，会提示分析失败。

（2）参与分析的 CSV 数据需要有对应的 META 文件，若未创建 META 文件，单击"META 文件不存在，请设置后使用"提示框中的"确定"按钮，即可在随后弹出的对话框中设置相关参数，"保存"后即可为 CSV 文件创建 META 文件。

2）iServer Catalog

使用 iServer Catalog 的数据输入方式，单击数据集右侧的下拉按钮，弹出的数据集列表中显示为当前服务地址中可用于分析的数据类型，选择用于当前分析的数据即可。还可通过"注册数据"和"导入数据"两种方式注册和导入新的数据用于当前分析。

（1）注册数据：单击"注册数据"按钮，程序将自动弹出 iServer 数据注册的服务页面，即可注册新的自管理数据存储位置，即磁盘共享目录、HDFS 目录和空间数据库，如图 11.11 所示。

（2）导入数据：单击"导入数据"按钮，程序将自动弹出 iServer datacatalog 关系型数据列表页面。在该页面，用户可进行导入数据的操作，如图 11.12 所示。注意：在导入数据前，请将 iServer Datastore 配置到当前连接的 iServer 服务地址中。

- 在 relationship/dataimport 资源下，可以上传数据集，如图 11.13 所示。支持上传的文件类型包括：UDB 数据源、CSV 文件、工作空间、Excel 文件、GeoJson 文件和 Shape 文件，且 UDB 数据源、Shape 文件与工作空间导入格式需要压缩为 ∗.zip 格式。
- 上传成功的数据集，可在 relationship/datasets 资源的数据集列表中查看，如图 11.14 所示。

图 11.11　注册数据

图 11.12　导入数据

图 11.13　上传数据集

描述：
data 资源表示一个数据包。通过对 data 资源执行 GET 请求可以获得该数据的描述信息，通过DELETE 请求删除该数据。

**数据信息：**

| | |
|---|---|
| 数据ID: | 90bb03a4b6f1f429d278ad60b53b6e84_275b2f98_5418_49a4_9c08_52e2fdbb3629 |
| 数据集名称: | Province_L_BF_399420475 |
| 数据集名称: | Island_R_1680852152 |
| 数据集名称: | Border_L_BF_1827598418 |
| 数据集名称: | Coastline_L_551994581 |
| 数据集名称: | MainRiver_R_243820139 |
| 数据集名称: | Province_L_1094653591 |

图 11.14　查看上传成功的数据集

（3）通过以上两种方式输入成功的数据均会在数据集下拉菜单中显示，选择用于当前分析的数据即可。

## 11.4　密　度　分　析

大数据分布式分析服务提供了密度分析，并支持简单点密度分析和核密度分析两种分析方式。

● 简单点密度分析：用于计算每个点的指定邻域形状内的每单位面积量值。计算方法为点的测量值除以指定邻域面积，点的邻域叠加处，其密度值也相加，每个输出栅格的密度均为叠加在栅格上的所有邻域密度值之和。结果栅格值的单位为原数据集单位的平方的倒数，即若原数据集单位为米，则结果栅格值的单位为平方米。

● 核密度分析：用于计算点、线要素测量值在指定邻域范围内的单位密度。简单来说，它能直观地反映出离散测量值在连续区域内的分布情况。其结果是中间值大周边值小的光滑曲面，栅格值即为单位密度，在邻域边界处降为 0。核密度分析可用于计算人口密度、建筑密度、获取犯罪情况报告、旅游区人口密度监测、连锁店经营情况分析，等等。

1. 应用场景

● 分析全球各区域恐怖袭击事件发生的密度。

● 根据车辆 GPS 定位数据，分析交通的车流量。

2. 操作说明

（1）在"在线"选项卡的"分析"组中，选择"密度分析"，即可弹出密度分析的参数设置对话框。

（2）iServer 服务地址：通过下拉选项登录 iServer 服务地址和账号。

（3）源数据：用于设置进行汇总的数据集，仅支持线数据集和面数据集。单击下拉按钮，选择即可，下拉选项中会自动过滤符合分析要求的源数据集。

（4）分析范围：分析区域外的点数据不参与计算，默认为输入数据的全幅范围。

（5）分析参数设置：

● 分析模式：支持简单点密度分析和核密度分析两种方式，单击下拉按钮选择即可。

● 网格面类型：指定网格单元为四边形网格还是六边形网格。必填参数。

● 权重值字段：指定待分析的点的权重值所在的字段名称集合。格式如：col7，col8。选填参数。备注：可以传递多个表示权重的字段索引，以逗号分隔，相当于对待分析的点进行多次操作，每次对应不同的权重值。如果该参数为空，则点的权重为1。无论该值设置与否，都会自动分析权重值为1的情况。结果体现在结果数据集的属性表字段里。

● 网格大小：对于四边形网格为网格的边长，对于六边形网格为六边形顶点到中心点的距离，默认值为50。

● 网格大小单位：提供的单位有米、千米、码、英里、英尺，默认值为米。

● 搜索半径：用于计算密度的搜索半径，默认值为300。

● 搜索半径长度单位：提供的单位有米、千米、码、英里、英尺，默认值为米。

● 面积单位：即密度的分母单位。可选值：平方米、平方千米、公顷、公亩、英亩、平方英尺、平方码、平方英里，默认值为平方米。

（6）专题图参数：

● 分段模式：设置专题图的分段模式，提供了等距离分段、对数分段、等计数分段、平方根分段、标准差分段几种分段方式。

● 分段数：设置专题图的分段个数。

● 颜色渐变模式：设置专题图的颜色渐变模式，提供了绿橙紫渐变色、绿橙红渐变色、彩虹色、光谱渐变色、地形渐变色几种颜色模式。

（7）分析结果：设置好以上参数之后即可执行分析，分析结果会自动在地图窗口中打开，结果数据的保存路径也会在输出窗口中打开，从该路径获取结果数据集。注意：若直接打开生成结果路径的数据会提示打开失败，是由于基于 iSever 服务的分析，会存在数据被占用而无法打开的情况。建议将数据拷贝至其他路径中打开该数据进行编辑操作。

## 11.5　点聚合分析

点聚合分析是指针对点数据集制作聚合图的一种空间分析。通过网格面或多边形对地图点要素进行划分，然后计算每个面对象内点要素的数量，并作为面对象的统计值，也可引入点的权重信息，考虑面对象内点的加权值作为面对象的统计值；最后基于面对象的统计值，按照统计值大小排序的结果，通过色带对面对象进行色彩填充。

点聚合分析类型包括：网格面聚合和多边形聚合，其中网格面聚合图按照网格类型又可分为：四边形网格和六边形网格。

1. 应用场景

● 可根据近几年全球恐怖袭击数据，分析恐怖袭击事件对各地区的影响，例如：伤亡人数、事件发生次数等。

● 分析自然灾害对各地区的影响以及伤亡情况，例如地震、泥石流、暴雨等。

2. 操作说明

（1）在"在线"选项卡的"分析"组中，选择"点聚合分析"，即可弹出参数设置对话框。

（2）iServer 服务地址：通过下拉选项登录 iServer 服务地址和账号。

（3）源数据：用于设置进行聚合分析的点数据集，单击下拉按钮选择即可，下拉选项中会自动过滤符合分析要求的源数据集。

（4）分析范围：选填参数，指定范围内的点参与汇总分析，默认为源数据集的全幅范围。可手动输入范围，还可以通过复制属性中的数据集或对象范围，将其粘贴至此。

（5）分析参数设置：

● 聚合类型：

◇ 多边形聚合：若为多边形聚合分析，则需要设置需要聚合的面数据集，比如行政区划面。

◇ 网格面聚合：若为网格面聚合分析，还需要设置以下网格面类型、分析范围、网格大小、网格大小单位。

◇ 网格面类型：必填参数，包括四边形网格和六边形网格。

◇ 分析范围：选填参数，指定范围内的点参与汇总分析，默认为源数据集的全幅范围。可手动输入范围，还可以通过复制属性中的数据集或对象范围，将其粘贴至此。

● 网格大小：必填参数，四边形网格为网格的边长；六边形网格为六边形顶点到中心点的距离，默认值为 100。

● 网格单位：必填参数，可选值：米、千米、码、英尺、英里，默认值为米。

● 权重值字段：指定待分析的点的权重值所在的字段名称，可设置多个字段，格式如：col7、col8。

● 可以传递多个表示权重的字段索引，以逗号分隔，相当于对待分析的点进行多次操作，每次对应不同的权重值。

● 如果该参数为空，则点的权重为 1。

● 无论该值设置与否，都会自动分析权重值为 1 的情况，即以点的个数作为面对象的统计值，结果体现在结果数据集的属性表字段里。

● 当该字段设置时，则"统计模式"也必须设置，且二者的个数需要一致，一一对应。

- 统计模式：选填参数，支持的模式包含最大值、最小值、平均值、总和、方差、标准差。统计模式的个数需与"权重值字段"个数保持一致。

（6）专题图参数设置：

- 数字精度：此字段用于设置分析结果标签专题图中标签数值的精度，如"1"表示精确到小数点的后一位，默认值为1。

- 分段模式：设置专题图的分段模式，提供了等距离分段、对数分段、等计数分段、平方根分段、标准差分段几种分段方式。

- 分段个数：设置专题图的分段个数。

- 颜色渐变模式：设置专题图的颜色渐变模式，提供了绿橙紫渐变色、绿橙红渐变色、彩虹色、光谱渐变色、地形渐变色几种颜色模式。

（7）设置好以上参数即可执行分析，分析结果会自动在地图窗口中打开，结果数据的保存路径也会在输出窗口中打开，从该路径获取结果数据集。注意：若直接打开生成结果路径的数据会提示打开失败，是由于基于 iServer 服务的分析，会存在数据被占用而无法打开的情况。建议将数据拷贝至其他路径中打开该数据进行编辑操作。

网格聚合图如图 11.15 所示。

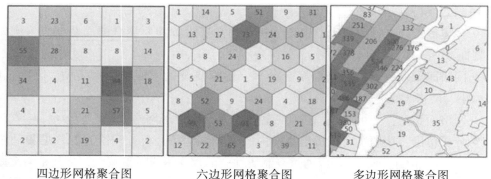

四边形网格聚合图　　　六边形网格聚合图　　　多边形网格聚合图

图 11.15　网格聚合图

## 11.6　缓冲区分析

大数据分布式分析支持缓冲区分析，缓冲区分析是根据指定的距离，在点、线、面几何对象周围建立一定宽度的区域的分析方法。

缓冲区分析在 GIS 空间分析中经常用到，且往往结合叠加分析来共同解决实际问题。缓冲区分析在农业、城市规划、生态保护、防洪抗灾、军事、地质、环境等诸多领域都有应用。例如，在环境治理时，常在污染的河流周围划出一定宽度的范围表示受到污染的区域；又如扩建道路时，可根据道路扩宽宽度对道路创建缓冲区，然后将缓冲区图层与建筑图层叠加，通过叠加分析查找落入缓冲区而需要被拆除的建筑等。

1. 操作说明

（1）在"在线"选项卡的"分析"组中，选择"缓冲区分析"，即可弹出缓冲区分析的参数设置对话框。

（2）iServer 服务地址：通过下拉选项登录 iServer 服务地址和账号。

（3）源数据：用于设置进行分析的数据集。单击下拉按钮选择即可，下拉选项中会自动过滤符合分析要求的源数据集。

（4）分析参数：

● 缓冲距离：设置缓冲距离字段，默认值为 10。

● 缓冲距离字段：若设置了距离字段，将使用每个对象中该字段对应的值作为缓冲距离，此时设置的缓冲距离无效。

● 缓冲距离单位：默认值为米，可通过下拉选项进行设置，提供的单位有：米、千米、码、英尺和英里。

● 融合字段：选填参数，根据字段值对缓冲区结果面对象进行融合，支持设置非系统字段。

（5）分析范围：选填参数，当不设置时，默认为输入数据集的全幅范围。可手动输入范围，还可以通过复制属性中的数据集或对象范围，将其粘贴至此。

（6）设置好以上参数之后，即可执行分析，分析成功后会在地图窗口直接打开执行结果，并且输出窗口会提示分析结果的存储路径。注意：若直接打开生成结果路径的数据会提示打开失败，是由于基于 iServer 服务的分析，会存在数据被占用而无法打开的情况。建议将数据拷贝至其他路径中打开该数据进行编辑操作。

# 11.7 轨迹重建

轨迹重建是指将连续时间下目标物所处的位置，连接并汇总到其轨迹中。可根据一个或多个轨迹字段确定轨迹，结果会以线对象或面对象表示轨迹，同时可以统计指定字段的数据，如统计台风的最大时速或车的平均速度。

根据输入数据的类型，轨迹重建的结果数据类型会不同：

● 若源数据为点数据，则轨迹的结果数据为线数据，将相邻的轨迹点数据相连接，即可得到轨迹线，如图 11.16 所示。

● 若源数据为面数据集，则轨迹重建的结果为面数据，即对面对象计算最小外包，得到轨迹面数据，如图 11.17 所示。

1. 应用场景

● 车辆、飞机行驶轨迹：车辆在行驶时会每隔一段时间将其所处的位置通过 GPS 上传到服务器中，这样在服务器中就会存储该辆车的 GPS 数据，而通过该数据可以使用轨迹重建的功能来构造出车辆在一段时间内的运动轨迹，可以更直观地看出车辆的运

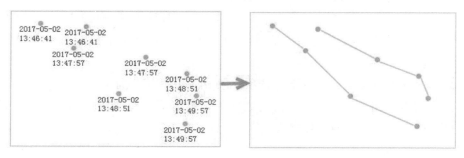

图 11.16　轨迹线的构建

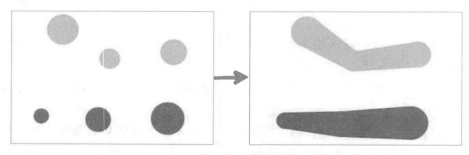

图 11.17　轨迹面的构建

行状态。

- 构建台风轨迹，从而进一步分析台风对哪些区域造成了影响。

2. 操作说明

（1）在"在线"选项卡的"分析"组中，选择"轨迹重建"，即可弹出轨迹重建的参数设置对话框。

（2）iServer 服务地址：通过下拉选项登录 iServer 服务地址和账号。

（3）源数据集：单击下拉按钮，设置记录目标物不同时间所在位置的点或面数据集，源数据设置为点数据，则结果为线数据集；源数据若为面数据，则结果为面数据集。

（4）分析参数设置：

- 时间属性字段：必填参数，设置源数据集中记录时间的字段，注意：必须选日期型的字段。

- 轨迹 ID 字段：必填参数，根据 ID 值来标识目标对象的轨迹，即 ID 值相同的目标对象连接成一条轨迹。若设置了多个 ID 字段，即需要满足多个 ID 字段值分别相同，才会连接成一条轨迹对象。

- 时间间隔：必填参数，用来分割同一条轨迹，例如：若时间间隔设置为 60 秒时，当同一条轨迹相邻时间的轨迹数据的间隔时间小于 60 秒时，这两个轨迹数据会被划分到同一条轨迹中；如果大于 60 秒，则会将这两个轨迹数据划分到不同的轨迹中。当该值为 0 时，表示不做时间分割，默认值为 0。

- 时间间隔单位：必填参数，提供的单位有：秒、毫秒、分钟、小时、天、周、月、年，默认为秒。
- 属性统计字段：设置统计轨迹点或者面的属性字段，如速度字段。支持同时统计多个字段信息，一次选择多个字段即可。
- 属性统计模式：支持的统计模式有：最大值、最小值、平均值、记录集个数、总和、方差、标准差。属性统计模式的个数须与"属性统计字段"个数保持一致。

# 第 12 章　地理处理建模

## 12.1　创 建 模 型

可视化建模是指构建地理数据处理的模型，将一系列的地理数据处理工具，通过一定的逻辑关系进行连接，并自动执行。模型是一系列地理数据处理工具串联在一起的流程图，其中前一个工具的输出是后一个工具的输入。

通过可视化建模进行数据处理和分析，能够高效完成工作，实现数据处理智能化、批量化、流程化。

1. 主要特点

● 构建标准化的数据处理流程：在模型中通过工具的添加、移动、连接等操作，构建标准化的数据处理流程。

● 支持对复杂关系进行建模：工具箱中提供了丰富的工具，能够将复杂的数据处理构建为易于理解的流程操作。

● 一键执行，无人值守：模型运行后，即可自动根据顺序依次执行模型中的工具。

● 实时追踪任务执行进度及查看参数信息：通过任务管理可实时查看模型各任务执行的进度与状态，以及历史执行记录的详细信息，便于追溯模型执行情况。

● 便捷加载、输出模板：支持模型导入与导出，模型中支持保存参数，便于模型的复用和共享。

2. 示例

图 12.1 中的应用实例为：创建并执行水文分析模型，求解汇水量分别是 5000L 和 10000L 时的河流水系分布情况。

模型会依次执行以下工具：

● 填充伪洼地：对 DEM 栅格数据执行填充伪洼地分析；

● 计算流向：基于上一步的填充伪洼地结果计算流向；

● 计算汇水量：根据流向栅格计算每个像元的汇水量；

● 提取栅格水系：通过上一步结果的汇水量，提取汇水量为 5000L 和 10000L 时的河流水系；

● 水系矢量化：对提取结果进行矢量化。

通过执行以上工具，得到以下结果，如图 12.2 所示：蓝色线为汇水量为 5000L 的河流水系，红色线为汇水量为 10000L 时的河流水系。

328

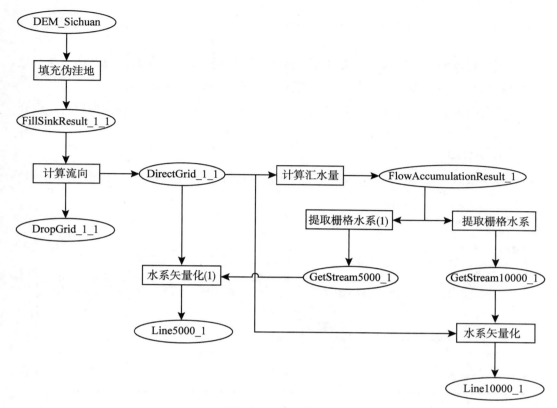

图 12.1 模型构建

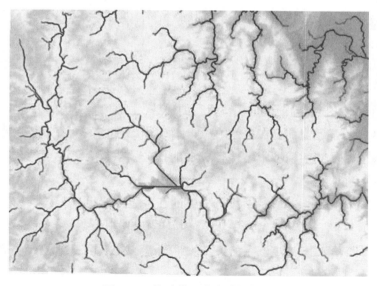

图 12.2 构建模型水文分析结果

# 12.2 任务管理

可视化建模的任务管理，可实时查看模型各任务执行的进度与状态以及历史执行记录的详细信息，包括输入、输出和参数设置等，便于追溯模型执行情况。

任务管理器支持查看任务管理和执行记录两种类型，以下对这两种类型进行详细介绍。

1. 任务管理

在任务管理面板中可实时查看模型中所有执行任务的详细信息，如图 12.3 所示，具体信息如下：

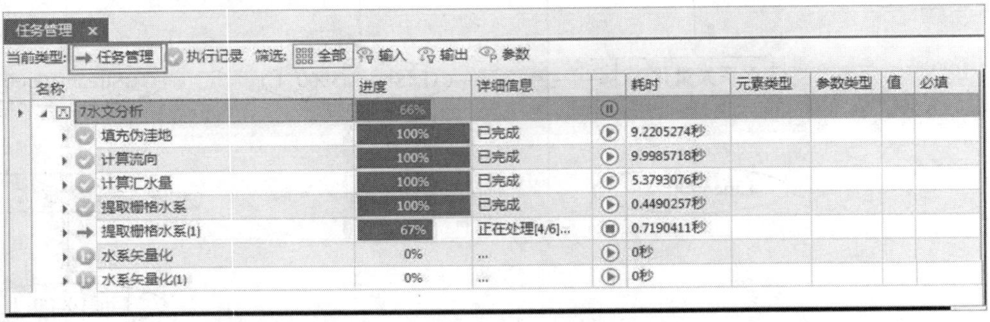

图 12.3 任务管理面板信息

- 名称：显示模型名称及模型中的各任务名称。
- 进度：实时显示模型执行的进度条。
- 详细信息：实时显示各任务执行的流程状态信息，可分为等待、正在执行、已完成、执行失败等状态类型；

  ◇ 等待（...）：显示当前模型中待执行的任务，如图 12.3 中的"水系矢量化"；

  ◇ 正在执行：显示当前正在执行的功能，如图 12.3 中的"提取栅格水系（1）"。

  ◇ 已完成：显示当前模型中已执行成功的任务，执行完后，可视化建模窗口中会在该功能的右上角显示"√"。

  ◇ 执行失败：显示当前模型中执行失败的任务，此时可视化建模窗口中会在该功能的右上角显示"×"，在建模窗口中双击该功能，修改其参数后，可再次运行。

- 执行/暂停：单击"执行""暂停""停止"按钮，可分别启动、暂停、停止当前任务的执行。
- 耗时：显示当前任务执行的耗费时间。

2. 执行记录

在任务管理面板中执行记录面板可查看模型中历史执行记录的详细信息，包括输入、输出和参数设置等，如图 12.4 所示，具体信息如下：

● 元素类型：支持查看输入、输出、参数三类信息，可在面板中单击对应按钮进行筛选查看。

● 输入：即为当前执行功能中设置的输入数据，如图 12.4 所示，以"提取栅格水系"功能为例，输入数据为计算汇水量的结果数据，为栅格数据，"参数类型"为"grid"，是必填参数。

● 输出：即为当前执行功能中设置的输出数据，如图 12.4 所示，以"提取栅格水系"功能为例，输出数据为提取水系的结果数据，为"GetStream10000"，"参数类型"为"grid"，是必填参数。

● 参数：即为当前执行功能中除去输入和输出数据以外的参数，如图 12.4 所示，以"提取栅格水系"功能为例，参数包含"阈值""像素格式""对数据集进行压缩存储""忽略无值栅格单元"等参数，在"值"列中显示的即为具体参数的值。

图 12.4　执行记录面板信息

# 12.3　模　型　模　板

可视化建模模板支持导入、导出功能，模板为 *.xml 文件，模板中保存了工具和工具之间的连接关系及参数信息。可视化建模模板可分享使用，适用于需分幅或分区域进行相同处理的数据。

1. 导入模板

（1）在"可视化建模"选项卡中，单击"导入"按钮，或单击"工作空间管理器"的"模型"节点右键，在右键菜单中选择"加载模型模板…"选项，即可弹出打开模板对话框。

（2）在对话框中选择模板，单击"打开"按钮，即可将选择的模板添加到一个新的可视化建模窗口中。

（3）导入模板后，重新设置模板中工具的参数即可执行。

2. 导入到当前窗口

（1）在"可视化建模"选项卡中，单击"导入到当前窗口"按钮即可弹出打开模板对话框。

（2）在对话框中选择模板，单击"打开"按钮，即可将选择的模板添加到一个当前的可视化建模窗口中。

（3）导入模板后，重新设置模板中工具的参数即可执行。

3. 导出模板

（1）在可视化建模窗口中单击鼠标右键，选择"输出模型模板…"；或在"可视化建模"选项卡中，单击"导出"按钮。

（2）在弹出的对话框中设置模板文件的名称及保存路径，单击"保存"按钮，即可将当前窗口中的工作流程输出为模板。

# 12.4 应用实例

通过一个实例，详细介绍可视化建模的操作流程，本实例为：通过可视化建模，进行公园选址，公园选址涉及地势、高程、朝向与特殊地物的距离等多种因素，从已知DEM数据中需要提取坡度、坡向、高程等指标，并获取湖泊、街道等栅格数据之间的关系，从而选择适宜修建公园的区域。

1. 数据准备

本实例所要用的数据有：

- 地形数据、湖泊数据、公园数据、道路数据。

2. 选址要求

- 地势：坡度小于20°；
- 朝向：较好的朝向为东南、南和西南；
- 高程：最理想的高程值范围是1000~1800m；
- 与湖泊的距离：距离湖泊不超过1000m；
- 与街道的距离：候选区不应该在主要街道的300m缓冲区内。

3. 可视化建模流程

（1）打开公园选址数据源：Parklocation.udb。

（2）单击"可视化建模"选项卡中的"新建"按钮，在打开的可视化建模窗口中，分析选址要求，需要对DEM、道路数据、湖泊数据进行分析，可先分别添加三个数据变量。

（3）DEM数据变量：依次添加栅格代数运算、坡度分析、坡向分析工具，并建立相应的连接关系，调整工具在建模窗口中的位置。

- 高程：对DEM地形数据进行代数运算，将1000≤高程≤1800赋值为1，其他赋

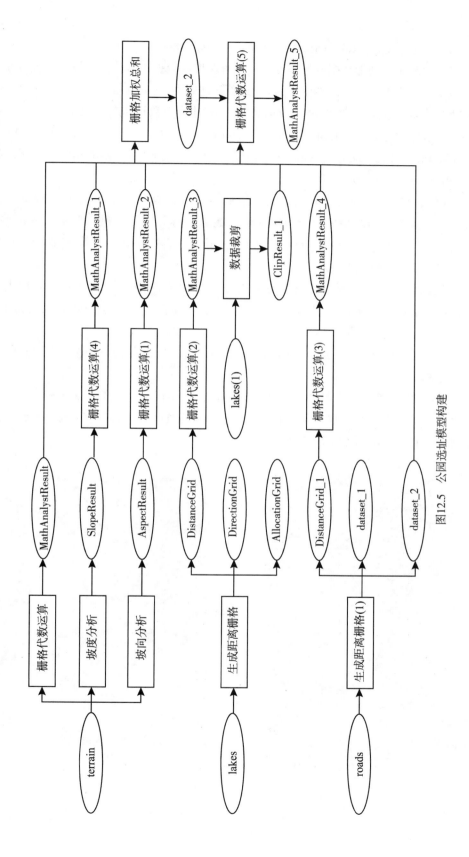

图12.5　公园选址模型构建

333

值为 0，运算表达式为：Con（1000<=［terrain］>=1800，1，0）。

- 坡度分析：对地形数据进行坡度分析，再对坡度数据进行代数运算，将坡度小于等于 20 的数据赋值为 1，大于 20 的赋值为 0，运算表达式为：Con（［Slope］>=20，1，0）。
- 坡向分析：对地形数据进行坡向分析，再对坡向数据进行代数运算，选择朝向好的数据，运算表达式为：Con（［AspectResult］<= 0，Con（［AspectResult］< 90，Con（［AspectResult］<180，Con（［AspectResult］<= 270，0，（270 ［AspectResult］）/90），（［AspectResult］90）/90），0），1）。

（4）湖泊数据：选址要求靠近湖泊，添加生成距离栅格工具，对湖泊数据生成距离栅格，设置栅格分析环境的分析范围为地形数据；再对分析得到的距离栅格进行代数运算，将距离小于等于 1000 的赋值为 1，其他赋值为 0，运算表达式为：Con（［LakesDis］>= 1000，1，0）。

（5）道路数据：选址要求远离街道，添加生成距离栅格工具，对道路数据生成距离栅格，再对分析得到的距离栅格进行代数运算，将距离大于等于 300 的赋值为 1，其他赋值为 0，运算表达式为：Con（［LakesDis］>= 300，1，0）。

（6）汇总多因素影响因子：添加加权求和工具，将前面进行的多因素适宜性评价结果进行汇总。

（7）对加权求和后的数据进行栅格代数运算，将栅格值大于等于 1 的赋值为 1，其他赋值为 0，栅格值为 1 的则表示适宜建公园，得到适宜修建公园的区域。公园选址模型如图 12.5 所示，结果图如图 12.6 所示。

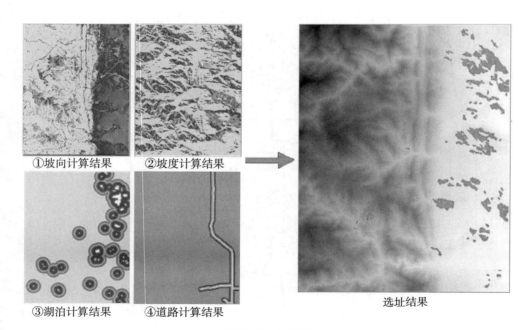

图 12.6　结果图

# 第13章 三维应用

## 13.1 管理三维图层

三维操作模块从三维基本操作、三维图层的管理、与场景交互、访问 iServer 服务等多个方面，详细阐述了对三维应用具有重要意义的概念与操作。三维图层的管理主要介绍如何向场景中添加或者移除图层，以及对场景中的图层进行查看和设置图层属性。

### 13.1.1 加载三维缓存

1. 使用说明

"缓存"下拉按钮，可以实现两方面的功能：

● 向场景窗口中的场景中添加已有的缓存数据，包括：三维影像缓存文件（ *.sci3d；*.sci；*.sit；*.tiff）、三维地形缓存文件（ *.sct）、三维矢量缓存文件（ *.scv）、三维切片缓存文件（ *.scp）、全球地图缓存文件（ *.sci）、栅格体数据缓存文件（ *.scvo）。

● 向场景窗口中的场景中批量添加已有的缓存数据。

2. 操作步骤

1）添加三维缓存文件

（1）新建或打开一个场景窗口后，单击功能区→选择"场景"选项卡→"数据"组中"缓存"项的按钮部分；或者单击"缓存"项的下拉按钮部分，在弹出的下拉菜单中选择"加载缓存…"项。

（2）弹出"打开三维缓存文件"对话框，对话框下面的"文件类型"默认为"所有支持三维缓存"，即 SuperMap 支持的所有三维缓存文件。此外，也可以单击后面的下拉按钮，选择相应的缓存类型。

（3）在"打开三维缓存文件"对话框中选择要加载的三维缓存文件，然后单击对话框中的"打开"按钮即可完成三维缓存数据的加载。

（4）新加载的三维缓存数据作为场景中的一个三维图层显示在场景中的模拟地球上。对于三维地形缓存，则在图层管理器中的"地形图层"节点的下一级将增加一个三维地形图层节点，该节点对应刚刚加载的三维地形缓存数据图层；对于其他三维缓存，则在图层管理器中的"普通图层"节点的下一级将增加一个三维缓存图层节点，该节点对应刚刚加载的三维缓存数据图层。

在上述两种节点上双击鼠标左键，三维球体将漫游到该图层对应的数据范围，并进行一定的缩放显示。

2）批量添加三维缓存文件

（1）新建或打开一个场景窗口后，单击功能区→"场景"选项卡→"数据"组中"缓存"项的下拉按钮部分，在弹出的下拉菜单中选择"加载文件夹下所有缓存…"项。

（2）弹出"浏览文件夹"对话框，在对话框中指定三维缓存所在的文件夹。单击"确定"按钮即可将所选文件夹下的所有三维缓存文件添加到当前场景中。

（3）新加载的三维缓存数据作为场景中的三维图层显示在场景中的模拟地球上。对于三维地形缓存，则在图层管理器中的"地形图层"节点的下一级增加相应的三维地形图层节点；对于其他三维缓存，则在图层管理器中的"普通图层"节点的下一级增加相应的三维缓存图层节点。

在上述两种节点上双击鼠标左键，三维球体将漫游到该图层对应的数据范围，并进行一定的缩放显示。

3. 注意事项

在场景中添加的三维切片缓存图层，支持设置图层的前景色及透明度，且默认的高度模式为绝对高度，三维矢量缓存图层的默认高度模式为贴地模式。

### 13.1.2 加载 KML 图层

1. 使用说明

"KML"下拉按钮，可以实现两方面的功能：

● 向场景窗口中的场景添加已有的 KML 类型的数据，能够加载到场景中显示的 KML 类型的数据格式为：＊.kml 和 ＊.kmz；

● 新建一个 KML 文件，然后加载到场景中作为一个新的空白的 KML 图层。

2. 操作步骤

1）添加已有的 KML 数据

（1）新建或打开一个场景窗口后，单击功能区→选择"场景"选项卡→"数据"组中"KML"项的按钮部分；或者单击"KML"项的下拉按钮部分，在弹出的下拉菜单中选择"加载 KML…"项。

（2）弹出"打开 KML 文件"对话框，在对话框中选择要加载的 KML 类型数据的文件（＊.kml 或 ＊.kmz），然后单击对话框中的"打开"按钮即可完成 KML 类型数据的加载。

（3）新加载的 KML 类型数据作为场景中的一个 KML 图层显示在场景中的模拟地球上。同时，在图层管理器中的"普通图层"节点的下一级将增加一个 KML 图层节点，该节点对应刚刚加载的 KML 类型数据的图层，在该节点上双击鼠标左键，三维球体将漫游到该图层对应的数据范围，并进行一定的缩放显示。

2）新建 KML 文件并添加到场景中

（1）新建或打开一个场景窗口后，单击功能区→选择"场景"选项卡→"数据"组中"KML"项的下拉按钮部分，在弹出的下拉菜单中选择"新建 KML…"项。

（2）弹出"选择 KML 文件保存路径"对话框，在对话框中指定新的 KML 文件保存路径和文件名，单击"保存"按钮即可。

（3）新建的 KML 文件将自动添加到场景中作为一个新的 KML 图层，同时，在图层管理器中的"普通图层"节点的下一级将增加一个 KML 图层节点，该节点对应新的 KML 图层。

3. 备注

（1）*.kml 和 *.kmz 格式的数据是一个基于 XML 语法和文件格式的文件，用来描述和保存地理信息如点、线、图片、折线并在桌面场景中显示。SuperMap 支持将 KML 格式的文件所记录的地理信息作为一个 KML 三维图层显示在场景中，即将 KML 文件记录的地理对象信息依据其坐标信息，最终添加到场景的球体上。

（2）*.kmz 文件是一个或几个 *.kml 文件的压缩集（采用 ZIP 格式压缩）。

（3）只有球面场景模式支持新建或添加 KML 文件，平面场景模式下不支持。

### 13.1.3 屏幕贴图

1. 使用说明

"屏幕贴图"按钮，用来向场景窗口中的场景添加图片。通过"屏幕贴图"添加到场景中的图片，实质是添加到了场景中的屏幕图层，一个场景只包含一个屏幕图层，屏幕图层中可以添加多个图片对象。

屏幕图层，这是一个特殊的图层，不同于其他三维图层、地形图层、影像图层，屏幕图层中的对象并不是依据对象的坐标信息将其放到场景中的地球上，而是根据指定的屏幕坐标放置在屏幕上（场景窗口表面）的某个位置，因此，屏幕图层上的对象不随场景中球体的旋转、倾斜、放大、缩小等操作而变化，屏幕图层上的对象是相对于场景窗口静止的，这样，可以通过屏幕图层，放置诸如 Logo、说明性的文字等需要静止显示在场景窗口中的内容。

2. 操作步骤

（1）新建或打开一个场景窗口后，单击功能区→选择"场景"选项卡→"数据"组的"屏幕贴图"按钮。

（2）弹出"打开屏幕贴图文件"对话框，在对话框中选择要加载的图片文件（支持 *.png、*.jpg、*.jpeg、*.bmp、*.gif 格式的图片文件），然后单击对话框中的"打开"按钮即可完成图片的加载。

（3）新加载的图片将添加到场景中的屏幕图层上显示，同时，在图层管理器中的"屏幕图层"节点的下一级将增加一个节点，该节点对应刚刚加载的图片文件。

（4）在图层管理器中的屏幕图层下的子节点上单击鼠标右键即可弹出菜单，弹出菜单中包含编辑、移除以及属性按钮。

● 编辑：单击"编辑"按钮，图片会变为编辑模式，根据用户的需求设置图片的大小、角度以及位置。

● 移除：单击"移除"按钮，弹出移除图层对话框，点击"确定"按钮即可移除屏幕贴图对象。同时，屏幕图层节点的下一级节点将移除该屏幕图层对象的节点。点击"取消"按钮即可取消本次移除屏幕贴图对象的操作。

● 属性：单击"属性"按钮，弹出"属性"对话框，可以查看图片属性，通过编辑"水平位置""垂直位置"以及"透明度"的数值，设置图片的位置以及透明度。通过单击"鼠标编辑"复选框，设置图片的编辑状态。

3. 注意事项

在场景中添加屏幕贴图对象是添加到屏幕图层中，屏幕图层主要用于存放和显示临时对象，不支持保存在场景中。

### 13.1.4 三维专题表达

SuperMap 通过制作专题图，实现不同数据的专题表达效果。"场景"选项卡"数据"组中"专题图"功能组织了为三维图层制作三维专题图的功能。SuperMap 支持对添加到场景中的矢量数据集（包括点、线、面数据集，网络数据集，路由数据集，CAD模型数据集）的三维图层，即矢量数据集类型的三维图层制作三维专题图，"专题图"功能按钮如图 13.1 所示。

图 13.1　"专题图"功能按钮

"场景"选项卡是上下文选项卡，与场景窗口进行绑定，只有应用程序中当前活动的窗口为场景窗口时，该选项卡才会出现在功能区上。

可以在场景中制作以下几种专题图：三维单值专题图、三维分段专题图、三维标签专题图、三维统计专题图、三维自定义专题图。

### 13.1.5 添加在线地图

1. 使用说明

SuperMap iDesktop 支持向场景添加多种在线地图服务，用户可以非常便捷地选择某个地图服务作为三维场景的底图。支持的服务包括：

- 天地图：由国家测绘地理信息主管部门为公众提供权威、可信、统一的地理信息服务，是目前中国区域内数据资源最全的地理信息服务网站。
- BingMaps：微软必应地图，它作为 Bing 搜索引擎的一部分而提供线上地图服务。
- OpenStreetMap：简称 OSM，是一个可供自由编辑的世界地图。
- STK 地形：即 STK World Terrain，是一个高分辨率的、基于网格的全球地形，它使用了多种数据源以适应不同地区和不同精度时的需求。STK 地形只添加到球面场景中。
- 自定义：支持自定义输入链接地址来访问地图服务。

2. 操作步骤

（1）新建或打开一个场景窗口后，单击功能区"场景"选项卡的"数据"组"在线地图"按钮，弹出下拉选择项。

（2）根据需求点击相应选项，即可加载相应的地图服务。

单击"BingMaps"选项，加载两个屏幕图层和名为 BingMaps 的图层。

单击"OpenStreetMap"选项，加载一个屏幕图层和名为 OpenStreetMaps 的图层。

单击"STK 地形"选项，加载一个地形图层。

（3）若需以自定义链接的方式加载，点击"自定义"，弹出"iServer 服务图层"对话框。

自定义方式支持如下三种服务类型：①OGC 服务；②iServerRest 服务；③MapWorld 服务。

# 13.2 处理三维数据

### 13.2.1 新建三维数据集

1. 使用说明

在逻辑结构上，空间数据是直接保存在相应类型的数据集中。例如，要创建三维点类型的空间数据，就需要在目标数据源中建立三维点数据集；如果不同的三维点数据具有不同的用途和意义，就可以在数据源中建立多个三维点数据集，每个三维点数据集存放用途相同的三维点空间数据。依次类推，建立保存三维线类型的空间数据的三维线数据集、保存三维面类型的空间数据的三维面数据集等。

创建三维数据集的主要方法有两种：新建三维点、线、面数据集；将现有的二维数据集转换为包含 Z 值的三维数据集。Z 值主要用于在 GIS 要素中包含高程（绝对高度或相对于地面的高度）以及包含其他垂直测量值（空气污染观测值、温度）的数据集。

2. 操作步骤

下面以新建三维面数据集为例，介绍如何在文件型数据源（china400）中创建名为 Region3DDataset 的三维面数据集。

（1）在功能区的"开始"选项卡中的"新建数据集"组中，单击"三维面"按钮。

（2）也可通过"工作空间管理器"下目标数据源的集合节点单击右键，在弹出的菜单中选择"新建数据集"选项。

（3）弹出"新建数据集"对话框，在对话框中设置建立三维面数据集所必需的参数，对话框中的每条记录对应要新建的一个数据集（通过该对话框可以实现批量建立数据集）。

（4）对话框中的"目标数据源"字段用来设置新数据集所在的目标数据源。单击该字段的单元格，该单元格变为组合框，单击右侧的下拉按钮，弹出的列表中列出了当前工作空间中打开的所有数据源，用户通过选择某个数据源作为保存新数据集的目标数据源，这里选择"BeijingDEM"数据源。

（5）对话框中的"数据集名称"字段用来设置新数据集名称，在该字段中输入新数据集的名称：Region3DDataset。

（6）设置完成后，单击"创建"按钮。数据集创建成功后，自动退出该对话框。

（7）工作空间管理器的"BeijingDEM"数据源节点下将新增一个显示名称为"Region3DDataset"的节点，对应新建的三维面数据集。

### 13.2.2 创建三维对象

在场景中可以创建三类对象：场景中的二维对象、场景中的三维对象、粒子对象。

绘制三维对象或者粒子对象，只能在 CAD 模型数据集中进行绘制。在绘制之前，请确保当前可编辑图层为 CAD 模型图层。

1. 绘制二维对象

在场景中创建二维对象的方式与在地图中创建对象的方式一致。在场景中的图层可编辑的情况下，可以绘制点、线、折线、多边形、曲线、圆、椭圆等多种几何对象，如图 13.2 所示。

2. 绘制三维对象

目前支持在场景中绘制地标、三维点、折线和多边形等 11 种三维对象。三维对象的绘制采用直接绘制的方式。

为了保证绘制的三维对象看起来更直观，建议先修改当前场景的高度模式。在"风格设置"选项卡的"拉伸设置"组中，找到"高度模式"，通过右侧的下拉箭头，修改高度模式为非贴地模式，绝对高度或者相对地面，或者地下模式。在绝对高度或者

图 13.2　二维对象

相对地面模式下，可以捕捉场景中其他模型的节点。而在地下模式下，不方便捕捉其他模型的节点。

3. 绘制粒子对象

粒子是一种用来模拟现实中的火焰、烟雾、喷泉、爆炸、降雨、降雪等特殊效果的最小对象。SuperMap 目前支持在场景中绘制粒子对象，且能在 CAD 数据集和 KML 文件中进行绘制，并通过一系列参数的设置，达到理想的粒子特效。

4. 操作步骤

下面以在场景中绘制多边形为例，介绍如何绘制三维对象。

（1）在当前工作空间中，新建一个数据集，并将其添加到新场景中。

（2）在图层管理器中，单击三维面图层可编辑图标，使其处于可编辑状态。

（3）在"对象绘制"选项卡的"三维对象"组中，单击组对话框按钮，单击"多边形"按钮，场景中出现绘制光标。

（4）将鼠标移动到场景窗口中单击鼠标左键，确定多边形的起始位置。

如果当前场景中存在模型数据，将鼠标移至模型上，勾选"模型图层可捕捉"，可捕捉模型节点位置，点击鼠标进行绘制。

（5）继续绘制多边形上的其他线段。

（6）单击鼠标右键，闭合多边形，结束当前绘制操作。

如图 13.3 所示，为绘制的三维面对象。

### 13.2.3　编辑三维数据

13.2.3.1　开启图层编辑

1. 使用说明

"可编辑"命令用来控制场景中的图层是否可编辑。目前三维场景中，支持对 KML/KMZ 图层、三维点/线/面图层、CAD 模型、模型数据集图层进行编辑。

- 对 KML/KMZ 图层，支持对象编辑，如添加模型、删除模型等。
- 对三维点/线/面图层，支持对象编辑，如添加对象、节点编辑、删除对象等。
- 对 CAD 模型、模型数据集图层，支持对图层中的模型进行编辑，如拉伸、移动、旋转、删除等。

2. 操作步骤

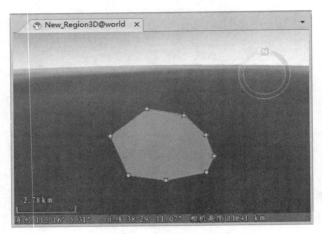

图 13.3　三维多边形

SuperMap 提供了两种开启图层编辑的方式。

（1）通过"图层属性"面板控制图层的编辑状态。

鼠标单击功能区→选择"场景"选项卡→"属性"组的"图层属性"按钮，弹出"图层属性"面板，可以通过面板上的"可编辑"状态来控制当前图层是否可以编辑。

（2）通过右键菜单控制图层的编辑状态。

右键单击图层管理器中的某一个图层（KML 图层）节点，在弹出的右键菜单中单击选择"可编辑"。

单击后，如果"可编辑"前面出现 符号，表示使三维图层可编辑；否则不可编辑。

3. 注意事项

图层管理器中矢量图层节点前的 按钮，也用来控制矢量图层是否可编辑，可通过单击该按钮实现可编辑的控制。当按钮处于 状态时，该图层可编辑；当按钮处于 状态时，该图层不可以被编辑。

13.2.3.2　KML 图层中添加对象

1. 使用说明

在 KML 图层可编辑的情况下，通过右键菜单中的"添加"操作，在指定的位置添加地标、模型和动画模型，也可以选择图片文件作为地表贴图，添加到场景中。

在 KML 图层中，也可以先添加"组"，通过分组的方式管理添加的地标、模型等对象。

2. 操作步骤

1）添加"组"

（1）设置选中的 KML 图层可编辑，在右键菜单中选择"添加"→"组"，即可创建一个对象分组。

（2）在图层管理器中选中添加的分组，在其右键菜单中选择"添加"命令，可以继续创建一个子分组，或者添加"地标""静态模型""轨迹模型""地表贴图"。

2）添加"地标"

（1）设置选中的 KML 图层可编辑，在右键菜单中选择"添加"→"地标"，鼠标状态变为 ，即可在场景窗口中的指定位置添加地标文件。

（2）在图层管理器中选中添加的地标对象，在其右键菜单中选择"属性"命令，弹出"KML 对象属性"对话框，可以设置地标对象的名称、位置、相机等参数，并支持对地标对象增加说明，设置地标图标、地标前景色、透明度等。

3）添加"静态模型"

（1）设置选中的 KML 图层可编辑，在右键菜单中选择"添加"→"静态模型…"，弹出"打开三维模型文件"对话框，选择模型文件，打开后鼠标状态变为 ，即可在场景窗口中的指定位置添加模型文件。支持添加的模型文件格式有：＊.sgm、＊.3ds、＊.mesh、＊.obj、＊.dae、＊.x、＊.osg、＊.osgb。

（2）在图层管理器中选中添加的模型对象，在其右键菜单中选择"属性"命令，弹出"KML 对象属性"对话框，可以设置模型对象的名称、位置、相机等参数，并支持对模型对象添加说明，设置模型的颜色、透明度。

4）添加"轨迹模型"

（1）设置选中的 KML 图层可编辑，在右键菜单中选择"添加"→"轨迹模型…"，弹出"打开三维模型文件"对话框。因为模型有运动轨迹，所以在选择了模型文件并打开后，需要在场景中绘制一条轨迹，动态演示模型沿指定轨迹运动的过程。支持的模型文件格式有：＊.sgm、＊.3ds、＊.mesh。

（2）在图层管理器中选中添加的模型对象，在其右键菜单中选择"属性"命令，弹出"KML 对象属性"对话框，可以设置动画模型对象的名称、位置、相机等参数，并支持对动画模型添加说明，设置模型的颜色、透明度，并对其运动轨迹进行管理。

5）添加"粒子对象"

（1）设置选中的 KML 图层可编辑，在右键菜单中选择"添加"→"粒子"，弹出"导入粒子对象"对话框，选择一个三维粒子资源文件，系统会自动添加到当前场景窗口的中心位置。

（2）在图层管理器中选中添加的粒子，可以直接在场景窗口中对其进行缩放、移动、旋转操作。

6）添加"地表贴图"

（1）设置选中的 KML 图层可编辑，在右键菜单中选择"添加"→"地表贴图…"，弹出"图片文件"对话框，选择一个图片，系统会自动添加到当前场景窗口的中心位置。支持的图片格式有：＊.png、＊.jpg、＊.jpeg、＊.bmp、＊.gif。

（2）在图层管理器中选中添加的地表贴图，可以直接在场景窗口中对其进行缩放、移动、旋转操作，也可以在其右键菜单中，选择"属性"命令，在弹出的"KML 对象属性"对话框中，修改地表贴图的对象名称，更改其高度模式，添加说明。

3. 备注

对"组""地标""静态模型""轨迹模型""地表贴图"的剪贴、复制、删除、删除内容、重命名等编辑操作，可以通过其右键菜单中的相应命令实现。

### 13.2.3.3 面对象节点编辑

1. 使用说明

场景中的图层为可编辑状态时，选中某个面对象后即可对其进行节点编辑，三维节点编辑功能适用于二维面数据集、CAD 复合数据集、三维面数据集。

2. 操作说明

1）二维面对象节点编辑

（1）将矢量面数据集或 CAD 数据集加载到场景中，并设置图层为可编辑状态。

（2）在场景中选中需编辑节点的面对象，当前只能对一个选中的对象进行编辑节点的操作，节点编辑包括移动节点、删除节点、添加节点等操作，如图 13.4 所示。

移动/删除节点　　　　　　　　　　添加节点

图 13.4　移动/删除/添加节点

● 移动节点：将鼠标放至面对象上的某个节点上，当节点颜色变为黄色时即已选中该节点，在选中的节点上按住鼠标左键不放，同时拖动鼠标，即可实现选中节点的移动，移动完成后，松开鼠标左键即可。以同样的方式进行其他节点的移动，移动节点后几何对象的形状会随之发生改变。

● 删除节点：将鼠标放至面对象上的某个节点上选中该节点，按住 Shift+Delete 键即可将选中节点删除。

● 添加节点：在选中面对象边界线上的任意位置处单击鼠标左键，即可在鼠标单击处添加一个新的节点。

2）三维面对象节点编辑

（1）三维面对象由范围和高程两部分组成，其中线框 $a$ 为高程面，线框 $b$ 为范围面，如图 13.5 所示。

（2）将三维面数据集添加到场景中，并设置图层为可编辑状态。

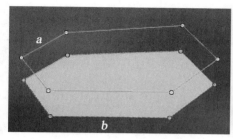
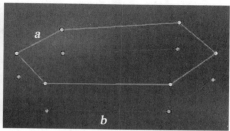

贴地模式选中三维面　　　　　　　　　非贴地模式选中三维面

图 13.5　贴地与非贴地模式选中三维面对比

（3）在场景中选中需编辑节点的面对象，当前只能对一个选中的对象进行编辑节点的操作。三维面对象的节点编辑包括移动节点、删除节点、添加节点等操作，如图 13.6 所示。

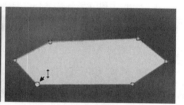

移动范围面节点　　　　　　　移动高程面节点　　　　重合时按 Shift 键移动高程面节点

图 13.6　三种移动节点方法

● 移动范围面节点：将鼠标放至三维面对象的范围面某个节点上，当节点颜色变为黄色时即已选中该节点，在选中的节点上按住鼠标左键不放，同时拖动鼠标，即可实现选中节点的移动，移动完成后，松开鼠标左键即可。移动范围面节点后几何对象的形状会随之发生改变，高程面的范围也会随之改变。

● 移动高程面节点：将鼠标放至三维面对象的高程面某个节点上，当节点颜色变为黄色时即已选中该节点，在选中的节点上按住鼠标左键不放，同时上下拖动鼠标，即可实现选中节点高程值的改动，移动完成后，松开鼠标左键即可。移动高程面节点后几何对象的高程值会随之改变。

注意：若高程面与范围面重合时，选中节点后，按住 Shift 键并同时移动鼠标可编辑面对象高程节点。

● 删除节点：将鼠标放至面对象上的某个节点上选中该节点，按住 Shift+Delete 键即可将选中节点删除。

● 添加节点：在选中面对象边界线上的任意位置处单击鼠标左键，即可在鼠标单击处添加一个新的节点。

3. 注意事项

选中面对象节点后，需同时按住 Shift+Delete 键删除节点；只按住 Delete 键，则会删除选中面对象。

### 13.2.4 模型转换

#### 13.2.4.1 模型制作注意事项

为了保证模型加载的效率和显示的效果，在进行模型制作的时候，有一些注意事项和优化措施。下面以 3ds Max 制作 ＊.3ds 模型为例，介绍一下如何制作出精简高效且美观的模型。

1. 对 3ds Max 的要求

要求 3ds Max 的版本为 9.0 之前的版本，且需要带清空浪费材质球插件等一些辅助实用插件。

在建模时，设置 3ds Max 的系统单位（System Unit）为米（meter）。使用 3ds Max 打开模型文件时，若 Max 模型文件单位与当前场景单位不一致，则会弹出 "File Load：Units Mismatch" 对话框，此时，勾选 "Adopt the File's Unit Scale" 项，采用 Max 文件的单位。

2. 对模型的要求

建模时建议使用最少的面数来表现出较好的结构。

3. 建筑尺寸参考

建筑尺寸包括以下三点：

（1）住宅小区：标准层为 3m，一层底商为 3.5~4m。

（2）商业楼和大型建筑：标准层为 3.5~4m，一层底商为 4~5m。

（3）女儿墙：宽度为 0.3~0.4m，高度为 0.3~1.2m。

4. 文件命名

模型和贴图的名称要求为字母和数字，最好不要出现中文。贴图命名要求名称长度不超过 8 位。贴图的名称与纹理要一致，纹理相同的图片名称要保持一致，不能出现图片的名称相同，而纹理不一样的情况。

5. 纹理贴图

在使用纹理贴图之前，需要先对纹理进行检查和处理，以达到最优的显示效果。

6.3ds 文件大小

为了保证模型加载到场景中的效率，一个 ＊.3ds 模型的面数不要超过 3 万个，若超过 3 万个三角面，则应该分成 2 个或多个 ＊.3ds 文件。

7. 贴图数量

一个 ＊.3ds 模型文件对应的贴图不要超过 100 个，若超过 100 个，则应该分成 2 个或多个 ＊.3ds 文件。

8. 坐标设置

在设置坐标的时候，需要注意以下 4 点：

（1）设置坐标轴的位置。

坐标轴应该在建筑物的最底下，即 $X$ 轴、$Y$ 轴在建筑物的中心，$Z$ 轴在建筑物的最小值最下面，$Z$ 轴轴心所在的位置将是贴到地面的位置，如图 13.7 所示。

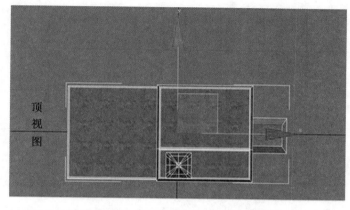

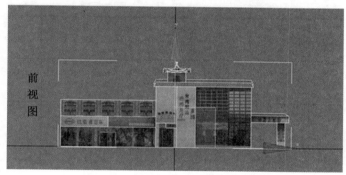

图 13.7　顶视图与前视图

（2）要把模型物体移动到场景坐标的原点上，即分别要放置在 $X$ 轴、$Y$ 轴以及 $Z$ 轴的原点上，如图 13.8 所示。

（3）创建 Box 时，应该注意的坐标问题。

● 一定要在顶视图创建 Box，不要对 Box 做旋转、缩放操作，要使用对齐工具将 Box 与模型物体对齐，用轴心对齐轴心选项，如图 13.9 所示。

● 塌陷 Box，用 Box 去 "Attach" 模型物体，然后进入面子集或元素子集中把 Box 删掉，这样模型物体的属性都和 Box 一致。最终建筑物的坐标轴还是应该在建筑物 $X$ 轴、$Y$ 轴的中心，$Z$ 轴的最下面。不要使用坐标轴移动命令（AffectPivotOnly）来移动坐标轴。

（4）查看坐标属性。

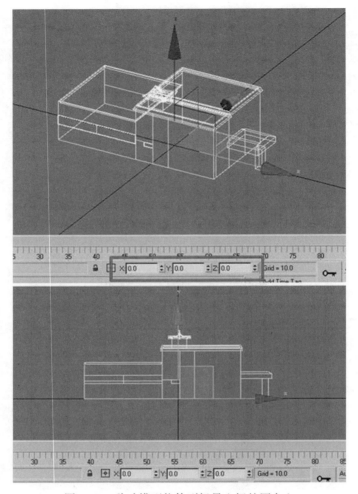

图 13.8　移动模型物体到场景坐标的原点上

- 选中模型物体，选择移动工具，在移动工具上单击右键弹出数值框，如图 13.10 所示。
- 选中模型物体，选择旋转工具，在旋转工具上单击右键弹出数值框，如图 13.11 所示。
- 选中模型物体，选择缩放工具，在缩放工具上单击右键弹出数值框，此时数值框的数值都应该为正数 100，如图 13.12 所示。

如果使用自身定义的坐标，选中模型，坐标轴必须是正的，如图 13.13 所示。

13.2.4.2　模型转换实现

1. 使用说明

"模型转换"按钮，用来实现将 *.osgb/ *.osg、 *.3ds、 *.fbx、 *.dae、 *.x、 *.obj 格式模型转换成 *.osgb、 *.s3mb、 *.s3m、 *.off、 *.stl 格式模型，并且既能

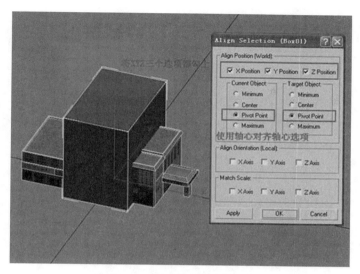

图 13.9　在顶视图创建 Box

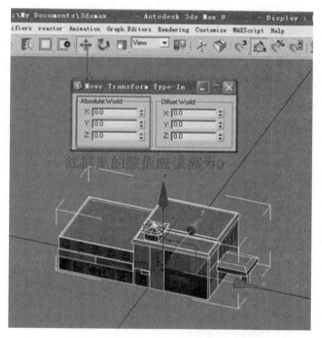

图 13.10　移动工具，查看坐标属性

转换单个模型，还能实现批量转换。该功能只适用于单纯的模型格式的互转，并非生成三维切片缓存。

2. 操作步骤

（1）在"三维数据"选项卡的"模型"组中，选择"模型转换"，弹出"模型转

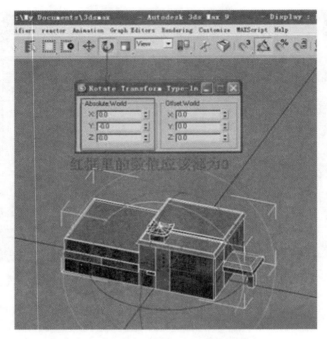

图 13.11 旋转工具，查看坐标属性

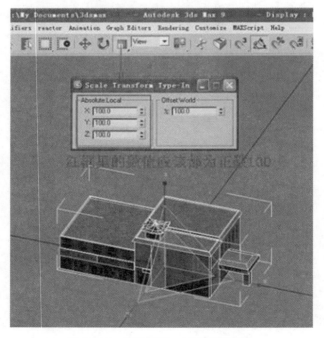

图 13.12 缩放工具，查看坐标属性

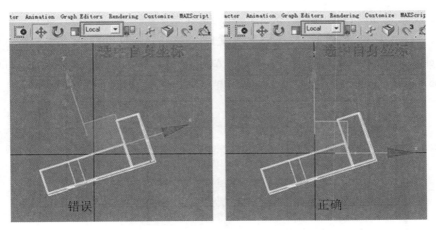

图 13.13　选中自身坐标的错误与正确操作示意

换"对话框，默认单个转换模式，也可选择批量转换模式。

（2）设置源模型文件的路径（以批量转换为例）。可以通过单击右侧的📷按钮，打开"浏览文件夹"对话框，定位三维模型文件的路径，也可以直接输入路径。

（3）设置目标模型保存路径（以批量转换为例）。可以通过单击右侧的📷按钮，打开"浏览文件夹"对话框，定位转换结果的 OSGB/S3M 模型保存的路径，也可以直接输入路径。

（4）选择目标模型格式，默认保持目标结构。如果勾选"保持目录结构"复选框，则转换后仍然保持源模型的目录层次结构；如果不勾选该复选框，则转换后的 SGM 模型都将输出到指定的目录下。

（5）当对单个支持模式的模型进行转换时，可使用"单个模型转换"模式，设置源模型文件和转换后的目标模型文件即可。

（6）设置完成后，单击"转换"按钮，即可执行模型转换操作。

### 13.2.4.3　模型数据集转为二维面数据

1. 使用说明

通过本功能，可将模型数据集转换为二维面数据，转换后，相当于将模型数据集中的所有模型对象投影到 $XY$（二维）平面上，生成二维面数据集。

2. 操作步骤

（1）在"工作空间管理器"中打开存有模型数据集的数据源；

（2）在"数据"选项卡的"数据处理"组中，单击"类型转换"按钮的下拉箭头，在弹出的菜单中选择"模型数据"→"二维面数据"命令，弹出"模型数据"→"二维面数据"对话框；

（3）在对话框中单击"添加按钮"（或在列表框空白区域双击左键），弹出选择对话框，选择待转换的模型数据集，单击"确定"按钮；

351

（4）在对话框列表区域设置源数据源和结果数据源；

（5）设置完成后，单击"转换"按钮，完成操作。

转换成功后，打开二维面数据集的属性表，平台为其自动生成了"BottomAttitude"与"Height"两个属性字段，其中"BottomAttitude"记录了该二维面对应转换前模型对象的底部高程，"Height"记录了转换前模型对象的高度，如图13.14所示。

| 设计选项 | 类型 | 创建的阶段 | BottomAttitude | Height |
|---|---|---|---|---|
| -1 | 36" Diameter | New Construc... | 0.000215 | 0.762006 |
| -1 | 36" Diameter | New Construc... | 0.000197 | 0.762005 |
| -1 | 36" Diameter | New Construc... | 0.000177 | 0.762005 |
| -1 | 36" Diameter | New Construc... | 0.000217 | 0.762006 |
| -1 | 36" Diameter | New Construc... | 0.000199 | 0.762006 |
| -1 | 36" Diameter | New Construc... | 0.00022 | 0.762006 |
| -1 | 36" Diameter | New Construc... | 0.000202 | 0.762006 |
| -1 | 36" Diameter | New Construc... | 0.000224 | 0.762006 |
| -1 | 36" Diameter | New Construc... | 0.000206 | 0.762006 |
| -1 | Chair-Breuer | New Construc... | 0.000208 | 0.80648 |
| -1 | Chair-Breuer | New Construc... | 0.000204 | 0.80648 |
| -1 | Chair-Breuer | New Construc... | 0.000204 | 0.80648 |
| -1 | Chair-Breuer | New Construc... | 0.000201 | 0.806477 |
| -1 | Chair-Breuer | New Construc... | 0.00019 | 0.80648 |
| -1 | Chair-Breuer | New Construc... | 0.000186 | 0.80648 |
| -1 | Chair-Breuer | New Construc... | 0.000186 | 0.80648 |

图 13.14　转换结果属性表新增字段

### 13.2.5　模型对象操作

#### 13.2.5.1　编辑模型

模型数据集图层不开启图层编辑时，支持对模型对象进行编辑，在场景中选中某一个模型对象，点击鼠标右键选择"编辑模型"选项，弹出"编辑属性"对话框，即可更改模型的几何信息与骨架信息。

1. 编辑几何信息

在"几何信息"窗口中可对模型的位置、旋转、缩放进行设置，如图13.15所示。

● 位置：输入新的（经度/纬度/高度）数值即可更改此对象的空间位置，达到移动模型的目的。

● 旋转设置：分别设置沿 $X/Y/Z$ 轴的旋转角度。

● 缩放设置：分别设置沿 $X/Y/Z$ 轴放大或缩小的比例。

● 保持比例一致：默认勾选，表示对模型进行缩放时，更改 $X/Y/Z$ 值的任意一个，其他两个值将一起更改，确保缩放比例一致。

352

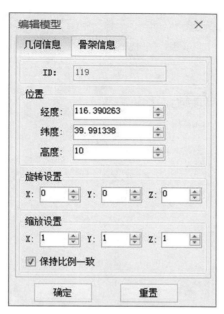

图 13.15 "编辑模型"对话框

  对模型对象的几何信息进行更改后,点击"确定"按钮即保存当前修改,并关闭"编辑模型"对话框;点击"重置"即撤销此次更改操作,恢复至编辑前的状态,重新对模型进行编辑。

  2. 编辑子对象信息

  在"子对象信息"窗口可对模型的子对象进行选择与删除,如图 13.16 所示。

  ● 当前 LOD:点击下拉选择框,可自定义选择模型的 LOD 层级。

  ● 开启子对象选择:勾选该复选框,激活子对象选择功能,在场景中单击鼠标左键进行选择,选中某个子对象时,将显示被选中子对象的编号、顶点个数及三角面数。

  ● 材质编辑:选中某个子对象后,单击该按钮,弹出"材质编辑"对话框。如图 13.17 所示。

  ◇ 材质颜色:单击下拉按钮,在颜色面板中选择颜色值,选择完毕后,单击"确定"按钮实时应用到子对象。

  ◇ 纹理:单击下拉按钮,在数据源中选择纹理或者单击"替换"按钮,弹出打开面板,可以在对话框中选择文件类型为 *.png、*.jpg、*.jpeg、*.bmp、*.gif 的纹理,单击"打开"按钮即可完成纹理替换。

  ◇ 纹理坐标偏移:分别设置沿 $X/Y$ 轴偏移的大小。默认值为 0。可通过单击 $X/Y$ 右侧的上下箭头进行数值调节。上箭头为增大数值,下箭头为减小数值。单击一次的变动值为 0.01,也可直接输入数值,进行实时浏览。还可选中数值框滚动鼠标滑轮,每次滚动的变动值为 0.03。单击"确定"按钮实时应用到子对象。

图 13.16    "编辑模型"对话框

◇ 纹理坐标缩放：分别设置沿 $X/Y/Z$ 轴放大或缩小的比例。默认值为 1。可通过单击 $X/Y/Z$ 右侧的上下箭头进行数值调节。上箭头为增大数值，下箭头为减小数值。单击一次的变动值为 0.01，也可直接输入数值，进行实时浏览。还可选中数值框滚动鼠标滑轮，每次滚动的变动值为 0.03。单击"确定"按钮实时应用到子对象。

◇ 纹理坐标旋转：分别设置沿 $X/Y/Z$ 轴的旋转角度。默认值为 0。可通过单击 $X/Y/Z$ 右侧的上下箭头进行数值调节。上箭头为增大数值，下箭头为减小数值。单击一次的变动值为 0.01，也可直接输入数值，进行实时浏览。还可选中数值框滚动鼠标滑轮，每次滚动的变动值为 0.03。单击"确定"按钮实时应用到子对象。

◇ 图片处理：分别改变亮度、对比度、色调、饱和度来调整子对象的显示效果。单击"应用到模型"按钮实时应用到子对象并在面板右侧实时浏览显示效果。

◇ 图像修复：通过绘制掩膜、清除掩膜、图像修复、应用到模型等按钮实现图像修复。

● 实例化删除子对象：勾选"实例化删除子对象"复选框，单击"删除"按钮即可删除当前被选中的子对象中的相同骨架的对象。

● 删除：单击"删除"按钮即可删除当前被选中的子对象。

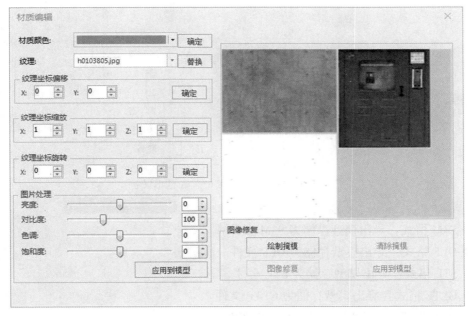

图 13.17　"材质编辑"对话框

对模型对象的骨架进行更改后，点击"确定"按钮即保存当前修改，并关闭"编辑模型"对话框；点击"重置"即撤销此次更改操作，恢复至编辑前的状态，重新对模型进行编辑。

13.2.5.2　导出模型

1. 使用说明

平台支持将模型数据集中的任意一个或多个模型导出为 OSGB、KMZ、KML、S3M、OFF、STL、GLTF、DAE 和 S3MB 文件保存。

2. 操作步骤

（1）在场景中单击鼠标左键选择模型对象，单击鼠标右键选择"导出模型"选项，即弹出"导出模型"对话框，如图 13.18 所示。

（2）对保存文件路径、导出格式、模型格式、纹理压缩格式进行设置：

● 保存文件路径：用于设置导出数据的保存路径。单击右侧按钮，在弹出的"打开"对话框中设置数据保存路径与文件名称，单击"确定"按钮；也可在文本框中直接输入文件夹路径与名称。

● 导出格式：用于设置导出数据的格式。下拉选择导出格式，支持导出为 OSGB、KMZ、KML、S3M、OFF、STL、GLTF、DAE 及 S3MB 格式的模型。

◇ OSGB 格式：仅导出 OSGB 模型文件。

◇ KMZ 格式：导出记录模型参数的 KMZ 文件，模型格式选项可用。

◇ KML 格式：导出记录模型参数的 KML 文件，模型格式选项可用。

图 13.18 "导出模型"对话框

◇ S3M 格式：导出模型存储为 S3M 文件。

◇ OFF 格式：导出模型存储为 OFF 文件。

◇ STL 格式：导出模型存储为 STL 文件。

◇ GLTF 格式：导出模型存储为 GLTF 文件。

◇ DAE 格式：导出模型存储为 DAE 文件。

◇ S3MB 格式：导出模型存储为 S3MB 文件。

● 模型格式：当导出格式选择为 KMZ 或 KML 时，模型格式选项可用，包括 S3M、OSGB、GLTF、DAE 这 4 种选项。

● 纹理压缩格式：应用程序将采用不同的纹理压缩方式，以减少纹理图像所使用的显存数量。主要用于普通 PC 设备、iOS 系列设备、Android 系列设备和 WebGL 客户端等 4 种设备。

◇ 不压缩：默认的纹理格式。

◇ WebP：适用于 Web 端/PC 机上通用的压缩纹理格式。数据总量减少，提高传输性能。

◇ DXT（PC 设备）：适用于 PC 机（个人计算机）上通用的压缩纹理格式。显存占用减少，提升渲染性能，但是数据总量会增加。

◇ CRN_DXT5（PC 设备）：适用于 PC 机（个人计算机）上通用的压缩纹理格式。显存占用少许减少，数据总量大幅度减少，但是需要较长的处理时间。

◇ PVRTC（iOS 系列设备）：适用于 iOS 设备上通用的压缩纹理格式。以此种方式进行纹理压缩时，同时会生成一个离线地图包，方便 iOS 设备用户使用。

◇ ETC（Android 系列设备）：适用于 Android 设备上通用的压缩纹理格式。以此种方式进行纹理压缩时，同时会生成一个离线地图包，方便 Android 设备用户使用。

（3）设置完毕，点击"确定"按钮将执行导出模型操作。

导出成功后，在指定路径下生成了指定的 KML 文件，若选择"KML"导出格式以及"OSGB"模型格式，将在存放 KML 文件的目录下创建一个"KMLosgbs"文件夹，此文件夹存放了模型对象的模型数据，即 *.osgb 文件，如图 13.19 所示。

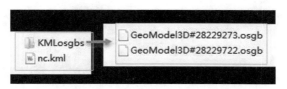

图 13.19　导出选中的两个模型对象的结果

由于 KML 文件记录了 OSGB 模型文件的相对路径，在三维场景中添加此 KML 文件，将显示模型对象，如图 13.20 所示。

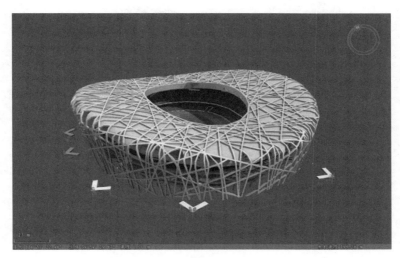

图 13.20　场景加载 KML 图层

3. 注意事项
● 在场景中通过鼠标左键选择模型对象时，可配合键盘 Shift 键实现选中多个模型对象，这样可一次导出多个模型。
● 导出时场景中选择了几个模型文件，将导出相应个数的模型文件。
● 仅当导出格式为 KML 或 KMZ，且模型格式为 S3M 时支持设置纹理压缩格式。
13.2.5.3　创建模型 LOD
1. 使用说明
平台支持单次或批量创建模型 LOD。
2. 操作步骤
（1）在工作空间管理器中的模型数据集节点单击鼠标右键选择"创建模型 LOD…"，即弹出"创建模型 LOD"对话框，如图 13.21 所示。
（2）LOD 层级设置。

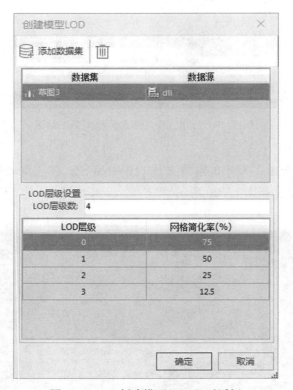

图 13.21　"创建模型 LOD" 对话框

● LOD 层级数：表示模型缓存显示时的 LOD 层级数。若设置为 3，则产生 0、1、2 三个层级，其中第 0 层为精细层，第 1 层为次精细层，第 3 层为粗糙层。

● 网格简化率：表示模型显示的细节按照百分比进行简化。简化网格有利于合理地分配模型渲染的资源，达到高效率的场景显示。

（3）设置完毕，点击"确定"按钮将执行创建模型 LOD 操作。

### 13.2.6　打开 BIM 数据

1. 使用说明

"打开 BIM 数据"命令，可用来打开 RVT 数据或 3DXML 数据，并在工作空间管理器中新增 RVT/3DXML 临时数据源节点，需要保存工作空间才能保存导入的模型数据集。

2. 操作步骤

（1）右键单击工作空间管理器中的数据源节点，在弹出的右键菜单中选择"打开 BIM 数据"，弹出"打开"对话框，选择需要打开的 RVT 或 3DXML 文件，然后单击"打开"按钮，弹出"导入 RVT 文件-Revit××××"对话框或"3DXML 数据导入"对话框，这里的"××××"是指 Revit 的版本号。

358

（2）RVT 文件设置：

● 文件列表：文件列表显示了当前打开的文档的可供导出族，默认全部导出，可选择是否勾选族前的复选框进行部分导出。

● 视图：选择导出模型的视图，默认为三维视图。视图与过滤色绑定，决定打开模型的材质颜色。

● 模型定位点：模型导入时的位置，用一个三维点对象表示。默认定位点为（0，0，0）。

● 投影坐标系：支持投影设置和导入投影文件两种方式设置投影坐标系。

● 颜色设置：提供着色颜色和真实颜色两种颜色模式。

◇ 真实颜色模式有贴图只保留贴图不要颜色，没有贴图保留颜色两种模式。

◇ 着色颜色模式不考虑贴图只保留颜色。

● 高级选项：

◇ 导出 LOD：设置导出后的模型是否带 LOD，默认勾选。

◇ 实例化：设置的模型是否以实例化形式存储，默认勾选以防止数据膨胀。

◇ 拓扑闭合：设置模型是否拓扑闭合，默认勾选。

◇ 过滤色：导出模型的颜色以过滤色为最高优先级，如果满足过滤条件则赋予过滤色，有过滤色则没有贴图，否则为着色或真实颜色。默认勾选导出带过滤色。

◇ 导出体量：用于包含建筑、房屋对象的 RVT 文件。

◇ LOD 精细度：当勾选导出 LOD 时，进行 LOD 简化百分比设置，设置范围为 0%~100%。

◇ 导出明细表：设置是否导出 Revit 明细表。若勾选则导出 Revit 文件的明细表，导出后以属性表数据集格式呈现。

◇ 导出二维视图：设置是否导出 Revit 二维视图，若勾选则导出 Revit 文件的视图。导出后，在生成的 UDB 数据同级目录下生成相应的文件夹，文件夹内为 DWG 文件，即导出的二维视图以 CAD 数据集格式呈现。

● 最大读写数：针对大体量复杂数据内存暴涨情况，默认读写数为最大值 500，可根据数据情况自定义大小。

● 文件信息：包含文件路径、文件版本、用户名以及模型预览等内容。其中，用户名是协同设计时的相关信息。

（3）3DXML 文件设置：

● 文件列表：文件列表显示了当前打开的文件，可选择打开某一具体 3DXML 文件。

● 基本信息设置：

◇ 目标数据源：通过右键下拉按钮选择导入的数据源。

◇ 目标数据集：打开的模型数据集的名称。

◇ 导入模式：默认为无。

● 参数设置：

◇ 模型参考点（模型中心点位置）：模型导入时的位置，用一个三维点对象表示。默认定位点为（0，0，0）。

◇ 投影坐标系：支持投影设置和导入投影文件两种方式设置投影坐标系。

（4）单击"确定"按钮，打开 RVT 或 3DXML 数据。同时工作空间管理器中新增打开的 RVT 或 3DXML 临时数据源节点。

（5）将打开的 RVT 或 3DXML 格式数据添加到场景中，如图 13.22 所示。

图 13.22　场景加载 RVT 格式数据效果

3. 注意事项

（1）特别说明，打开 RVT 文件功能依赖 .NET Framework 4.7 版本及以上。

（2）打开 RVT 文件是依赖于 Revit 软件的。如果没有安装 Revit 软件，那么当执行"打开 RVT"时，会弹出提示对话框，如图 13.23 所示。

图 13.23　对话框

（3）由于 Revit 版本不同，生产数据的版本也会不同。因此若打开 RVT 文件的版本高于本地安装的 Revit 软件版本时，将无法打开，并且会在输出窗口显示错误提示信息。

（4）小体量的 BIM 数据建议使用"打开 BIM 数据"功能，因为该功能一次只能打开一个文件；大体量的 BIM 数据适合"导入 BIM 数据"功能，因为该功能一次可以导入多个文件。

# 13.3 三 维 数 据

"三维数据"选项卡介绍了一些常用的三维数据处理工具，主要内容如下：

1）三维瓦片

"三维数据"选项卡中"三维瓦片"模块主要包括生成缓存、缓存工具、保存到MongoDB、压缩并单体化以及模型压平等模块。

2）模型

"三维数据"选项卡中"模型"模块主要包括 BIM、模型工具以及地质体等操作。

3）TIN 地形

选项卡"三维数据"中"TIN 地形"组中主要包括 TIN 工具以及 TIN 叠加海洋等模块。

4）倾斜摄影

"三维数据"选项卡中"倾斜摄影"模块主要提供了倾斜摄影数据管理与数据处理的相关工具。

5）三维场数据

"三维数据"选项卡中"三维场数据"模块主要包括构建 TIM、构建体元栅格、体元栅格提取属性等操作。

6）点云

"三维数据"选项卡中"点云"模块主要包括了点云生成缓存等操作。

## 13.3.1 三维瓦片

### 13.3.1.1 生成缓存

#### 13.3.1.1.1 批量生成模型缓存

1. 使用说明

一次性将数据源中的模型数据（模型数据集或 CAD）生成一份 OSGB 或 S3M 或S3MB 格式缓存文件，加载此模型缓存，能够大幅度提升模型浏览性能与显示效果。

2. 操作步骤

（1）在工作空间管理器中，打开需要生成模型缓存的数据源。

（2）在"三维数据"选项卡上"三维瓦片"组中，单击"生成缓存"下拉菜单中的批量生成缓存按钮 ⬛，弹出"批量生成模型缓存"对话框，如图 13.24 所示。

（3）添加数据集时，单击 ⬛ 添加数据集 按钮，在打开的"选择"界面选择数据集。

（4）在"选择"对话框界面左边区域内选择数据源，界面右边区域显示选中数据

361

图 13.24 "批量生成模型缓存"对话框

源内的所有模型数据集，单击"全选"或多选，确定添加的数据集，单击"确定"执行数据集添加操作，也可新建数据集作为添加数据集。

（5）单击"全选"按钮，将添加的模型数据集全部选中。

（6）参数设置：

● 缓存名称：生成缓存的配置文件名，默认与数据源名一致，可修改。

● 缓存路径：模型缓存存储路径，在该路径下创建了一个以缓存名称命名的文件夹存放缓存文件。

● 瓦片边长：显示和设置瓦片边长的大小，单位为米。瓦片边长大小不同则对应的比例尺不同，将鼠标移至"瓦片边长"标签后的问号处，即可查看瓦片边长与比例尺、层级的对应关系。"瓦片边长"标识了缓存层相对于指定瓦片边长所对应的比例尺。

● 字段设置：用于设置生成三维切片缓存的属性字段，默认生成全部字段信息。

● 纹理压缩格式：设置生成的场景缓存的用途，主要用于普通 PC 设备、iOS 系列设备、Android 系列设备等四种。对于不同用途的缓存，应用程序将采用不同的纹理压缩方式，以减少纹理图像所使用的显存数量。

◇ 不压缩：默认的纹理格式。

◇ WebP：适用于 Web 端/PC 机上通用的压缩纹理格式。数据总量减少，提高传输性能。

◇ DXT（PC 设备）：适用于 PC 机（个人计算机）上通用的压缩纹理格式。显存占用减少，提升渲染性能，但是数据总量会增加。

◇ CRN_DXT5（PC 设备）：适用于 PC 机（个人计算机）上通用的压缩纹理格式，显存占用少许减少，数据总量大幅度减少，但是需要较长的处理时间。

◇ PVRTC（iOS 系列设备）：适用于苹果 iOS 设备上通用的压缩纹理格式。以此种方式进行纹理压缩时，同时会生成一个离线地图包，方便 iOS 设备用户使用。

◇ ETC（Android 系列设备）：适用于 Android 设备上通用的压缩纹理格式。以此种方式进行纹理压缩时，同时会生成一个离线地图包，方便 Android 设备用户使用。

● 纹理设置：目前支持两种纹理设置：多重纹理和单重纹理。多重纹理支持生成叠加纹理，单重纹理仅支持生成第一重纹理。

● 纹理处理方式：用于设置生成的缓存的纹理处理方式，提供了拼接、拼接且重映射和纹理重映射三种方式。其中，拼接适用于三角网较密集的数据，对于这类数据采取拼接的方式会提高生成缓存的效率。

● 纹理大小限制：用于设置纹理大小，可选不限制、1024 像素×1024 像素、2048 像素×2048 像素以及 4096 像素×4096 像素等选项，默认为不限制。

● 线程数：默认为 4。

● 金字塔剖分类型：设置缓存切片创建树型金字塔的剖分类型，应用程序提供了四叉树和八叉树两种方式。默认使用四叉树剖分方式。

● 过滤阈值：用于设置过滤粗糙层子对象的参数，默认为 2，单位为像素。如若输入 2，则表示小于 2 像素的子对象被过滤掉。

● 对象字段 ID：用于设置唯一标识 ID 的字段，通过下拉箭头进行选择。

● 文件类型：文件类型为 S3MB 数据格式。

● 顶点权重模式：提供无、数据集字段、三角形最短边和原始特征值四种方式。其中，无是指以高度作为权重，数据集字段是指以指定字段作为权重，三角形最短边是指以点所在的三角形最短边作为权重，原始特征值是指以模型数据本身的特征值作为权重。

● 顶点优化方式：只有当顶点权重模式为无时，可以设置顶点优化方式。提供压缩顶点和不压缩顶点两种方式。

● 特征值：只有选择数据集字段作为顶点权重模式时，该选项可用。单击右端下拉箭头指定字段。

● 合并根节点：勾选合并根节点后，可设置根节点合并次数。如输入 1，即模型根节点将进行一次合并处理，模型根节点数量减少约为原始数量的 1/4 。

● 纹理共用、带法线、带线框、重复贴图打组、实例化 5 个选项：默认勾选带法线和重复贴图打组，根据需求可自行勾选。

（7）瓦片范围：对"缓存范围"区域进行设置，有以下两种方式：

● 勾选"默认范围"复选框，默认采用数据集的范围，左、上、右、下四个文本框显示了系统默认范围；

● 不勾选"默认范围"复选框，用户可自定义范围。有两种方式：一种是通过选择范围数据集，取选择的数据集的范围；另一种是直接在左、上、右、下四个文本框中输入范围值。

（8）LOD 层级设置：用于设置缓存的 LOD 层级数，在数值框中直接设置即可。

● 网格简化率：指对应 LOD 层模型显示的细节按照百分比进行简化。有利于合理地分配模型渲染的资源，达到高效率的场景显示。

（9）设置完成后，单击"生成"按钮，执行模型缓存生成操作。其中，＊.scp 为缓存配置文件，indexData.dat 为缓存索引文件。

3. 注意事项

（1）瓦片边长决定了缓存根节点数量：边长越大，根节点越少；相反，边长越小，根节点越多，生成缓存时间更长。根节点数量过多时，加载模型将在一定程度上变慢。

（2）LOD 层级数对模型显示时的切换平滑效果有影响：一方面 LOD 层级数越大，模型显示时切换的效果越平滑；另一方面，LOD 层级数设置过大，将导致生成冗余层级的模型，生成缓存耗费时间较长。请根据显示需求设置合理的数值。

13.3.1.1.2 批量生成矢量缓存

1. 使用说明

一次性将多个矢量数据（点或线或面）生成一份 OSGB 或 S3M 或 S3MB 格式缓存文件，加载此矢量缓存，能够大幅度提升模型浏览性能与显示效果。

2. 操作步骤

（1）在工作空间管理器中，打开需要生成缓存的数据源。

（2）在"三维数据"选项卡上的"三维瓦片"组中"生成缓存"下拉按钮内，单击"矢量"按钮▦，弹出"批量生成矢量缓存"对话框。

（3）设置数据集类型：在参数设置区域内的数据集类型右侧下拉按钮内选择点或线或面。

（4）添加数据集：单击 添加数据集 按钮，在打开的"选择"界面选择数据集。

（5）在"选择"对话框界面左边区域内选择数据源，界面右边区域显示选中数据源内的所有某一类矢量数据集，单击"全选"或"多选"，确定添加的数据集，单击"确定"执行数据集添加操作，也可新建数据集作为添加数据集。

（6）单击"全选"按钮☑，将添加的数据集全部选中。

（7）基本设置：

● 缓存名称：在"缓存名称"右侧的文本框中输入缓存名称，即缓存根目录的名称。

● 缓存路径：在"缓存路径"右侧的文本框中输入缓存的输出路径，也可通过文本框后的"浏览"按钮来选择路径。

● 文件类型：分为 OSGB、S3M、S3MB 三种文件缓存类型。

● 瓦片边长：显示和设置瓦片边长的大小，单位为米。瓦片边长大小不同则对应的比例尺不同，将鼠标移至"瓦片边长"标签后的问号处，即可查看瓦片边长与比例尺、层级的对应关系。"瓦片边长"标识了缓存层相对于指定瓦片边长所对应的比例尺。

● 对象 ID 字段：用于设置唯一标识 ID 的字段，通过下拉箭头进行选择。

● 字段信息：用于设置生成三维切片缓存的属性字段，默认生成全部字段信息。

● 切割瓦片：可用于减少每个切片的数据量。若勾选，则会根据设置的瓦片边长进行切割，数据被存放在不同的切片内；反之，则会将数据存放在数据中心点所在的切片内。默认勾选。

（8）风格设置：矢量数据集类型不同，风格设置的内容也有所不同，分为点、线、面三种。

● 点风格设置：包括颜色、点大小、高度模式、底部高程、拉伸高度。

◇"颜色"用于设置点的显示颜色。单击右侧的颜色按钮，在弹出的颜色面板中选择和设置点的颜色。

◇"点大小"用于设置点的显示大小，在点大小设置的组合框中输入数值，单击 Enter（回车）键即可应用所作的设置；或单击组合框右侧上下按钮设置点大小。点大小的数值单位为：像素。

● 线风格设置：包括颜色、线宽、高度模式、底部高程、拉伸高度。

◇"颜色"用于设置线的显示颜色。单击右侧的颜色按钮，即可在弹出的颜色面板中选择和设置线的颜色。

◇"线宽"用于设置线的线宽。在该标签右侧的组合框中输入数值，单击 Enter（回车）键即可应用所作的设置；也可以单击组合框右侧上下按钮设置线宽。线宽的数值单位为：像素。

● 面风格设置：包括前景色、背景色、轮廓线、高度模式、底部高程、拉伸高度。

◇"前景色"用于设置面的前景色，即设置面本身的颜色。通过单击右侧的颜色按钮，在弹出的颜色面板中选择和设置填充颜色。

◇"轮廓线"用于设置轮廓线的颜色，默认为"勾选"。通过单击右侧的颜色按钮，在弹出的颜色面板中选择和设置轮廓线颜色。

● 高度模式：设置矢量数据集类型的高度模式。包括贴地、贴对象以及绝对高度。

● 底部高程、拉伸高度：只有高度模式选为绝对高度时，选项可用。

（9）设置完成后，单击"生成"按钮，执行缓存生成操作。其中 *.scp 为缓存配置文件。

3. 注意事项

瓦片边长决定了缓存根节点数量：边长越大，根节点越少；相反，边长越小，根节点越多，生成缓存时间更长。根节点数量过多时，加载模型将在一定程度上变慢。

13.3.1.1.3　点数据集缓存外挂模型

1. 使用说明

点外挂模型是指具有相同材质、形状以及大小但仅空间位置和姿态不同的模型，采用模型只存一份，位置信息采用三维点数据集存储的方式存储多个模型数据集的模型统称。这样的方式与实例化有着异曲同工的用途，实现减少空间占用和数据量。

点数据集缓存外挂模型功能，支持点数据集生成缓存外挂模型，结果数据的文件类型仅支持 S3MB。

2. 操作步骤

（1）在工作空间管理器中，打开需要生成模型缓存的数据源。

（2）在"三维数据"选项卡上"三维瓦片"组中，单击"生成缓存"下拉按钮，选择"点外挂生成缓存"按钮，弹出"点外挂模型生成缓存"对话框，如图 13.25 所示。

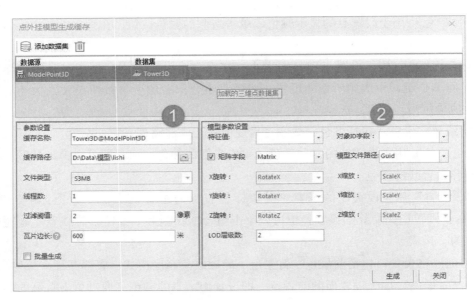

图 13.25　"点外挂模型生成缓存"对话框

（3）单击"添加模型数据集"按钮，在打开的"选择"界面选择数据集。

（4）在"选择"对话框界面左边区域内选择数据源，在界面右边区域显示选中数据源内的所有模型数据集，单击"全选"或"多选"，确定添加的数据集，单击"确定"执行数据集添加操作，也可新建数据集作为添加数据集。

（5）参数设置，参数设置如图 13.25 内①所示。

- 缓存名称：生成缓存的配置文件名，默认与数据源名一致，可修改。
- 缓存路径：模型缓存存储路径，在该路径下创建了一个以缓存名称命名的文件夹存放缓存文件。
- 文件类型：仅支持 S3MB 文件缓存类型。
- 线程数：默认为 4。
- 过滤阈值：用于设置过滤粗糙层子对象的参数，默认为 0，单位为像素。如若输入 2，则表示小于 2 像素的子对象被过滤掉。
- 瓦片边长：显示和设置瓦片边长的大小，单位为米。瓦片边长大小不同则对应的比例尺不同，将鼠标移至"瓦片边长"标签后的问号处，即可查看瓦片边长与比例尺、层级的对应关系。"瓦片边长"标识了缓存层相对于指定瓦片边长所对应的比例尺。
- 批量生成：用于设置是否批量生成缓存，若勾选则批量生成缓存，即多个数据集生成一个缓存文件。

（6）模型参数设置，参数设置如图 13.25 内②所示。

- 对象 ID 字段：用于自行设置唯一标识 ID 的字段，通过下拉箭头进行选择。
- 矩阵设置：对模型旋转缩放的参数进行设置，有以下两种方式：
- 勾选"矩阵字段"复选框，指定数据的字段作为旋转缩放的参数；
- 不勾选"矩阵字段"复选框，用户可自定义 $X/Y/Z$ 轴旋转和缩放的参数。通过选择模型字段作为旋转或缩放的参数。
- 模型文件路径：指定字段作为模型文件路径，这里的模型文件路径是绝对路径。
- LOD 层级数。用于设置缓存的 LOD 层级数，在数值框中直接设置即可。

（7）设置完成后，单击"生成"按钮，执行缓存生成操作。其中 *.scp 为缓存配置文件，attribute.json 为属性描述文件。

3. 注意事项

（1）瓦片边长决定了缓存根节点数量：边长越大，根节点越少；相反，边长越小，根节点越多，生成缓存时间更长。根节点数量过多时，加载模型将在一定程度上变慢。

（2）LOD 层级数对模型显示时的切换平滑效果有影响：一方面，LOD 层级数越大，模型显示时切换的效果越平滑；另一方面，LOD 层级数设置过大，将导致生成冗余层级的模型生成缓存耗费时间较长。请根据显示需求设置合理数值。

（3）用于生成缓存的三维点数据集的属性表内的路径，一定是模型的绝对路径。否则将会生成失败。

（4）所有属性字段名均为属性名称，而不是属性别名。

13.3.1.1.4　体元栅格叠加生成缓存

1. 使用说明

"生成缓存"功能利用倾斜摄影配置文件来生成体元栅格缓存及 SCP 索引文件，方便在三维场景中加载该体元栅格缓存，实现体元栅格体数据浏览。支持在同一个模型文件上叠加多个体元栅格体，实现多业务表达。

注意：体元栅格必须有影像金字塔才可以生成缓存。

2. 操作步骤

（1）在"三维数据"选项卡"三维瓦片缓存"组内的"生成缓存"下拉菜单中，单击"体元栅格叠加生成缓存"按钮，弹出"体元栅格-叠加生成缓存"，如图 13.26 所示。

图 13.26　"体元栅格-叠加生成缓存"对话框

（2）源数据选择，分别单击数据源和数据集后的组合框下拉按钮，选择生成缓存的体元栅格所在的数据集。

（3）参数设置：

● 单击"模型文件（.scp）"右侧按钮，在弹出的"浏览文件夹"对话框中选择倾斜摄影配置文件，单击"打开"按钮即可；也可在文本框中直接输入倾斜摄影配置文件所在的文件夹路径及名称。

● 在"缓存名称"后自定义缓存名。

（4）设置完以上参数后，单击"确定"按钮，即可执行体元栅格生成缓存的操作。

13.3.1.1.5　面拉伸生成模型缓存

1. 使用说明

将数据源中的矢量面数据拉伸生成一份模型缓存文件，加载此缓存，能够大幅度提升模型浏览性能与显示效果。同时支持批量生成。

2. 操作步骤

（1）在工作空间管理器中，打开需要生成缓存的数据源。

（2）在"三维数据"选项卡上"三维瓦片"组中"生成缓存"下拉按钮内，单击

"面矢量拉伸生成模型缓存"按钮，弹出"面矢量拉伸生成模型缓存"对话框。

（3）添加数据集：单击"添加数据集"按钮 📋 添加数据集 ，选择需要拉伸的矢量面所在的数据源和数据集。

（4）参数设置：

● 缓存名称：设置生成缓存的名称。

● 缓存路径：设置生成缓存存放的目标路径。

● 文件处理类型：分为替换和追加两种类型。追加模式支持设置。

● 瓦片边长：显示和设置瓦片边长的大小，单位为米。瓦片边长大小不同则对应的比例尺不同。

● 线程数：分配给拉伸生成缓存操作的线程数，默认为 4 个线程参与操作，可自定义线程数。

● 过滤阈值：默认为 2，单位为像素。

● 拉伸高度：支持通过下拉菜单选择字段设置为拉伸字段作为拉伸高度，也支持输入数值设置面拉伸的高度值，单位为米。

● 层高：通过下拉列表内的属性字段设置层高参数。根据拉伸总高度和层高，实现将模型缓存分层。层数为拉伸总高度除以层高得到的值，若值为非整数则进一后的整数值为层数。

● 底部高程：拉伸对象的底部高程值。

● LOD 层级数：用于设置缓存的 LOD 层级数，在数值框中直接设置即可。

● 简化、轮廓线：默认不勾选。其中，追加不支持简化。勾选"轮廓线"是指生成的模型缓存带有轮廓线。

（5）材质设置：勾选"材质设置"进行材质编辑。

● 顶面/侧面贴图模式：提供真实大小、重复次数两种模式。重复次数即贴图重复放置的次数。真实大小指按照指定的尺寸大小进行贴图。

● 顶面/侧面贴图字段：通过下拉菜单选择包含贴图文件路径信息的字段，获取贴图文件。

● 顶面/侧面 U：当贴图模式为重复次数时，设置的数值代表贴图文件在 U 方向上的重复次数，单位为次；当贴图模式是真实大小时，设置的数值是贴图文件在 U 方向上的实际尺寸，单位为米。

● 顶面/侧面 V：当贴图模式为重复次数时，设置的数值代表贴图文件在 V 方向上的重复次数，单位为次；当贴图模式是真实大小时，设置的数值是贴图文件在 V 方向上的实际尺寸，单位为米。

（6）设置完成后，单击"生成"按钮，执行缓存生成操作。其中 *.scp 为缓存配置文件。

3. 注意事项

瓦片边长决定了缓存根节点数量：边长越大，根节点越少；相反，边长越小，根节点越多，生成缓存时间更长。根节点数量过多时，加载模型将在一定程度上变慢。

13.3.1.2　保存到 MongoDB

1. 使用说明

"保存到 MongoDB" 功能是指将本地缓存数据另存到 MongoDB 中，同时会在本地生成一个新的 .scp 配置文件。用该文件可以在场景中打开 MongoDB 中的缓存数据。

"保存到 MongoDB" 功能支持的瓦片类型有模型缓存、倾斜摄影缓存、地形（TIN）缓存、地形（DEM）缓存和影像缓存。

2. 操作步骤

（1）在"三维数据"选项卡的"三维瓦片"组中，单击"保存到 MongoDB"按钮，弹出"保存到 MongoDB"对话框，如图 13.27 所示。

图 13.27　"保存到 MongoDB"对话框

（2）文件列表：显示添加的配置文件。"＋"为添加配置文件按钮，用于添加配置文件；"🗑"为删除按钮，用于删除列表中的文件；"👁"为显示文件全路径按钮，用于设置是否显示配置文件的绝对路径。

（3）瓦片类型：点击右键选择瓦片类型，目前支持模型缓存、倾斜摄影缓存、地形（TIN）缓存、地形（DEM）缓存和影像缓存。

（4）参数设置：

● 组合因子：支持输入参数 $n$ 设置块大小，块大小为 $4n$。当瓦片类型为地形

（TIN）缓存、地形（DEM）缓存和影像缓存时，该参数可设置。

● 目标路径：用于设置新生成的 *.scp 文件保存路径，可单击该组合框右侧按钮，选择文件保存路径，或在文本框中直接输入保存路径。目标文件的默认保存路径与源配置文件的路径一致。

（5）在对话框中的"连接信息"区域可设置 MongoDB 服务器和数据库的相关信息，在使用该功能前，需先启动 MongoDB 服务。有关参数说明如下：

● 服务器名称：输入 MongoDB 数据库服务器名称，或输入服务器的 IP 地址。

● 数据库名称：设置倾斜摄影数据需要保存到的 MongoDB 数据库名称。若服务器是以非用户验证方式启动 MongoDB，则可单击下拉按钮选择服务器中已存在的数据库，或直接输入新数据库名称创建一个数据库；若服务器以用户验证方式启动 MongoDB，则不支持新建数据库，也不能读取到已有的数据库名称，只能在文本框中输入已存在的数据库名称。

● 数据名称：用于设置和显示倾斜摄影数据在 MongoDB 数据库中的保存名称。

● 用户名称：输入 MongoDB 数据库的用户名称，若为新建的数据库，则设置其用户名。

● 用户密码：输入进入 MongoDB 数据库的密码，若为新建的数据库，则对其设置密码。

（6）设置完以上参数后，单击"确定"按钮，即可执行数据保存到 MongoDB 数据库的操作。

### 13.3.1.3 压缩并单体化

1. 使用说明

"压缩并单体化"功能是对倾斜摄影模型数据进行纹理压缩和单体化，模型数据可以进行纹理压缩。支持生成 S3M/S3MB 格式的结果数据。S3M 全称为 Spatial 3D Model。

2. 参数说明

（1）数据源：选择需要进行单体化处理的模型数据集所在的数据源。

（2）数据集：选择需要进行单体化处理的模型数据集。

（3）目标字段：矢量面单体化的唯一标识。

### 13.3.2 模型

#### 13.3.2.1 BIM

##### 13.3.2.1.1 导入 RVT

1. 使用说明

"导入 RVT"命令，用来导入 Revit 的 RVT 格式的 BIM 数据，并在数据源中新增模型数据集节点。

2. 操作步骤

（1）在工作空间管理器中选中需导入到的数据源，或者新建数据源并选中。

（2）单击"三维数据"选项卡中"模型"组内"BIM"下拉菜单中的"导入RVT"按钮▣，弹出"导入RVT文件-Revit××××"对话框，这里的"××××"是指Revit的版本号。

（3）通过"添加"按钮＋，在弹出的"打开"对话框中选择需要导入的RVT数据。

（4）文件列表中显示了当前打开的所有RVT文档。

• 文件列表内的默认全部导出，可通过勾选某一文档前的复选框，选择是否导入该数据。

• 文档设置：单击文档后的"文档设置"按钮，弹出"RVT文档设置"对话框。

◇ 文件列表显示了当前打开的文档的可供导出族，默认全部导出，可选择是否勾选族前的复选框进行部分导出。

◇ 视图：选择导出模型的视图，默认为三维视图。视图与过滤色绑定，决定打开模型的材质颜色。

（5）基本设置：

• 模型定位点：模型导入时的位置，用一个三维点对象表示。默认定位点为（0，0，0）。

• 投影设置：支持投影设置和导入投影文件两种方式设置投影坐标系。

• 颜色设置：提供着色颜色和真实颜色两种颜色模式。

• 真实颜色模式有贴图只保留贴图不要颜色，没有贴图保留颜色两种模式。

• 着色颜色模式不考虑贴图只保留颜色。

• 高级选项：

◇ 导出LOD：设置导出后的模型是否带LOD，默认勾选。

◇ 实例化：设置的模型是否以实例化形式存储，默认勾选以防止数据膨胀。

◇ 拓扑闭合：设置模型是否拓扑闭合，默认勾选。

◇ 过滤色：导出模型的颜色以过滤色为最高优先级，如果满足过滤条件则赋予过滤色，有过滤色则没有贴图，否则为着色或真实颜色。默认勾选导出带过滤色。

◇ 导出体量：设置是否导出Revit中房间/建筑的体量族。

◇ LOD精细度：当勾选导出LOD时，进行LOD简化百分比设置，设置范围为0%～100%。

◇ 导出明细表：设置是否导出Revit明细表。若勾选，则导出Revit文件的明细表，导出后以属性表数据集格式呈现。

◇ 导出二维视图：设置是否导出Revit二维视图，若勾选，则导出Revit文件的视图。导出后，在生成的UDB数据同级目录下生成相应文件夹，文件夹内为DWG文件，即导出的二维视图以CAD数据集格式呈现。

◇ 最大读写数：针对大体量复杂数据内存暴涨的情况，默认读写数为最大值500，可根据数据情况自定义大小。

（6）文件信息：包含文件路径、文件版本、用户名以及模型预览等内容。其中，用户名是协同设计时的相关信息。

（7）单击"确定"按钮，执行"导入 RVT"。完成后工作空间管理器中的数据源下新增一个 RVT 数据节点。

在场景中加载导入的 RVT 格式数据，如图 13.28 所示。

图 13.28　场景加载 RVT 格式数据效果

3. 注意事项

（1）特别说明，"导入 RVT"功能依赖 .NET Framework 4.7 版本及以上。

（2）"导入 RVT"功能是依赖于 Revit 软件的。如果当前电脑没有安装 Revit 软件，那么当执行"导入 RVT"功能时，会弹出提示对话框，如图 13.29 所示。

图 13.29　提示对话框

（3）该功能一次可以导入多个文件。若当前电脑安装了多个版本的 Revit 软件，默认选择当前电脑上安装的最高版本；可根据需求在安装包中修改桌面参数文件内 Revit 版本参数，自定义指定具体版本。目前支持的版本有 Revit2016—2019。

（4）由于 Revit 版本不同，生产数据的版本也会不同。因此若导入 RVT 文件的版本高于当前电脑安装的软件版本时，将无法导入，并且会在输出窗口显示错误提示信息。

（5）小体量 RVT 数据建议使用"打开 RVT"功能，因为该功能一次只能打开一个文件；大体量 RVT 数据建议使用"导入 RVT"功能。

13.3.2.1.2　导入 3DXML

1. 使用说明

"导入 3DXML"命令，用来导入 3DXML 格式的 BIM 数据，并在数据源中新增模型数据集节点。

2. 操作步骤

（1）在工作空间管理器中选中需导入到的数据源或者新建数据源并选中。

（2）单击"三维数据"选项卡中"模型"组内的"BIM"下拉菜单中的"导入 3DXML"按钮📷，弹出"数据导入"对话框。

（3）通过"添加数据"按钮，在弹出的"打开"对话框中选择需要导入的 3DXML 数据。

（4）文件列表：文件列表显示了当前打开的文件，可选择某一具体 3DXML 文件进行导入。

（5）基本信息设置：

● 目标数据源：通过右键下拉按钮选择导入的数据源。

● 目标数据集：打开的模型数据集的名称。

● 导入模式：默认为无。提供无、追加和强制覆盖三种模式。

（6）参数设置：

● 模型参考点（模型中心点位置）：模型导入时的位置，用一个三维点对象表示。默认定位点为（0，0，0），可自定义输入数值。

● 投影设置：支持投影设置和导入投影文件两种方式设置投影坐标系。

（7）单击"导入"按钮，打开 3DXML 文件。同时工作空间管理器中的数据源下新增一个 3DXML 数据节点。

将导入的 3DXML 格式数据添加到场景中，如图 13.30 所示。

3. 注意事项

小体量 3DXML 数据建议使用"打开 3DXML"功能，因为该功能一次只能打开一个文件；大体量 3DXML 数据建议使用"导入 3DXML"功能，因为该功能一次可以导入多个文件。

13.3.2.1.3　导入 IFC

1. 使用说明

"导入 IFC"命令，用来导入 IFC 格式的 BIM 数据，并在数据源中新增模型数据集节点。

IFC 标准是国际协同工作联盟 IAI（International Alliance for Interoperability）为建筑行业发布的建筑工程数据交换标准。它是某些行业的标准格式。目前常用的 BIM 软件如 Revit、Bentley、Tekla 等都已支持导出 IFC 格式的 BIM 数据。

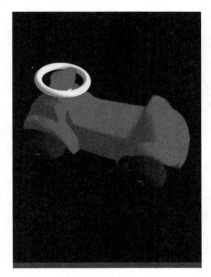

图 13.30　场景加载 3DXML 格式数据效果

2. 操作步骤

（1）单击"三维数据"选项卡中"模型"组内"BIM"下拉菜单中的"导入 IFC"按钮▦，弹出"数据导入"对话框。

（2）通过"添加"按钮，在弹出的"打开"对话框中选择需要导入的 IFC 数据。

（3）文件列表：文件列表显示了当前打开的文件，可选择某一具体 IFC 文件进行导入。

（4）基本信息设置

- 目标数据源：通过右键下拉按钮选择导入的数据源。
- 目标数据集：打开的模型数据集的名称。
- 导入模式：默认为无。提供无、追加和强制覆盖三种模式。

（5）参数设置：

- 模型参考点（模型中心点位置）：模型导入时的位置，用一个三维点对象表示。默认定位点为（0，0，0），可自定义输入数值。
- 投影设置：支持投影设置和导入投影文件两种方式设置投影坐标系。

（6）单击"导入 "按钮，打开 IFC 文件。同时工作空间管理器中的目标数据源下新增一个 IFC 数据集节点。

13.3.2.1.4　导入 CityGML

1. 使用说明

"导入 CityGML"命令，用来导入 *.gml、*.xml 格式的 CityGML 数据，并在目标数据源中新增模型数据集节点。目前，仅支持导入以只读方式打开的 UDBX 数据源。

2. 操作步骤

（1）在工作空间管理器中选中目标数据源或者新建数据源（UBDX），右键单击"重新只读打开"。

（2）单击"三维数据"选项卡中"模型"组内"BIM"下拉菜单中的"导入CityGML"按钮，弹出"数据导入"对话框。

（3）通过"添加"按钮，在弹出的"打开"对话框中选择需要导入的CityGML数据。

（4）文件列表：文件列表显示了当前打开的文件，可选择某一具体CityGML文件进行导入。

（5）基本信息设置：

● 目标数据源：通过右键下拉按钮选择导入的数据源。

● 导入模式：默认为无，提供无和追加两种模式，追加是将相同类别的数据追加到一个数据集中。

（6）参数设置：

● 投影设置：支持投影设置和导入投影文件两种方式设置投影坐标系。

（7）单击"导入"按钮，在工作空间管理器中刷新目标数据源，目标数据源下将新增CityGML数据集节点。

3. 注意事项

目前，仅支持导入到UDBX格式的目标数据源，且目标数据源一定要设置"重新只读打开"。

### 13.3.2.2 模型工具

1. 使用说明

模型数据集重新以实例化方式存储。实例化处理支持一次性处理多个模型数据集。

2. 操作步骤

（1）在工作空间管理器中，打开需要进行实例化处理的模型数据集所在的数据源。

（2）在"三维数据"选项卡下的"模型"组中"模型工具"下拉按钮中，单击"实例化处理"按钮，如图13.31所示，并弹出"实例化处理"对话框。

（3）单击"添加数据集"按钮，在弹出的对话框中选择待处理的数据集，点击"确定"按钮完成实例化处理。默认另存数据集且不可修改。

### 13.3.3 计算法线

1. 使用说明

当模型数据集的法线不正确，同时模型不需要移除重复点或冗余点，可直接使用该功能重新计算模型法线。

2. 操作步骤

（1）打开需要重新计算法线的模型所在的数据源。

（2）在"三维数据"选项卡上"模型"组中，单击"模型处理"下拉按钮，在弹

图 13.31　"实例化处理"对话框

出的下拉菜单中选择"计算法线",弹出"重新计算法线"对话框,如图 13.32 所示。

图 13.32　"重新计算法线"对话框

（3）源数据选择。选择重新计算法线的模型所在的数据源和数据集。

- 数据源：鼠标单击数据源右侧的下拉箭头进行选择。
- 数据集：鼠标单击数据集右侧的下拉箭头进行选择。

（4）设置法线计算参数，包括算法类型、夹角阈值。

- 算法类型：模型进行重新计算法线的算法，可选算法包括夹角权重算法、平均值算法、NelsonMax 算法。鼠标单击算法类型选框的下拉箭头进行选择。
- 夹角阈值：重建计算法线算法中涉及夹角阈值参数，阈值范围为 0~180，默认为 80，可自定义夹角阈值。

（5）设置结果数据存储相关参数，包括数据源选择和数据集命名。

- 数据源：重新计算法线后的结果模型存储的数据源指定。鼠标单击数据源选框右侧的下拉箭头进行选择。
- 数据集：结果数据集的名称命名，默认为 ReComputeNormalResult，可自定义数据集名称。

（6）鼠标单击"确定"按钮，根据所设定的参数重新计算法线，获得模型新的法线。

### 13.3.4　移除法线

1. 使用说明

当模型数据集的法线不正确，同时模型不需要移除重复点或冗余点，可直接使用该功能移除法线。

2. 操作步骤

（1）打开需要移除法线的模型所在的数据源。

（2）在"三维数据"选项卡上"模型"组中，单击"模型处理"下拉按钮，在弹出的下拉菜单中选择"移除法线"，弹出"移除法线"对话框，如图 13.33 所示。

（3）源数据选择。选择移除法线的模型所在的数据源和数据集。

- 数据源：鼠标单击数据源右侧的下拉箭头进行选择。
- 数据集：鼠标单击数据集右侧的下拉箭头进行选择。

（4）设置结果数据存储相关参数，包括数据源选择和数据集命名。

- 数据源：移除法线后的结果模型存储的数据源指定。鼠标单击数据源选框右侧的下拉箭头进行选择。
- 数据集：结果数据集的名称命名，默认为 RemoveResult，可自定义数据集名称。

（5）鼠标单击"确定"按钮，生成移除法线的模型数据集。

### 13.3.5　模型校正

13.3.5.1　移除重复点

1. 使用说明

移除重复点是批量去除多个数据集中的模型对象的重复点或冗余点，精简模型数

图 13.33  "移除法线"对话框

据，降低内存的占用，满足大体量数据的性能需要。

2. 操作步骤

（1）在工作空间管理器中右键单击"数据源"，选择"打开文件型数据源"，打开包含 BIM 模型数据集的数据源。

（2）单击"三维数据"选项卡中"模型"组中"模型校正"下拉按钮，在弹出的下拉菜单中选择"移除重复点" ⬚，弹出"移除重复点"对话框。

（3）添加数据集：单击"添加数据集"按钮 添加数据集 ，在弹出的选择对话框中选择或新建模型数据集。

（4）另存结果数据集：设置是否将结果数据另存为结果数据集，默认勾选。若不勾选，则结果数据将会覆盖源数据。

（5）参数设置完成，单击"确定"。移除重复点后在原数据源生成新的数据集。

（6）在场景中查看移除重复点模型对象的属性，在模型信息下可以看到顶点个数的改变，如图 13.34 所示。

3. 注意事项

移除重复点或冗余点的 BIM 模型对象不支持多重纹理。

13.3.5.2  移除重复面

1. 使用说明

移除重复面是批量去除多个数据集中的模型对象的重复或无效三角面，精简模型数

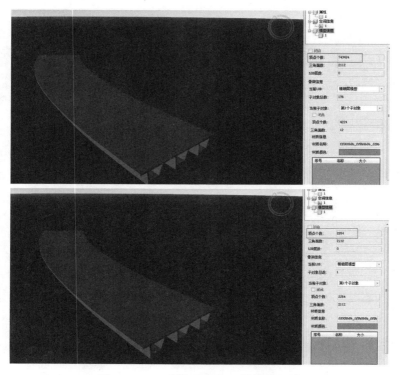

图 13.34  "移除重复点"结果对比图

据,降低内存的占用,满足大体量数据的性能需要。

2. 操作步骤

(1)在工作空间管理器中右键单击"数据源",选择"打开文件型数据源",打开包含 BIM 模型数据集的数据源。

(2)单击"三维数据"选项卡中"模型"组中"模型校正"下拉按钮,在弹出的下拉菜单中选择"移除重复面" ![图标],弹出"移除重复面"对话框。

(3)添加数据集:单击"添加数据集"按钮 ![添加数据集按钮],在弹出的选择对话框中选择或新建模型数据集。

(4)另存结果数据集:设置是否将结果数据另存为结果数据集,默认勾选。若不勾选,则结果数据将会覆盖源数据。

(5)参数设置完成,单击"确定"。移除重复面后在原数据源生成新的数据集。

(6)在场景中查看移除重复三角面模型对象的属性,在模型信息下可以看到三角面个数的改变,如图 13.35 所示。

13.3.5.3  删除重复子对象

1. 使用说明

删除重复子对象功能支持指定模型数据集删除重复子对象,针对数据集中子对象完全一样,但子对象名称不一样的情况。

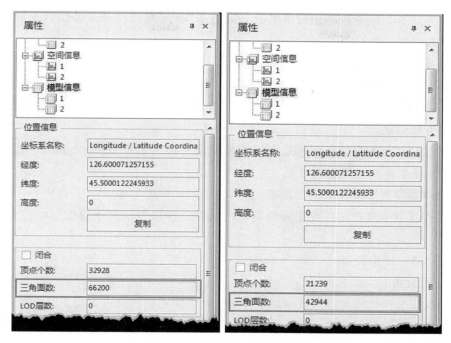

图 13.35 "移除重复面"结果对比图

2. 操作步骤

（1）在工作空间管理器中右键单击"数据源"，选择"打开文件型数据源"，打开包含模型数据集的数据源。

（2）单击"三维数据"选项卡中"模型"组中"模型校正"下拉按钮，在弹出的下拉菜单中选择"删除重复子对象"按钮▦，弹出"删除重复子对象"对话框。

（3）源数据选择。选择删除重复子对象的模型所在的数据源和数据集。

● 数据源：鼠标单击数据源右侧的下拉箭头进行选择。

● 数据集：鼠标单击数据集右侧的下拉箭头进行选择。

（4）设置结果数据存储相关参数，包括数据源选择和数据集命名。

● 数据源：指定删除重复子对象后的结果模型存储的数据源。鼠标单击数据源右侧的下拉箭头进行选择。

● 数据集：结果数据集的命名，默认为 ResultModel，可自定义数据集名称。

（5）鼠标单击"确定"按钮，得到删除重复子对象后的结果模型数据集。

13.3.5.4 拓扑校正

1. 使用说明

拓扑校正是指批量将多个数据集中的模型对象的三角面校正为统一的方向并移除重复或无效三角面，涉及拓扑校正以及移除重复三角面的操作，校正拓扑错误，保证渲染效果。

2. 操作步骤

（1）在工作空间管理器中右键单击"数据源"，选择"打开文件型数据源"，打开包含模型数据集的数据源。

（2）单击"三维数据"选项卡中"模型"组中"模型校正"下拉按钮，在弹出的下拉菜单中选择"拓扑校正"按钮，弹出"拓扑校正"对话框。

（3）添加数据集：单击"添加数据集"按钮，在弹出的选择对话框中选择或新建模型数据集。

（4）另存结果数据集：设置是否将结果数据另存为结果数据集，默认勾选。若不勾选，则结果数据将会覆盖源数据。

（5）参数设置完成，单击"确定"，执行"拓扑校正"操作。

（6）在场景中查看拓扑校正模型对象的属性，在模型信息下可以看见三角面个数的改变。

### 13.3.5.5 流形校正

1. 使用说明

流形校正是指批量对多个数据集中存在拓扑错误的数据集进行校正，校正后的模型对象满足 Halfedge 数据结构。

2. 操作步骤

（1）在工作空间管理器中右键单击"数据源"，选择"打开文件型数据源"，打开包含模型数据集的数据源。

（2）单击"三维数据"选项卡中"模型"组中"模型校正"下拉按钮，在弹出的下拉菜单中选择"流形校正"按钮，弹出"流形校正"对话框。

（3）添加数据集：单击"添加数据集"按钮，在弹出的选择对话框中选择或新建模型数据集。

（4）另存结果数据集：设置是否将结果数据另存为结果数据集，默认勾选。若不勾选，则结果数据将会覆盖源数据。

（5）参数设置完成，单击"确定"，执行"流形校正"操作。

3. 注意事项

进行流形校正操作的模型数据，必须是闭合模型，否则操作会失败。

# 参 考 文 献

[1] 吴信才. 地理信息系统原理与方法[M]. 北京：电子工业出版社，2009.

[2] 汤国安，赵牡丹，杨昕，等. 地理信息系统[M]. 北京：科学出版社，2010.

[3] 牟乃夏，刘文宝，王海银，等. ArcGIS10 地理信息系统教程——从初学到精通[M]. 北京：测绘出版社，2012.

[4] 陆妍玲，李景文，刘立龙. SuperMap 城镇土地调查数据库系统教程[M]. 北京：冶金工业出版社，2020.

[5] 宋小冬，钮心毅. 地理信息系统实习教程(第三版)[M]. 北京：科学出版社，2013.